地오그래피

地오그래피

초판 1쇄 발행 2022년 1월 28일
초판 2쇄 발행 2022년 10월 28일
지은이 남영우
펴낸이 김선기
펴낸곳 (주)푸른길
출판등록 1996년 4월 12일 제16-1292호
주소 (08377) 서울시 구로구 디지털로 33길 48 대륭포스트타워 7차 1008호
전화 02-523-2907, 6942-9570~2
팩스 02-523-2951
이메일 purungilbook@naver.com
홈페이지 www.purungil.co.kr

ISBN 978-89-6291-947-9 03980

• 이 도서는 한국출판문화산업진흥원의 '2021년 출판콘텐츠 창작 지원 사업'의 일환으로 국민체육진흥기금을 지원받아 제작되었습니다.

地오그래피

역사를 만든
땅의 오디세이

푸른길

머리말

땅의 오디세이

지리는 역사다. 인류 진화를 좌우한 지리적 요인부터 인류가 하천 연안에 도시를 세워 문명을 만들었다는 사실, 산 너머와 바다 건너에 있는 것을 탈취하기 위해 사람들이 벌인 전쟁에 이르기까지, 지리적 요인은 우리의 세계를 만든 사건들의 성격을 결정지었다. 따라서 역사를 만든 것은 땅이었던 셈이다. 문자로 기록되지 않은 역사는 땅에 흔적을 남긴다. 그래서 우리는 땅을 인간이 발을 딛고 있는 존재 이상으로 인식해야 한다.

저널리스트인 마샬Marshall은 국제 문제를 다루기 위해 25년 넘게 30개국이 넘는 분쟁 지역을 직접 현장에서 취재하며 알게 된 사실들을 그의 저서『지리의 힘』에서 날카롭게 파헤쳤다. 그는 정치와 종교적 이데올로기는 성쇠를 겪지만, 지리적 요소는 시간이 흘러도 그 자리에 그대로 남아 있음을 깨달았다. 그는 나폴레옹이나 히틀러와 같은 인물은 물론 나치와 소련의 위협은 시간이 경과되면서 사라졌지만, 북유럽 평원과 동유럽의 카르파티아산맥 등은 여전히 그 자리에 있음을 지적했다. 그는 지리의 힘이 21세기의 현대사에 미치는 영향이 막대함을 강조하여 그것을 '지리의 포로'라 표현했다.

이와 마찬가지로 당 태종 이세민이나 몽골 제국의 칭기즈칸 같은 침략자는 물론 일제의 위협은 사라졌지만, 만주 평원과 한반도는 여전히 제자리에 있다. 악명 높은 미국의 은행 강도 윌리 서튼Willie Sutton은 "돈이 거기 있으니까

은행을 턴다."라고 말했고, 에베레스트산 등정을 세 차례 시도한 맬러리Mallory가 두 번째 등정에 실패한 뒤 미국을 방문했을 때 "왜 에베레스트산을 오르는가?"란 질문에 "산이 거기 있으니까."라고 대답한 것처럼 인류가 이룩한 또는 인류가 저지른 대부분의 사건은 땅의 영향을 받거나 땅 위에서 벌어졌다.

인류의 삶이 모두 땅에서 비롯되었다고 하면 너무 지나친 말이라고 생각할는지도 모르겠다. 이러한 명제를 두고 지리학에서는 오랫동안 환경결정론과 환경가능론이 맞서 왔다. 요즘은 과학 문명의 발달로 환경가능론이 대세를 이루는 듯하다. 그런 까닭에 지리학자들은 환경론자란 낙인이 찍히는 것을 피하는 경향이 있다. 환경에 의해 인류의 삶이 좌우되고 문명의 성쇠가 결정된다는 환경결정론은 헌팅턴에 이르러 극치를 이루기도 했다.

미국의 지리학자 헌팅턴(Huntington, 1915; 1945)은 악명 높은 그의 저서 『문명과 기후』와 『문명의 원동력』에서 기온, 습도, 풍속 등과 관련된 기후환경이 인간의 능률을 지배하고 그것에 따라 문명의 발달 정도가 좌우된다고 주장했다. 이 헌팅턴은 『문명의 충돌』의 국제정치학자 헌팅턴이 아니라 엘즈워스 헌팅턴이다. 그는 보다 양호한 환경을 찾으려고 노력해 온 서양인의 본능적이고 현실 불만족 정신이 서양 역사의 활력소가 되었으며 어느 누구도 이것을 가로막을 수 없다고 주장함으로써 서양인들의 제국주의적 기질을 미화했다. 헌팅턴은 세계 문명 수준의 정도를 나타낸 분포도를 작성해 이것이 기후 값을 나타내는 최적 기후와 거의 완전히 일치함을 증명하려고 시도했다. 그는 이를 토대로 문명이 기후의 산물임을 주장한 것이다.

이러한 주장은 환경결정론에 뿌리를 둔 고대 그리스 이오니아학파의 히포크라테스까지 거슬러 올라간다. 그는 기후가 인간의 지력知力은 물론 건강과 성격에 큰 영향을 미친다고 생각했다. 또한 온난하여 농작물이 잘 자라는 그리스 남쪽 민족은 온순하지만 용기와 근면성이 결여되었고, 춥고 자연의 혜택을 못 받은 그리스 북쪽 민족은 인내력과 진취성이 결여되었다는 것이다. 그 중간에 위치한 그리스 민족은 근면하고 독립심이 강할 뿐더러 지성적이라는 자기(그리스)중심적 궤변을 전개했다. 그렇다면 그리스 북쪽 마케도니아의 알렉산더 대왕을 어떻게 평가해야 할는지 난감해진다.

그러한 이유로 많은 지리학자는 헌팅턴의 저서를 두고 '악명 높은 책'이란 비판을 서슴지 않았고, 그는 구설수에 휘말리는 처지가 되었다. 당시에는 헌팅턴을 비난하는 쪽에 가담하는 편이 유행이었다. 한국의 지리학자들도 마찬가지였다. 나는 2019년 10월 세계적인 석학으로 인정받는 『총, 균, 쇠』의 저자 재레드 다이아몬드 교수 강연회에 초대받아 참석한 적이 있다. 그 강연회에서 어느 패널이 다이아몬드 교수를 환경론자라서 매우 반갑고 환영한다는 발언을 했다. 이는 지리학자에 대한 모욕이나 다름없는 발언이었다. 강연을 듣고 있던 나는 가슴이 조마조마했다. 과연 다이아몬드는 속으로 어찌 받아들였을지 궁금했다.

헌팅턴의 저서가 출판되었을 때 『타임』은 서평 기사에서 토인비의 『역사의 연구』에 필적할 만한 위대한 역사적 업적으로 평가했다. 데 블레이는 살아생전에 『분노의 지리학』에서 헌팅턴을 비난하는 사람들이 그의 기념비적 업적을 전혀 읽어 보지도 않고 비난했음을 개탄한 바 있다. 나 역시 헌팅턴의 방대한 저서를 끝까지 정독하지 못한 점을 반성하고 있다.

기후와 인종별 형질을 논할 경우, 흑인종의 피부색이 검어진 것은 고온다습한 기후 때문이고, 몽골 인종의 눈이 가는 것은 눈보라와 티끌로부터 눈을 보호하기 위해서이며, 셈족이 돼지고기를 먹지 않는 것은 돼지고기가 아열대기후에서는 부패하기 쉽기 때문이고, 열대다우 지역의 주민이 노동 의욕이 결핍된 것은 기후 때문이라는 점 등이다. 그리고 지형과 인간과의 관계를 논할 경우, 산악 민족은 자유를 사랑하고, 델타지대의 주민은 전제주의에 익숙하며, 사막의 유목민은 일신교가 된다. 또한 기후와 건축물의 관계를 설명할 경우, 북유럽의 짙은 안개는 고딕양식을 낳고, 민가의 지붕 경사는 강수량이나 적설량에 비례한다는 점 등이다. 이와 같은 결정론적 해석은 근거가 있기는 하지만, 인과관계를 설명하지 못하는 경우도 많다. 그럼에도 불구하고 우리는 여전히 무의식중에 자연환경이 인간을 결정짓는다는 환상을 갖고 있으며 이는 지리학이 필요한 이유다.

인류의 문화와 문명이 자연환경과 무관한 것이라면 사실 지리학자의 존립이 무의미해진다. 오늘날은 환경 문제가 심각해지면서 반드시 환경결정론이 일방적으로 비난받을 일만은 아닌 상황으로 접어들고 있다. 헌팅턴이 일관되게 주장한 기후결정론은 많은 비판을 받아 왔지만, 인류 문명은 기후 변화에 따라 여러 차례 변화하고 발전해 온 것도 사실이다. 그런 까닭에 헌팅턴이 반복해서 강조한 몇 가지 점에 대해 동의할 수 있게 되었다.

우리가 역사를 배우는 이유는 과거를 알아야 장단점을 찾아 미래에 대비하기 위함에 있을 것이다. 그런 연유로 영국의 처칠은 "역사를 잊은 민족은 미래가 없다."라고 일갈했고, 우리나라의 신채호 선생도 그와 비슷한 말을 남겼다. 그런데 역사학이란 학문은 각종 분야에서 도출된 과학적 이론이나 방법론을 거의 배우지 않는다. 그래서 다이아몬드는 역사학은 사실들을 이것저것 모아 놓은 것에 불과하며 눈속임에 지나지 않는다고 신랄하게 비판했다. 물론 역사를 연구해 어떤 원리와 법칙을 찾아내는 일이 대단히 어려운 일임은 부인할 수 없지만, 지리학과 접목하면 역사학도 시공을 초월한 역사과학의 반열에 오를 수 있을 것이다. 걸어온 길을 알면 걸어갈 길이 보이는 법이다.

오늘날은 천박한 자본주의에 순치되면 인문학적 소양을 소홀히 하기 쉽다. 진정한 교양인이 되려면 흉내만 내지 말고 겉모습이 아니라 보이지 않는 정신을 배워야 한다. 본질적인 것은 눈에 보이지 않는 법이다. 어리석은 자는 자신의 경험에서 배우고, 현자는 남의 경험에서 배운다. 나는 이 책이 스파게티 교양서가 되길 희망하며 집필에 임했다. '스파게티 서적'이란 일본이 낳은 세계적 작가인 무라카미 하루키가 처음 사용한 용어인데, 스파게티를 끓이면서 읽을 수 있는 짤막한 글을 뜻하는 것으로 사용되었다. 이 책은 제1부는 땅의 유형별로, 제2부는 대륙별로 기술되어 고대·중세·근현대와 상관없이 시공을 초월해 주제별로 이해할 수 있게 구성한 것이므로 시간에 쫓기는 현대인들이 가벼운 마음으로 읽을 수 있을 것이다.

이 책의 집필은 대부분 코로나19 팬데믹 상황 속에서 진행되었다. 코로나19 감염에 대한 두려움보다도 역마살이 낀 내게는 답사를 할 수 없다는 현실이 참을 수 없는 고통이었다. 이런 고통은 독자들도 마찬가지였으리라. 나는 지리학자로 지구의 날줄과 씨줄을 종횡으로 누비며 답사를 해야 집필의 아이디어가 떠오른다. 이 책의 내용은 내가 평생을 답사하며 연구한 결과와 강의 내용을 중심으로 엮은 것이다. 그중에는 내가 유년 시절에 겪은 6·25 전쟁 이야기도 포함되어 있다.

이 책은 독자들의 이해를 돕고 현장감을 살리기 위해 많은 사진과 지도를 곳곳에 제시했으며, 더 전문적 지식을 필요로 하는 독자들을 위해 본문에 저자명 및 출판 연도와 말미에 참고문헌을 밝혀 놓았고, 중요하다고 생각되는 지명 및 인명과 같은 고유명사에 원어와 한자를 주기해 놓았다.

끝으로 집필에 영감을 준 케네스 데이비스, 하름 데 블레이와 지리학과 역사학의 선학들께 이 책을 바친다. 나는 이 책이 독자들에게 역사를 만든 땅의 오디세이가 되어 큰 울림이 있기를 기대한다.

차례

제 1 부

지구의 땅들

地오그래피

1장 땅과 지구

1. 땅의 어원

인간의 삶은 언제나 우리가 살아가고 있는 땅에 의해 형성되어 왔다. 30여 개국의 분쟁 지역을 직접 현장에서 취재하면서 전 세계 각 지역의 갈등과 분쟁, 정치, 종파, 민족, 문화 등에 관해 날카로운 필치로 세상에 알린 팀 마샬은 오늘날 거의 모든 지역에서 사는 인간이 이룩한 문명은 땅의 특성에 따라 좌우되었다고 갈파한 적이 있다(Marshall, 2015). 물론 현대 과학은 정신적·물리적 거리를 어느 정도는 줄여 줄 수 있지만, 여기서 간과하기 쉬운 것이 있다. 지구에 살고 있는 78억 인구에게 주어진 선택은 항상 우리를 제약하는 강과 산, 사막과 호수, 그리고 바다에 의해 어느 정도 결정된다는 것이다. 지구상에서 벌어진 모든 실상은 땅이 알고 하늘이 안다는 말은 그래서 생겨났을 것이다. 그만큼 우리가 살아가는 땅이 중요하다.

인간은 땅에서 태어나 죽으면 땅으로 돌아간다. 그렇다면 한국어의 '땅'이란 말이 어떻게 생겨났을까? 한국인이라면 궁금하기 짝이 없을 것이다. 우선 이것에 관해 생각해 보기로 하자.

중앙아시아는 대체로 키르기스스탄을 비롯해 카자흐스탄, 우즈베키스탄, 투르크메니스탄, 아프가니스탄, 파키스탄, 타지키스탄과 같이 스탄stan이 들어간 국가로 구성되어 있다. 이들 국경선은 지리적 법칙을 도외시한 채 스탈린에 의해 자의적으로 치밀하게 그어졌다. 이를 통해 스탈린은 거대한 소수민족 집단을 다른 땅으로 재배치시킴으로써 각 민족의 힘을 약화시키려고 시도한 것이다(Marshall, 2015). 이들 국가명 외에도 힌두스탄, 발루치스탄, 쿠르디스탄, 후제스탄, 골레스탄, 라자스탄, 다게스탄 등과 같이 지방의 지명으로 사용되는 경우도 있다.

'스탄'이란 단어의 의미는 시간이 경과하면서 언어에 따라 조금씩 바뀌었다. 현대 페르시아어로 '~이 많은 장소(또는 국가)'라는 의미의 스탄은 페르시아의 문화적 영향이 강하게 미친 중앙아시아와 서아시아에 걸쳐 국가 명칭을 형성하는 지명 접미사다. 이것의 어원은 원시 인도·유럽어의 *steh* 또는 *stā*에서 유

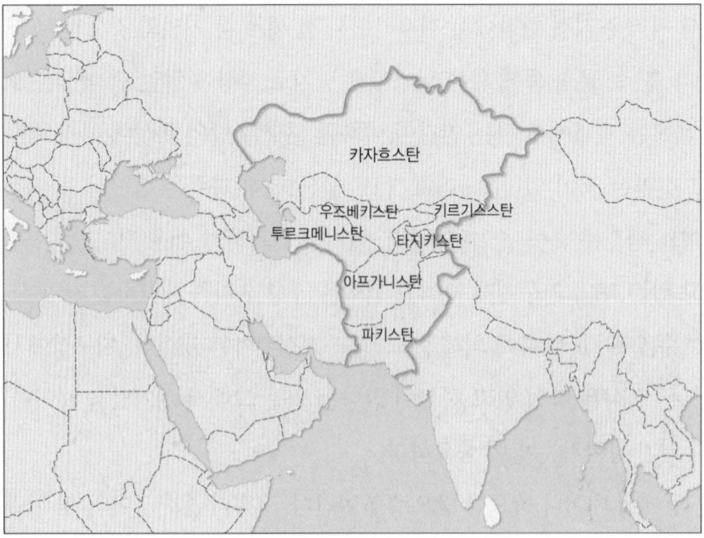

그림 1-1. 국가명에 '스탄'이 들어가는 중앙아시아 7개국

래했다.

접미사로 사용되는 페르시아어에서는 *-estān* 혹은 *-istan*, *-estan*의 형태로 사용되는 경우가 많다. 즉 접두어로 -i-와 -e-가 붙는 단어에 -stan의 접미어 형태로 사용되는 경우가 많다. 한국어로는 '스탄' 또는 '스딴'으로 발음한다.

1446년의 『석보상절』에는 ㅄ, ㄽ, ㅺ, ㅼ, ㅴ, ㅺ, ㅼ, ㅽ 등의 ㅅ계 합용병서가 사용되었으나, 이는 우리나라 격변기에 없어진 것으로 추정된다. 예를 들면 1668년에 저술된 『하멜표류기』로 알려진 『난선제주도난파기蘭船濟州島難破記』에는 '떡'을 stock, 즉 〈ㅼ+ㅓ+ㄱ〉으로 표기한 바 있다. 이는 당시의 발음이 떡이 아닌 '스떡'에 가까웠음을 의미하는 것이다. 오늘날에도 평안도 일부 지역에서는 떡을 '시더구'라고 한다. 떡을 의미하는 일본 고어인 시토기しとぎ와도 유관한 것으로 생각된다. 시더구와 시토기, 발음이 매우 비슷하지 않은가.

그림 1-2에서 보는 바와 같이 일제강점기인 1943년 8월 3일 자 『매일신보』에 게재된 김용제의 「님의 부르심을 받들고서」란 시에서 '받들고서'의 '받들'을 〈바+ㅼ+ㅡ+ㄹ〉로 표기했고, 1932년 5월 27일 자 『조선일보』의 수업료 미납 아동에 관한 기사 중 '수업료 때문에'의 '때'를 〈ㅼ+ㅐ〉라 표기했다(그림 1-3). 결국 일제강점기까지만 하더라도 ㅅ계 합용병서가 사용되고 있었음을 알 수 있다.

중세 한국어에서 ㅅ이 별도의 음가를 가졌는지 혹은 된소리를 표기하기 위한 것이었는지에 대해서는 논쟁의 여지가 있지만, 근대에 들어서는 된소리로 발음된 것이 분명하며, 같은 글자를 가로로 나란히 쓰는 각자병서各字並書의 표기법이 확립되기 전까지는 ㅅ계 합용병서가 된소리의 표기로 자주 사용되었다(김성규, 2009).

이와 같은 사실에 입각해 '땅'의 경우 〈ㅼ+ㆍ〉→〈ㅼ+ㆍ+ㆆ〉→〈ㅼ+ㅏ+ㆆ

書詩 金村襄 龍雲 濟成
님의부르심을바뜰고서

우리 [illegible]이 [illegible]의
[illegible]이 솟은 억개 우에는
구름 마신 아츰 하늘이
리카을 재조 넓키며
날러라고 [illegible]게 푸르다

아직도 어린티 나는 어[illegible]의
새별갓흔 갈매기 눈동자에는
水上[illegible]의 날개를 펴고
[illegible]이 白虎의 갈기갓흔 [illegible]을
하늘에 뿜길 저ㅣ 바다가
限도업시 넓게 푸르다

새로운 半島의 [illegible]의 큰날
모든 늙은 어머니 조차
젓가슴 억압엇던 꿈을 푸르고
낡은 울타리 [illegible] 티우고
나라의 마당에 『가거라』 한다

이날에 젊은 새로운[illegible]들은
[illegible]의 뜻과 [illegible]의 꿈을 품고
[illegible]의 [illegible]을 메고 나슨다
『사내답게 가거라
죽어 조흘 일러라!』

아아 [illegible]우리에 [illegible]하는 그[illegible]
기쁜 눈물에 말이 · 만치 아엇다
『간다!』『갑니다!』 하고만
『간다 온다』는 하지안엇다

그림 1–2. 일제강점기의 『매일신보』에 게재된 김용제의 시(1943년 8월 3일 자)

授業料未納兒童
五百餘生徒逐放
수업료때문에상화서 축출
洪原公普校의處事

美展의特選
朝鮮人側僅六點

그림 1–3. 일제강점기의 『조선일보』 기사 (1932년 5월 27일 자)

〉→〈ㅼ+ㅏ+ㅇ〉→〈땅〉으로 표기했을 것이라 짐작할 수 있다. 발음상으로는 ᄯ→ᄯᆞᇰ→ᄯᅡᆼ→땅인 셈이다. 땅이란 단어는 한자 문화권에서 한국에서만 사용하고 있는데, 중국과 일본의 경우 土地, 地, 地面, つち 등의 단어밖에 없다.

그러나 일본의 경우 과거 하늘과 대비되는 개념에서 하늘을 우에[上(うえ)]라 하고 땅을 위의 반대 개념으로 아래란 의미로 시다[下(した)]라 일컬었다(이남덕, 1998). 즉 일본에서는 과거 땅을 의미하는 '下(시다)'는 sita로 발음되었다는 것이다. 한국에서도 땅은 '따' 또는 〈ㅅㄷ+ㅏ〉로 표기된 바 있으므로 동일하다.

땅의 발음을 표기하는 경우 초성이 t(d)인 나라는 대단히 많다. 예를 들면 동양의 베트남(따đât), 인도네시아(따나tanah), 유럽의 이탈리아(떼라terra), 그리스(테라terra), 프랑스(뗼terre), 헝가리(따라이talai), 에스파냐(떼레노terreno), 터키(토팍toprak), 루마니아(떼렌terren) 등이다. 이들 단어는 모두 현대어를 기준으로 한 것으로 고대어로 거슬러 올라가면 초성이 더욱 유사해질 것으로 추정된다.

이러한 현상은 아프리카에서 현생인류, 즉 호모사피엔스사피엔스로 진화한 후 땅을 기반으로 삶을 영위하면서 생겨난 단어에 기초한 것이 세계로 퍼진 결과일 것으로 추정할 수 있다. 반투어 계통의 르완다어를 중심으로 볼 때, 아프리카의 서소토어, 북소토어, 줄루어에서 세타seta는 '땅을 판다'란 의미로 sta(ㅅㄷ)란 말의 음가音價가 생겨났다. 이것이 노스트라틱어족으로 전파되어 여러 언어에 영향을 미쳤을 것으로 추정된다(McAlpin, 1981).

1960년대 구소련의 언어학자들은 '우리의 언어'란 뜻의 노스트라틱Nostratic이라 불린 언어로부터 여러 어족이 생겨났다는 학설을 제기했다. 유럽중심사관을 고집하던 영미 학자들의 거부 반응에도 불구하고 1980년대 말까지 빛을 못 보다가 최근 다양한 인종의 세포 중 모계 미토콘드리아 DNA를 분석

그림 1-4. 한글 '땅'의 변천

한 결과, 모든 인류의 유전자 줄기가 동일한 것으로 확인되면서 인류의 언어도 12,000~13,000여 년 전의 노스트라틱어족에서 갈라져 나왔다는 주장이 1990년대부터 미국의 언어학자들에 의해 설득력을 얻게 되었다(Salmons and Joseph, 1998).

이 노스트라틱 가설에 의하면, 인도·유럽어족은 그림 1-5에서 알 수 있는 것처럼 유라시아어족에서 파생되었으므로 알타이어와 깊은 관련이 있음이 밝혀졌다(Bomhard, 1996). 이 가설은 대부분의 언어학자가 인정하고 있는데(Greenberg, 2005), 땅과 관련된 단어가 여러 어족으로 전파된 결과로 해석할 수 있다. 카자흐스탄 동부 알마티주와 키르기스스탄에 걸친 이식쿨호 인근의 이식 쿠르간에서 고대 스키타이 언어를 알 수 있는 유물이 발견되었는데, 그 언어가 알타이어임이 밝혀진 것이다(Blažek, 1989).

땅이란 단어의 뜻을 지닌 '스탄'은 인간의 삶과 불가분의 관계이므로 이 단어의 의미는 더 확장되어 국가란 의미로도 사용었다. 그러므로 중앙아시아 각국의 국명이 지닌 뜻은 전술한 바와 같이 '땅'에서 비롯된 국명이라 해석할 수 있을 것이다.

위와 같은 사실은 지구의 빙하기가 끝나는 15,000년 전 무렵, 북부 및 중앙아시아에서 새롭게 등장한 현생인류가 각지로 이동하는 과정에서 아프리카어를 모태로 한 노스트라틱어로부터 함·셈어족을 위시한 남캅카스어족·드라비다어족·유라시아어족 등으로 갈리는 과정에서 유라시아어족은 인도·유

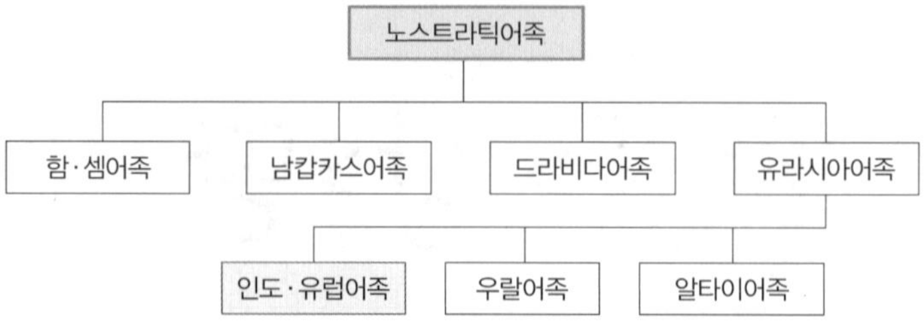

그림 1-5. 노스트라틱어족과 인도·유럽어족 간의 관계

럽어족을 비롯한 우랄어족과 알타이어족으로 분파되었던 것으로 추정된다(남영우, 2020).

최근 국제 학술지 『네이처』에는 한국어를 비롯한 일본어·몽골어·튀르크어 등을 포함한 알타이어족의 기원이 기존 중앙아시아 초원지대 유목민이 아니라 9,000년 전 동북아시아 랴오허강 일대에 살던 농경민들의 언어였다는 독일 막스플랑크연구소의 연구 결과가 실렸다. 당시 랴오허강 일대는 동이족의 터전으로, 동이족의 언어가 동서쪽으로 뻗어 나가면서 90여 개 알타이어족의 토대가 되었다는 것이다. 그러므로 '스탄'의 어원 역시 동이족에서 굳어졌을 가능성이 높다.

인류의 이동은 빙하기 해수면이 최저로 낮아졌을 무렵에 이동한 것이며, 15,000년 전에 빙하기가 종료되고 간빙기로 접어들면서 새롭게 형성된 지형을 따라 신인류가 다시 이동을 시작한 것이다. 그 영향으로 땅과 관련된 언어가 오늘날까지 명맥을 이어 온 것으로 추론된다. 이는 알타이어를 언어연대학적으로 고찰한 연구에서도 뒷받침되고 있다(이남덕, 1998).

땅의 사전적 의미는 한국어로 토지와 집터이며 영어로 land 또는 territory로 명시되어 있는데, territory는 땅과 마찬가지로 영역을 뜻하며, 영어의 territory, 프랑스어의 *terre*과 *territoire*, 이탈리아어의 *torretta*, 포르투갈어의 *território* 등은 라틴어의 *terra*로부터 연유한 단어다. 이것은 알타이어족에 속하는 한국어에서 '터'로 정착되었다. 인도·유럽어의 *terra*라는 단어가 땅, 흙, 대지를 뜻하는 단어를 구성하고 있는 것은 한국어의 '터'가 본류임을 시사하는 것이다. 땅이나 국가와 관련된 언어의 어근 초성이 전술한 바와 같이 t(d)임을 알 수 있다.

한국어에서 땅은 "강이나 바다와 같이 물이 있는 곳을 제외한 지구의 겉면"이라 설명하지만, 토양층과 암석층을 포함하므로 그 위를 흐르는 하천과 호수를 포함하는 것으로 이해해야 한다. 다시 말해서 인간을 비롯한 생물이 생명을 유지하기 위해 필요로 하는 것이라면 모두 땅에 속한다는 뜻이다.

땅을 의미하는 단어가 한자화되면서 地로 표기된 것은 지리의 geography, 지질의 geology처럼 '지'라는 초성에서 시작되는데, 중국어의 '띠地'와 일본어의 '치ち' 역시 이에 속한다. 그리고 land는 노아의 홍수 설화로부터 유래된 단어로 추정된다. 40일 동안 세상에 비를 뿌리겠다던 야훼는 150일 동안 비를 내리게 해 물이 불어나 바다를 이루도록 했다. 노아는 표류하던 중 아라라트산에 표착했는데, 이때 육지에 상륙했다는 의미로 land란 표현을 사용한 것에서 유래했다.

홍수 설화는 『구약 성경』「창세기」의 제6장~제9장에 걸쳐 기록되었을 뿐 아니라 그보다 이른 시기인 수메르의 에리두Eridu 창세기를 비롯해 바빌론의 『길가메시 서사시』, 구전되고 있는 중앙아시아의 설화 등에도 등장한다. 카자흐스탄과 같은 중앙아시아의 홍수 설화에서는 노아의 방주가 표착한 산을 아라라트산이 아닌 키르기스스탄 서쪽의 카즈구르트산으로 비정하고 있다(김정민, 2018). 이들 설화는 지구의 온난기 또는 비가 많이 올 경우 하천이 범람하기 쉬운 상황에서 홍수 피해가 과장되어 생겨난 트라우마에서 비롯된 것으로 추정된다.

이렇게 볼 때, 나는 수메르의 신화인 지우수드라Ziusudra의 홍수 설화가 에리두 창세기에서 처음 시작되어 바빌로니아의 아트라하시스Atrahasis 설화와 『길가메시 서사시』의 설화로 이어져 『구약 성경』의 노아의 홍수를 비롯해 중앙아시아 등지로 전파되었을 가능성을 믿고 싶다(Lambert and Millard, 1965). 그 근거로 이들 설화가 방주의 도착 지점과 선지자가 다르거나 육지가 가까이 있음을 알려 준 새의 종류가 비둘기, 제비, 까마귀 등처럼 다름에도 불구하고 홍수 기간과 최종 생존 인원에서 공통점이 있기 때문이다. 즉 홍수 기간이 7일이란 점과 생존 인원이 8명이란 점이다(남영우, 2018a).

8명이 한 배를 타고 표류하다가 육지에 닿아 구사일생으로 살아남았다는 설화는 한자의 배를 뜻하는 '船(선)'에서 유추할 수 있는데, 船을 풀어쓰면 〈舟+八+口〉로 구성된 문자임을 알 수 있다. 이는 배에 탄 8명의 인간을 뜻한다. 그러므로 船이란 한자 속에 홍수 설화가 담겨 있음을 알 수 있으며, 한자가 만들어지기 전에 홍수 설화가 각지에 회자되었음을 증거하는 것으로 추정된다. 또한 영어의 land는 표류 끝에 땅에 도달했으므로 '상륙하다'란 뜻의 '닿다'에서 유래했다. 여기서 '닿다'는 『석보상절』의 사례에서 보는 것처럼 〈ㅆ+ㅏ+ㅎ〉으로 표기되는 '땅'과 동일어다(남영우, 2020).

기독교의 기초가 되는 『구약 성경』은 인류와 땅의 근본적 관계를 인정하고 있다. 최초의 인간의 히브리어 명칭인 아담은 *adama*라는 단어에서 유래되었는데, 이는 땅 혹은 흙을 의미한다. 아담의 부인 이브는 히브리어로 '살아 있는 것'을 뜻하는 *hava*의 번역이므로, 땅과 생명체의 결합이 성경에 사용되어 천지창조의 틀을 만든 것에 다름 아니다.

2. 잘생긴 땅과 못생긴 땅의 구별

삼라만상에 존재하는 모든 것에는 아름다운 것과 추한 것이 있듯이 땅도 잘생긴 땅과 못생긴 땅으로 구별된다. 지금까지 인류는 아무 땅에서나 살지 않았다. 인류는 한민족이 중국으로부터 풍수사상이 전해지기 이전부터 '두모사상'에 의거해 살기 좋은 땅을 골라 살았던 것처럼 그들 나름대로 살기에 적합한 땅을 골랐다. '두모'란 풍수風水라 불리는 용어가 우리 민족에게 도입되기 전부터 존재했던 풍수사상과 매우 흡사하며, 배산임수·좌청룡 우백호에 터를 잡는 우리의 고유한 사상이었다. 이런 사실을 아는 한국인은 별로 없는 것 같다(남영우, 2012a).

아무튼 신석기시대의 사회가 모든 땅에서 동일한 시기에 동일한 수준의 기술과 지혜가 보급된 것은 아니었다. 어떤 땅에는 신석기시대가 빨리 찾아왔고, 또 어떤 땅에는 뒤늦게 찾아왔다. 어느 시기에 마제석기와 토기 제작법을 발명한 사회가 있었는가 하면, 이미 가축화와 작물화를 시작한 사회도 있었다. 변화 속도 역시 오늘날과 비교하면 완만했지만, 문자가 출현해 문명이 진보하는 단계는 천차만별이었다. 이와는 달리 문명의 발생 조짐이 전혀 없는 땅도 많았다.

지역에 따라 인류의 역사가 다르고 문명의 콘텐츠가 다른 것은 그 땅에 살던 인간 때문이 아니라 땅의 차이에서 비롯된 것이다. 그와 같은 문명적 차이가 생물학적 차이가 아닌 지리적 차이에 의해 달라졌다는 사실은 여러 연구가에 의해 조금씩 밝혀져 왔지만, 구체적으로 어떤 메커니즘이 작용한 결과인지 명쾌하게 규명된 바 없었다. 문명이 땅 위에서 생겨난 것이라면 역사와 문명의 차이가 땅에서 비롯된 것임은 당연할 텐데도 말이다.

잘생긴 사람의 경우 몸매와 얼굴이 아름답게 보이려면 패션모델처럼 앞모습과 옆모습 비율이 잘 맞아야 하고 곡선이 아름다워야 하는 것처럼, 땅도 아름다움을 갖추기 위해서는 평면 형태와 입면 형태의 비율과 곡선이 아름다운 조화를 이루어야 한다. 따라서 우리는 직선보다 곡선이 더 아름답다는 사실을 알아야 한다. 바로 이 점이 내가 평소 시종일관 주장하는 논점이다. 잘생긴 패션모델은 어떤 의상을 걸쳐도 멋있게 보이기 때문에 많은 사람의 부러움을 산다. 이처럼 잘생긴 땅에서는 걸출한 문화와 문명이 생겨날 수 있었다(남영우, 2018a).

땅의 생김새는 지형적으로 설명할 수 있는데, 평면적으로 볼 때 해안선의 만입 상태가 풍부해 드나듦이 복잡한 지형과 단면적으로 볼 때 평지와 산악의 굴곡이 다양한 지형의 정도로 가늠할 수 있다. 이것을 '지절肢節'이라 부르는데, 이 용어는 일제강점기 종교사상가이며 지리학자인 김교신이 그의 논설집 중 「조선지리 소고」에서 사용한 적이 있으므로 내가 고안한 용어는 아니다. 다만 나는 지형적 다양함과 복잡함의 정도를 의미하는 '지절률sinuosity ratio'이란 용어를 사용한 바 있다(남영우, 2018a; b). 입면 형태는 수직지절, 평면 형태는 수평지절이라 부른다. 지절이 중요한 이유는 지절률이 높은 땅에서 서로 다른 문명 및 문화 간 교류가 활발해져 한 차원 높은 문명이 창출되기 때문이다.

그림 2-1의 (a)에서 보는 것처럼 수직지절은 육지의 가장 높은 지점으로부터 바다의 가장 깊은 곳까지를 단면도로 그렸을 때 땅의 기복을 나타내는 지절의 상태를 의미한다. 이 기복은 해수면을 기준으로 한 해발고도와 상대적 고도 차이의 비고比高를 포함한다. 대륙별로 보면 유럽과 아시아 대륙의 기복 차가 다양하며 높고, 아프리카와 오스트레일리아 대륙의 수직지절이 상대적으로 단조로워 낮은 편이다.

그리고 수평지절은 그림 2-1의 (b)에서와 같이 대륙별 대축척 지도를 보면 해안선의 만입에 따른 굴곡의 정도를 쉽게 이해할 수 있다. 여기에 추가적으로 섬이 있거나 배가 다닐 수 있는 가항하천可航河川이 있으면 지절률은 더 높아진다. 결국 지절이란 수직지절이건 수평지절이건 지형의 단순성과 복잡성을 가늠하는 기준이 된다.

지리학자인 다이아몬드(Diamond, 1997)는 그의 저서 『총, 균, 쇠』에서 지절

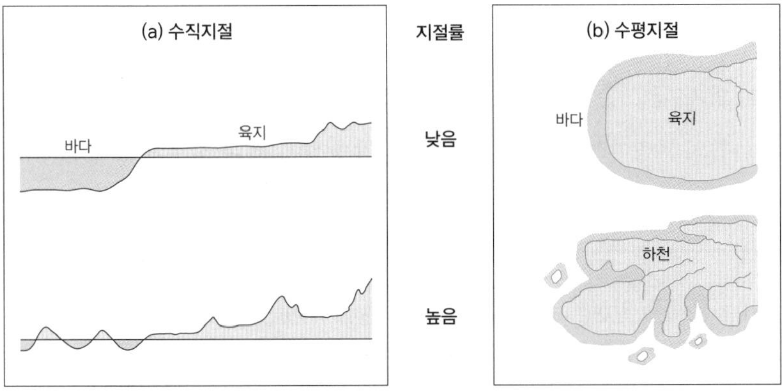

그림 2-1. 지절률의 모식적 표현

률이란 용어를 적시해서 사용하지 않았지만, 인류의 문명사가 서남아시아의 퍼타일 크레슨트로부터 아시아 쪽으로 동진하지 못하고 에게해와 그리스의 유럽 쪽으로 서진한 이유를 지절의 상태에서 찾았다. 즉 메소포타미아 서쪽인 지중해 동부의 에게해와 그리스 일대의 지절률은 높은 데 비해 동쪽인 중앙아시아 일대는 지절률이 낮기 때문이란 것이다(퍼타일 크레슨트의 공간적 범위는 그림 30-1을 참고할 것).

다이아몬드는 중국은 통일되어 있을 때가 많았고, 유럽은 언제나 분열되어 있었음은 땅의 생김새에 의한 것임을 지적했다. 그는 세계 문명사에서 중국이 정치적·기술적 우위를 유럽에 빼앗긴 일을 제대로 이해하려면 먼저 중국의 만성적 통일과 유럽의 만성적 분열부터 이해해야 할 것이라고 강조했다. 이 문제에 대한 해답은 바로 지절의 문제로 설명되어야 할 것이다.

세계지도를 펼쳐 놓고 보면 지구상에 높은 지절률을 보이는 땅이 몇 군데 있음을 알 수 있다. 그림 2-2의 지도에서 볼 수 있는 것처럼 서남아시아의 메소포타미아와 주변 지역을 비롯해 지중해 연안의 펠로폰네소스반도와 이탈리아반도, 서유럽, 아메리카 대륙의 동쪽과 서쪽, 동아시아 등의 중위도에 해당하는 땅이다. 이들 지역은 고대 문명이 발생하거나 중세 및 근대 문명이 꽃핀 땅임을 알 수 있다.

이 밖에도 동남아시아의 인도차이나반도와 중앙아메리카도 지절률이 높은 땅이 있지만, 그곳에서는 앙코르와트 문명이나 아즈텍 문명, 마야 문명과 같은 나름의 문명이 발생하긴 했어도 문명의 중심에 서 본 적은 없었다. 그 이유는 위도에 있었다. 문명이 꽃피기에는 적도에 너무 가까운 저위도의 땅인 것이다.

이런 문제를 일본의 지리학자 스즈키(鈴木, 1990)는 『풍토의 구조』에서 이른바 '중위도 중심사고'의 문제로 자리매김했다. 너무 덥거나 지나치게 춥지 않은 기후에서 인간의 사고력·생산력·기술력 등이 극대화된다고 생각하는 것

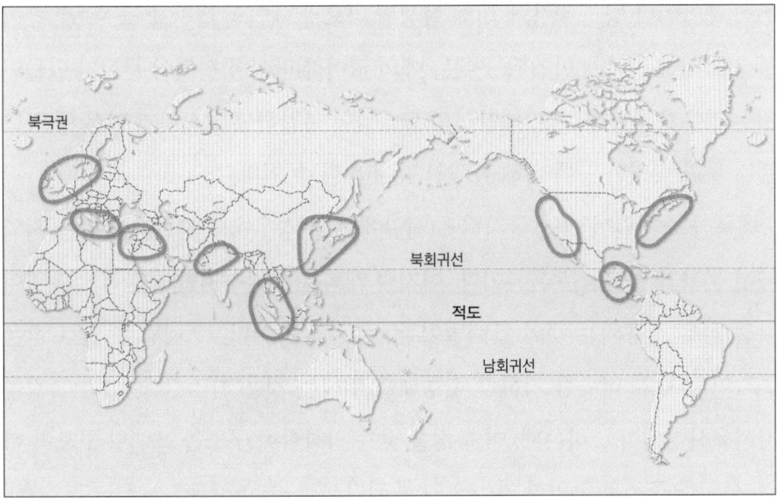

그림 2-2. 지절률이 높은 잘생긴 땅의 분포

은 중위도 지방에 사는 사람들의 생각에 지나지 않을 수도 있다. 가령 에티오피아에서는 열심히 일하는 쪽보다 하지 않는 쪽을 선善이라 여긴다. 그들의 가치관은 그들의 심적·신체적 상황을 아무 일도 하지 않고도 생존할 수 있는 기후환경에 맞추려면 하루하루 변화가 적은 저위도 지방이 적합하다고 생각하는 것이다(남영우, 2018a).

이러한 반론이 중위도에 대한 반反서구의식 속에서 비롯되었음을 부인할 수 없는데도 저위도 또는 고위도의 학자들로부터 중위도 중심사고에 대한 반론이 이상할 정도로 제기되지 않았다. 그럼에도 불구하고 우리들의 의식 속에는 분명 위도별 문명의 수준이 존재하고 있음을 인정하지 않을 수 없다. 이는 기후학자 헌팅턴 역시 주장한 인간의 에너지가 온대기후에서만 극대화된다는 생각과 궤를 같이하는 것이다.

이상에서 설명한 잘생긴 땅의 기준이 되는 지절은 대륙 스케일로 본 경우지만, 국지적 혹은 미시적 스케일로 볼 경우에는 침강해안에서 볼 수 있는 리아

스식 해안이나 빙식 작용에 의해 형성된 피오르 해안의 협만을 들 수 있다. 이들 지역의 오목하게 만입된 곳에는 예외 없이 취락이 형성되어 문화가 만들어지는 경우가 대부분이다. 해안선의 드나듦이 복잡하고 고도차가 많은 땅은 그렇지 못한 밋밋한 땅에 비해 잘생긴 땅이라 할 수 있다.

대륙적 스케일이 아닌 국지적 스케일에서 볼 경우에도 지절률이 높은 지역에서 문화가 창출됨은 물론이다. 이처럼 개념은 동일하지만 공간적 스케일이 다를 경우 적용되는 것이 프랙털이론fractal theory이다. '프랙털'은 일부 작은 조각이 전체와 비슷한 기하학적 형태를 취하는 것을 가리킨다. 이런 특징을 자기유사성이라고 하는데, 이 특징을 갖는 기하학적 구조를 프랙털 구조라 하며, 동일한 구조는 동일한 기능을 갖게 된다.

그림 2-3에서 보는 것처럼 메소포타미아와 나일강 유역의 두 지도는 다른 땅이지만 산악지대에서 발원한 하천이 고원지대를 지나 평원지대의 하류로 흘러들면서 충적평야를 만들며 바다로 흘러드는 형국이 동일함을 알 수 있을 것이다. 그러므로 두 지도의 축척은 비록 다르지만 땅의 형국은 동일하다.

가령 메소포타미아의 하천은 나일강과 모습이 전체적으로 비슷하고, 어느 지역에서건 강의 국지적 모습 역시 유사한 형태를 지닌다. 이런 경우 부분적인 지류와 전체적인 강줄기의 모습은 유사하다고 볼 수 있다. 하천의 원류가 각각 터키의 아르메니아고원과 에티오피아의 아비시니아고원인 점도 매우 유사하다. 이들 하천은 많은 비가 내려 흘러가면서 곳곳에 분기점을 형성했다. 이 하나하나가 작은 강이 되어 큰 줄기로 만났다가 다시 작은 줄기로 뻗어나가는 형태를 반복한다. 다만 그들 하천은 남쪽으로 흐르는가, 북쪽으로 흐르는가의 차이점만 있을 뿐이다.

원래 프랙털 기하학은 동형이종同形異種이라 표현될 수 있는 프랙털의 성질을 연구하는 수학 분야에서 고안된 것이지만, 풍수지리와 같은 분야에서도 적용된다. 지리적으로도 곳곳에서 프랙털 구조가 자주 발견되며, 해안선 및 기

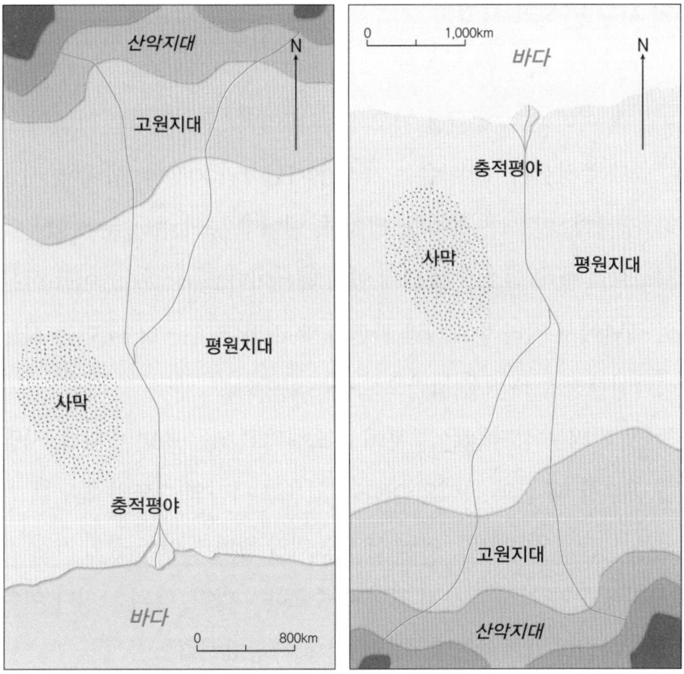

그림 2-3. 문명이 창출되는 프랙털 구조의 사례

복 등의 지형이 여기에 해당하므로 수직지절과 수평지절 모두에 프랙털이론이 적용될 수 있다(남영우, 2018a; 2021).

결론적으로 엇비슷해 보이는 땅에도 잘생긴 땅과 그렇지 못한 땅이 있다는 것이다. 잘생긴 사람이 타인에게 호감을 주듯이 잘생긴 땅에서는 문화가 생성되거나 나아가 문명이 만들어질 수 있는 그릇이 만들어진다. 미시적 스케일에서 국지적으로는 문화가 형성되며, 거시적 스케일에서 대륙적으로는 문명이 창출된다고 이해하면 된다.

3. 고대인의 지구 인식과 지리학

『타임』을 비롯해 여러 매체에 글을 기고해 온 데이비스는 "지리는 학문의 주맥主脈이다."라고 주장했다. 그 이유는 지리가 기상학과 기후학, 생태학, 지질학과 지형학, 생물학, 인구학, 경제학, 정치학, 언어학 등의 여타 분야 학문과 과학이 방사상으로 뻗어 나오는 중심에 있기 때문이다(Davis, 2001). 이들 학문은 대부분의 측면에서 지리적 요인과 관련을 맺고 있다. 누구나 다 아는 사실이지만 지리학이란 학문은 땅을 기반으로 하는 분야다.

일반인들에게 지리는 적지 않은 부분에서 오해되고 있는 측면이 있다. 사람들은 지리를 공부할 때 산과 산맥의 이름을 외우고 나라의 수도와 인구를 암기하느라 많은 시간을 허비한다. 어느 산의 높이가 얼마며 어느 강이 가장 길고 어느 도시의 인구가 가장 많은지 그다지 중요하지 않다. 땅의 크기나 이름이 중요한 것이 아니라 땅의 속성을 이해하는 것이 중요하다.

가령 나일강과 인더스강이 어느 방향으로 흐르는가를 알면 된다. 북쪽에서 남쪽으로 흐르는가, 남쪽에서 북쪽으로 흐르는가를 알면 일단 그들 하천의 속성을 절반은 이해한 것이다. 또한 알프스산맥과 히말라야산맥이 인간의 교류에 어떤 영향을 끼쳤는지를 알면 산맥의 속성을 이해한 것으로 보아야 한다.

고대에는 지구가 둥글다고 생각하지 않고 편평한 것으로 생각한 적이 있었다. 그러나 기원전 4세기에 그리스의 아리스토텔레스는 일찍 지구가 둥글다는 사실을 알아냈는데도 중세 이탈리아의 갈릴레이는 지구가 둥글다고 주장해 곤경에 빠진 적이 있다. 아리스토텔레스는 지구가 둥글다는 사실을 감각적 증거로 증명했다. 지구가 둥글지 않고서야 월식이 그런 모습으로 나타날 리가 만무하다면서 달이 차고 기울 때까지 달의 구분선은 곧았다가 오목했다가 볼록했다가 변화무쌍한 모습을 보인다. 그러나 월식 때는 구분선이 항상 둥그스름하다. 따라서 지구가 가운데로 끼어들기 때문에 생기는 현상이 월식이라면 월식 때 보이는 둥근 선은 지구가 둥글다는 것을 말해 준다.

당시 사람들은 "둥근 물체만이 둥근 그림자를 남긴다."라는 아주 간단한 진리를 몰랐던 것이다. 참고로 아리스토텔레스는 기원전 384~기원전 322년에, 갈릴레이는 1564~1642년에 살았던 인물이다. 두 사람의 생몰연대는 무려 1,000년 이상의 차이가 난다.

갈릴레이는 1609년 망원경을 만들어 우주를 관찰했지만, 고대 그리스인은 어떤 장비의 도움을 받지 않고도 시간과 공간을 측정했다. 물론 그리스인보다 앞서 메소포타미아인과 이집트인이 쌓아 올린 지식이 밑거름이 되었다. 그들은 수학과 천문학 등의 분야에서 그리스인을 앞섰다. 그럼에도 불구하고 그리스의 사상가들이 다른 문명권의 사상가들에 비해 남다른 주목을 끄는 것은 땅과 세계에 대한 이성적 탐구를 체계적으로 시도했기 때문이다.

아리스토텔레스는 지구가 둥글다고 지적했지만, 원래 당시를 풍미했던 고대 그리스의 우주관은 그림 3-1에서 보는 것처럼 인간이 발을 딛고 서 있는

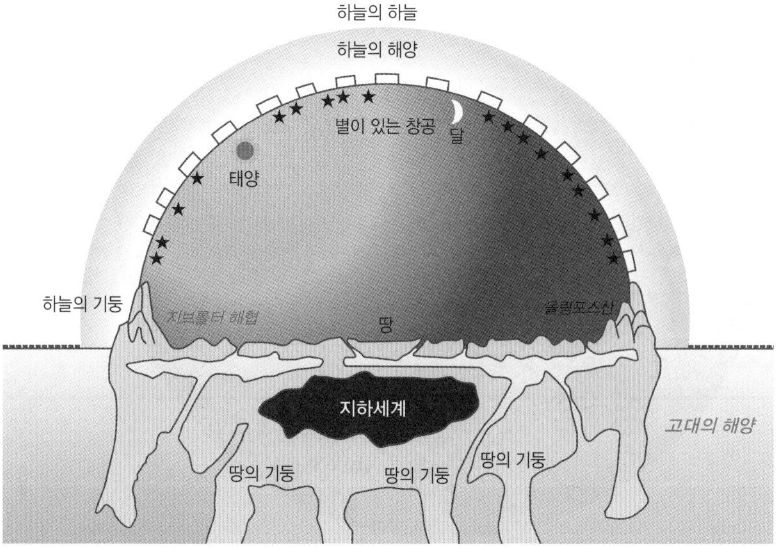

그림 3-1. 고대 그리스의 우주관

땅이 있고 그 밑에는 지하세계가 있는데, 이것을 땅의 기둥이 떠받치고 있다고 생각했다. 그들이 생각하던 땅은 서쪽의 지브롤터 해협으로부터 동쪽의 올림포스산에 이르는 범위였던 것으로 보아 지중해에 국한된 세계였음을 알 수 있다. 땅 위에는 태양과 별이 떠 있는 하늘과 하늘의 해양이 덮고 있는 것으로 인식했다.

지리에 대한 과학적인 접근법은 터키에 해당하는 소아시아 서쪽에 자리한 이오니아 지방의 밀레투스에서 잉태되었다. 오늘날에는 터키의 영토지만, 기원전 700년 무렵에는 그리스의 교역 중심지였다. 바로 그곳에서 그리스의 사상가들은 수학적 원리를 적용해 지구를 측정했다. 특히 탈레스Thales는 기하학에 지대한 공적을 남겼으며 기원전 585년에 일어났던 일식을 정확히 예측

그림 3-2. 지구를 원반으로 추정한 고대 그리스의 우주관

했다는 일화가 지금도 전해진다. 그중에서도 지구는 그림 3-2에서 보는 바와 같이 물 위에 떠 있는 원반이라는 추론은 상당한 영향을 미쳤다(Kenneth, 2001).

지구가 둥글다는 사실은 중세 암흑시대에는 부정되었다. 따라서 고대 그리스의 아리스토텔레스의 주장도 묻혀 버렸다. 그러나 유럽에서 서쪽으로 계속 전진하면 인도에 도착할 수 있다는 주장을 콜럼버스가 최초로 주장한 것은 아니었다. 기원전 3세기에 이집트의 알렉산드리아 도서관에서 일하던 그리스의 지리학자 에라토스테네스는 지구가 둥글다고 확신했다. 그리스의 지리학자 스트라본 역시 이미 1세기에 똑같은 주장을 폈었다. 지구가 둥글다는 사실은 1519~1522년 마젤란의 배가 세계를 일주하고 나서야 인간의 눈으로 확인될 수 있었다.

땅이라 해서 유난히 중요한 지리적 요소가 따로 있는 것은 아니다. 사막이라고 산악지대만큼 중요하지 않은 것도 아니며 하천 역시 정글만큼이나 중요하다(Marshall, 2015). 마샬은 그렇게 주장했지만, 나의 견해로는 땅의 생김새가 중요하다고 생각한다. 왜냐하면 어떤 땅에서는 문명이 발생했지만, 어떤 땅에서는 그렇지 못했기 때문이다. 그것은 인간의 능력이라기보다는 땅의 생김새에 기인한 것이었다(남영우, 2018a).

헤로도토스가 인지한 지구는 어떠했을까? 헤로도토스는 고대 그리스의 뛰어난 지리학자였다. 그는 고대 로마의 최고 지식인이라 간주되는 키케로 Cicero로부터 '역사의 아버지'라 불리기 시작한 인물이다. 그의 저서의 제목인 『역사historia』란 말은 헤로도토스 이전부터 있어 왔지만 '탐구' 또는 '조사'란 뜻으로 사용되었다. 그런데 헤로도토스가 이 단어를 "실제로 일어난 사건을 조사(탐구)해 기술한다."라는 새로운 의미를 더한 것이다. 그 이후부터 *historia*는 영어로 역사란 뜻의 history로 바뀐 것이다.

그는 각지를 폭넓게 답사하며 그곳에서 수집한 다양한 지지地誌·풍속·역사 이야기를 페르시아 전쟁이라는 거대한 스토리 속에 끼워 넣어 유럽의 언어로 기록된 현존하는 가장 오래된 저서를 집필했다. 그것은 그리스가 페르시아 전쟁으로 국난에 대비하기 위한 답사노트인 동시에 산문 작품이었다. 헤로도토스는 그리스 민족의 장래를 염려해 지리적 지식을 정치와 전쟁에 적용하려는 발상에서 저서를 남겼다.

헤로도토스는 약 30세를 전후해 그리스 세계뿐 아니라 이집트, 메소포타미아, 페니키아, 스키타이(현재 흑해 북쪽의 우크라이나 지방)를 두루 답사한 걸출한 여행가이며 지리학자였다. 그의 위대한 저서는 바로 그와 같은 폭넓은 경험을 토대로 편찬된 것이었다. 헤로도토스의 세계관을 엿볼 수 있는 그림 3-3의 지도는 1895년에 수정된 세계지도인데, 원래 1872년 비비앙 드 생마르탱Vivien de Saint-martin이 그린 것을 재작성한 것이다.

헤로도토스가 생각한 세계는 그림 3-3의 지도에서 보는 것처럼 에우로페

그림 3-3. 헤로도토스의 세계관을 보여 주는 지도

라 부른 유럽, 아시아, 그리고 남쪽의 아프리카를 리비아라 불러 3개 대륙이었다. 그가 인지한 유럽은 고대 그리스의 전통적 세계관에 입각한 서쪽의 이베리아반도에 해당하는 '헤라클레스의 기둥'으로부터 동쪽의 그리스 올림포스산에 이르는 범위를 넘어섰다. 즉 에게해 건너편 동쪽을 아시아로 생각해 인더스강의 인도까지를 그 범위로 인식한 것이다. 그리고 아프리카는 나일강이 지나는 에티오피아와 서쪽의 아틀라스산에 이르는 범위로 사하라 사막 이남의 아프리카는 인지하지 못했다.

기원전 5세기에 활약한 헤로도토스는 역사의 아버지라 불리지만, 사실은 전술한 것처럼 지리학자로 간주된다. 그는 자신의 저서 『역사』에서 자기 집안이나 생애에 대한 기록을 거의 남기지 않았다. 그는 여담을 비롯해 온갖 사건을 기록했지만 정작 자신의 모습은 밝히지 않아 그의 생애는 제대로 알려져 있지 않다. 이와는 달리 헤로도토스의 후배 투키디데스는 그가 집필한 저서의 주제로부터 벗어나는 일이 드물었지만 펠로폰네소스 전쟁에 직접 참여한 일도 있어서 자신의 생애에 관해 어느 정도 언급한 바 있다.

헤로도토스는 출생지조차 파악하기 힘들다. 다만 그의 저서에서 "다음은 할리카르나소스Halikarnassos 출신인 헤로도토스가 연구한 내용이다."라는 기록으로 보아 소아시아의 할리카르나소스 출신이었을 것으로 추정될 뿐이다. 기원을 전후해 활약한 지리학자였던 스트라본 역시 헤로도토스가 할리카르나소스 출신이라 기록했다. 오늘날에도 터키의 할리카르나소스가 있

그림 3-4. 터키 보드룸에 세워진 헤로도토스 석상

던 물라주의 보드룸에 가면 헤로도토스의 석상을 볼 수 있다. 이곳은 알렉산더 대왕이 아케메네스 왕조의 페르시아 제국과 전투를 벌인 곳으로 유명하다.

영원한 고전으로 평가받는 그의 저서에는 페르시아 제국과 초기 그리스의 역사에 관한 풍부한 정보 외에도 다양한 답사지에서 수집한 설명이 들어 있다. 헤로도토스는 기원전 484년에 태어나 일생의 대부분을 여행하는 데 바쳤다. 아테네에서도 수년간 거주한 경험이 있지만, 그는 이탈리아 남부에 새롭게 건설된 식민도시로 이주해 그곳에서 저서를 집필했다.

지리학은 땅의 생김새를 기술한다는 그리스어의 *geo-graphia*에서 비롯된 학문 분야다. 그 전통에 따라 지리학에서는 땅의 형태에 많은 관심을 기울인다. 물론 땅의 형태란 해안선의 드나듦에 의해 좌우되는 평면 형태와 땅의 기복으로 결정되는 입면 형태를 모두 포함한 것이다. 또한 한자 문화권의 '地理學'은 땅의 이치를 규명한다는 점에서는 서양의 'geography'보다 한발 앞서 있다.

동양의 한자 문화권에서는 한때 지리를 地理가 아닌 '地利'라 표기한 적도 있었다. 이는 인간이 땅으로부터 얻는 수확물에 가치를 둔 결과일 것이다. 조선시대 『택리지』의 저자 이중환은 "지리는 인간을 이롭게 한다."라는 의미에서 지리이인地理利人이란 말을 한 적이 있고, 18세기 일본의 경세가經世家이며 지도학자였던 하야시 시헤이林子平는 그의 저서 『삼국통람도설三国通覧図説』과 『해국병담海国兵談』 등에서 '지리지사地利之事'에 가장 역점을 두었다. 즉 제도와 법령은 대책의 근본 원리이며, 무비武備와 교육은 목적이지만, 지리는 그 목적 달성을 위한 적극적 방책이라 할 수 있다는 것이다(남영우, 2016).

하야시가 주장하는 '地'는 토지이며, '利'는 사람을 이용하는 것이었다. 따라서 '地利'를 다하는 것은 토지로부터 생겨난 사람을 여하히 이용할 것인가에 있다고 보았다. 지리의 최대 산물은 식량이므로 사람들은 농경지를 개척해야 하기 때문에, 지리지사는 하야시의 산업 개발과 국익 증진을 위한 구체적 제안이라고 할 수 있다. 그는 일본 각 지방의 특산물을 나열하면서 그 토산품을 다량 개발해 타국에 수출하면 국부를 증대시킬 수 있다는 단순 논리를 편 것이다. 그러므로 하야시의 논리는 매우 지리적임을 알 수 있다.

4. 산맥과 하천이 인류에게 미친 영향

지형환경

땅은 어떤 형태로든 반드시 인류에게 영향을 미친다. 가령 부채꼴 모양의 거대한 카르파티아산맥의 예를 들어 보자. 이 산맥은 우크라이나를 지나 루마니아의 북부로 뻗어 남쪽으로 휘어지다가 중부를 가로지르며 서쪽으로 계속된다. 이 산맥은 다시 남쪽으로 방향을 바꾸며 루마니아와 불가리아의 경계를 이루는 다뉴브강(도나우강)을 가로지른다. 루마니아의 남부와 동부는 다뉴브강과 그 지류들이 흐르는 비옥한 평원을 이룬다.

그러나 발칸반도와 루마니아를 갈라놓는 카르파티아산맥과 트란실바니아알프스산맥은 불행히도 알프스산맥만큼 높지 않아 러시아 대평원으로부터 불어 내려오는 차가운 돌풍으로부터 보호해 주지 못한다. 그리고 다뉴브강은 이른바 아이언 게이트Iron Gate라 불리는 협곡을 통해 동쪽으로 향하는 하천인데, 헝가리의 푸스타 평원을 떠날 때만 하더라도 에게해 쪽을 향하는 듯 보이지만 발칸산맥에 가로막혀 서에서 동으로 흘러가 마침내 에게해가 아닌 흑해로 빠져나간다.

루마니아 민족은 스스로를 고대 로마인과 다키아인Dacian의 후손이라고 여긴다. 그들은 자신들의 민족적·문화적 특징이 로마의 영향에서 비롯되었다고 믿지만, 이러한 정체성은 주요 대륙으로 이어지는 통로에 위치한 루마니아의 지정학적 위치로 인해 끊임없이 재확인되었다.

고대 로마인은 기원후 105년 트라야누스 황제가 통치할 때 남부 트란실바니아를 정복했다. 그리고 다키아인들은 다뉴브 평원의 북부 산악지대와 트란실바니아의 분지에서 살았다. 271년 로마인들이 철수할 무렵에는 로마의 정착민과 다키아인이 결혼하는 이민족 간의 혼합이 이루어졌다. 그 결과 새로운 민족이 생성되었다. 루마니아 언어의 라틴적 뿌리와 대부분의 루마니아인이 믿는 슬라브적 뿌리의 동방정교회가 이러한 두 문화의 혼합에서 기인했다.

5세기에 훈족의 도래로부터 14세기 왈라키아 공국과 몰다비아 공국이 등장할 때까지 루마니아 사람들은 튀르크의 보호하에 들어가면서 역사 문헌에서 사실상 사라졌다. 이 시기 동안 루마니아는 민족의 대이동에 의해 침략을 당했고, 다뉴브 평원을 건너 이동해 온 기마부대 전사들의 침입을 겪었다. 루마니아인들은 끊임없는 침략을 겪으면서 살던 곳에서 강제로 쫓겨났으며, 카르파티아산맥에서 비로소 평온을 찾은 것으로 알려졌다.

루마니아는 발칸반도에서 가장 넓은 영토를 차지하는 국가로, 남북 길이는 약 480킬로미터이며, 가장 넓은 지점에서의 동서 너비는 약 680킬로미터에 달한다. 북쪽은 우크라이나·몰도바, 동쪽은 흑해와 몰도바, 서쪽은 헝가리, 남서쪽은 세르비아, 남쪽은 불가리아와 경계를 이룬다. 특히 남쪽의 다뉴브강은 세르비아와 불가리아 간의 국경을 이루며, 동쪽의 프루트강은 몰도바와 우크라이나 간의 국경을 이룬다(그림 4-1). 이처럼 평지에서 연결된 다뉴브강은 유럽 땅에 지리적 이익을 가져다주었고, 그 지류들은 장벽이 되어 국경 역할

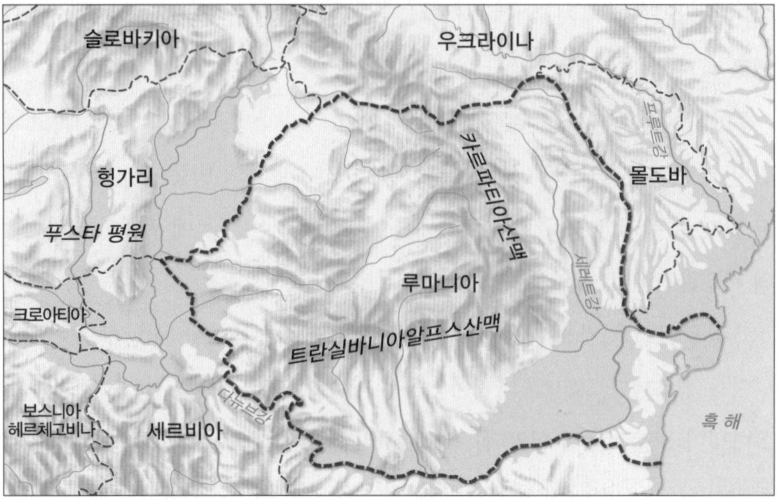

그림 4-1. 루마니아의 지형

을 했으며, 쉽게 항해할 수 있는 연결망은 교역 시스템의 발전을 부추겼다.

여기서 주목할 것은 루마니아의 동쪽과 남쪽을 휘감은 카르파티아산맥과 트란실바니아알프스산맥이다. 이 두 산맥의 장벽 효과로 안쪽의 고원지대와 바깥쪽의 평야지대 간에 문화적 성격, 특히 언어가 달라졌다는 사실이다. 즉 이들 산맥에 의해 발트어와 슬라브어로 나뉘었다는 것이다. 카르파티아산맥은 루마니아와 헝가리를 러시아의 대평원들로부터 분리하는 방어막 역할을 했다. 산맥이 둘러쳐 둥근 형태의 평원을 이루고 있는 곳은 루마니아와 헝가리뿐만 아니라 오스트리아도 마찬가지다. 이런 장벽이 없었다면 오랫동안 명맥을 유지하기 어려웠을 것이다.

우랄어족에 속하는 헝가리어를 제외하고 발트어와 슬라브어는 모두 인도·유럽어족에 속하지만, 이것은 유럽의 경우 북서부의 게르만어파(영어·독일어·덴마크어), 서부의 로망스어군(라틴어·이탈리아어·에스파냐어·포르투갈어), 동쪽의 슬라브어파(러시아어·우크라이나어·폴란드어), 중간의 발트어파(리투아니아어·라트비아

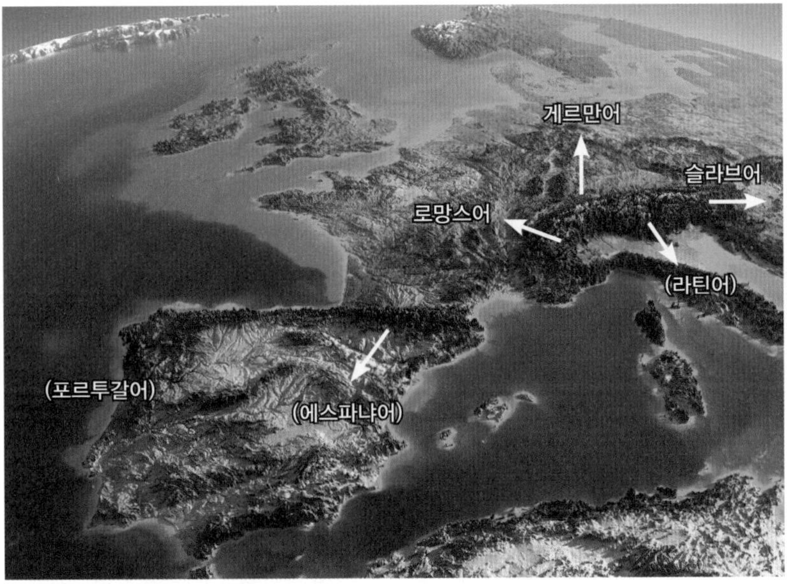

그림 4-2. 지형에 의한 언어의 분열

어) 등으로 구분된다. 오늘날에는 루마니아인이 인구의 대부분을 차지해 공식 언어가 루마니아어지만, 헝가리인과 독일인의 소수민족 집단은 각각 자신들의 언어인 헝가리어와 독일어를 고수하고 있다.

언어지리학에서는 자연환경이 언어에 미친 영향을 밝히려 시도하는데, 특히 지형에 의해 언어가 분파된 경우는 도처에서 찾아볼 수 있다. 위에서 언급한 카르파티아산맥과 트란실바니아알프스산맥뿐만 아니라 알프스산맥과 피레네산맥이 그러했다. 알프스산맥은 북으로 게르만어, 동으로 슬라브어, 남으로는 로망스어로부터 라틴어가 분파되는 역할을 했고, 피레네산맥은 에스파냐어를, 또 과디아나강은 포르투갈어를 탄생시켰다.

기후환경

지금까지 살펴본 것처럼 유럽은 대부분 인도·유럽어족에 속하면서도 산맥과 하천에 의해 언어권이 여러 개로 분파된 것을 알 수 있었다. 유럽은 아시아·아프리카·아메리카 대륙과는 차별화된 특징적 자연환경을 지니고 있다. 유럽적 특징을 이루는 것은 민족적·역사적 기반만이 아니라 자연환경이 엮어 낸 땅의 생김새와 생활양식 전체가 만들어 낸 총체적 결과였다.

나는 유럽을 여러 차례에 걸쳐 답사한 바 있지만, 동·서·남 유럽을 구태여 하나의 키워드로 표현한다면 '목가적인 땅'이라고 규정하련다. 특히 남유럽과 서유럽은 좁은 면적에 평야, 분지, 산맥, 반도, 하천으로 점철되어 있어 문화적 다양성은 물론 정치적 다양성에서 세계 으뜸이라고 할 수 있다. 이를 두고 일본의 지리학자 베쓰기(別技, 1989)는 유럽 문화의 다양성을 공동주택으로 인식해 '아파트 구조'라 불렀다.

유럽에는 다양한 민족이 복잡하게 얽혀 혼재하고 있으며, 단일 언어와 단일 민족으로 구성된 나라는 별로 없다. 따라서 유럽 국가들 내부에는 언어적으로 인도·유럽어족이라는 공통분모가 있기는 하지만 다수집단과 소수집단이 공존하고 있는 셈이다. 언어의 변화와 동화에 영향을 미친 요인은 무엇보다 언어사용자의 정치적 힘이었다. 인도·유럽어족은 기록이 남아 있지 않은 하나의 언어에서 파생한 여러 언어로 구성되어 있다. 이 언어는 약 5,000년 전 흑해 북쪽의 초원지대 또는 아나톨리아에서 사용되었고, 기원전 3000년경에 이르러 게르만어·로망스어·슬라브어·그리스어·인도-이란어 등의 수많은 방언으로 갈라진 것으로 추정된다.

지리학적으로 본래의 유럽은 리투아니아와 폴란드 사이의 칼리닌그라드와 흑해 연안의 오데사를 연결하는 선의 서쪽으로 한정하는 범위를 가리키는 경우가 있는데, 그 범위 속에서 3개의 문화권을 확인할 수 있다. 즉 라틴 문화권·게르만 문화권·슬라브 문화권이 그것이다(그림 4-3).

먼저 라틴 문화권은 지리적으로는 지중해를 중심으로 하며, 역사적으로는 남유럽뿐 아니라 서아시아와 북아프리카 연안을 포함하는 범위다. 자연환경

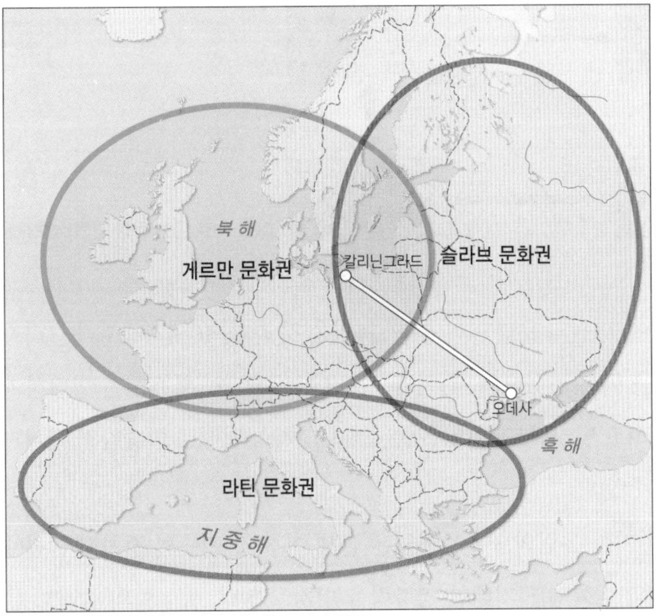

그림 4-3. 유럽의 문화권 구분

의 측면에서는 아열대기후나 건조기후로 삼림은 적고 토양은 비교적 척박한 편이다. 라틴계 민족 문화가 탁월하고 가톨릭이 지배적인 이 문화권은 바다를 통해 오리엔트 문명의 영향을 받아 왔다. 물질 문명의 기반은 돌과 기와 건물로부터 시작되었으므로 '돌의 문명'이라고도 불린다.

이에 비해 게르만 문화권은 영국을 포함한 알프스산맥과 피레네산맥 이북에 이르는 범위이다. 이 지역의 자연환경은 대서양의 영향을 받아 서안해양성 기후가 탁월하고, 습윤한 탓에 예로부터 삼림으로 덮여 있는 땅이 많았으므로 '나무의 문명'이라 불린다. 지중해 지역에 비해 뒤늦게 형성된 게르만 문화권은 개신교가 많고 풍부한 지하자원에 힘입어 근대 공업이 발전할 수 있었다. 그 덕분에 라틴 문화권을 능가하는 선진 문명을 이룩하게 되었다.

슬라브 문화권은 동유럽과 러시아를 중심으로 대륙성기후와 평원으로 이루

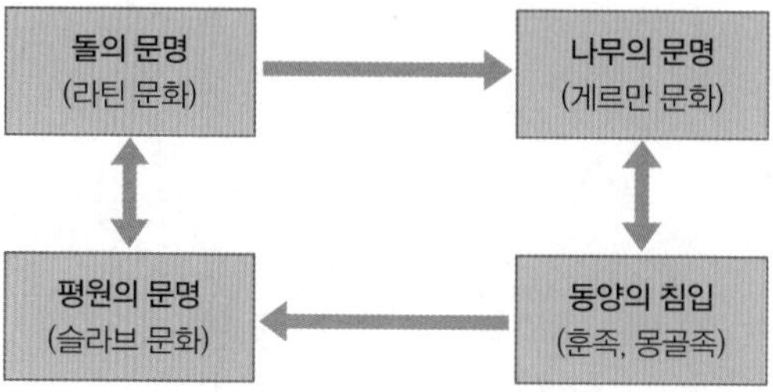

그림 4-4. 유럽 문명 간의 상호작용

어진 지형 탓에 '평원의 문명'이라 부를 수 있을 것 같다. 10세기경부터 그리스 정교가 세력을 떨치고 있으며, 위의 두 문명에 비해 뒤늦게 문화가 발달하기 시작했다. 그리고 발칸반도 일대에서는 과거 터키의 지배로 이슬람적 색채가 농후하게 남아 있다.

이상에서 열거한 유럽의 3대 문화권은 근세 이후 각 민족의 정치적 발전에 따라 유럽 밖의 대륙에도 지대한 영향력을 미치고 있다. 동유럽의 슬라브 문화권을 제외하고는 얼마나 잘생긴 땅인지 알 수 있을 것이다. 오밀조밀한 생김새의 땅이 잘생긴 대륙임을 뽐내고 있다. 지도를 펴 놓고 유럽 대륙을 들여다보면 역사뿐 아니라 문화 역시 지리의 포로란 사실을 알게 될 것이다.

돌의 문명으로 상징되는 라틴 문화와 나무의 문명으로 상징되는 게르만 문화와 더불어 평원의 문명이라 표현되는 슬라브 문화는 4세기 무렵 동쪽으로부터 밀려오는 훈족의 이동으로 또 다른 평원의 문명과 조우하게 되었고, 훈족의 유럽으로의 이동은 유럽 땅에 살고 있던 게르만족 등을 밀어내며 연쇄적인 민족대이동을 유발했다. 또한 13세기에는 몽골 제국의 침략을 받았다.

분열과 통합, 그리고 다극화와 일원화의 반복이 지속된 유럽이 이제는 통합과 일원화를 꾀하기 위해 서유럽을 중심으로 유럽연합을 결성한 바 있다. 유럽은 다양한 측면에서 커다란 지역 차가 존재한다. 즉 문화적 중심부와 주변부, 정치적 번영의 중심지와 암울한 지역, 생활 수준의 차이에 따른 선진국과 개발도상국의 존재가 바로 그것이다. 이들을 통합해 유기적 정치·경제적 일원화로 다시 문명의 중심을 회복하려고 시도하고 있다. 유럽은 미국에 뒤지고, 이제는 동아시아에 추월당할 것이라는 위기의식에서 합의를 도출해 200년 전의 영광을 되찾아 강력한 유럽을 구축하려고 시도하고 있다(남영우, 2018a).

평원

서로마 제국의 멸망을 가속화한 민족의 대이동은 흔히 게르만족의 대이동이라고 번역하는데, 이 방아쇠를 당긴 것은 훈족Hun이었다. 이는 첫 번째로 기록된 기마민족의 대이동이었던 것이다. 4세기 말 볼가강의 원류에 나타난 훈족은 학계에서는 4세기 초까지 중국에서 활동한 흉노족과 연관 있는 것으로 알려져 있다. 이들은 유라시아 대륙에 넓게 분포하던 유목민족들의 느슨한 연합체였는데, 게르만족을 철저히 노략하자 이를 견디지 못한 게르만족이 로마의 영내로 이동하기 시작했다.

433년 훈족의 왕이 된 아틸라는 군사를 일으켜 라인강 변으로 영토를 넓혔다. 동로마를 침공해 영토를 빼앗고 막대한 액수의 보상금을 받았으며 황제를 굴욕적으로 굴복시켰다. 동로마를 충분히 약탈한 아틸라는 서로마 제국을 침공했는데 서고트, 프랑크의 부족들과 연합한 서로마와 대치 중에 보급난과 전염병에 시달리다가 교황의 중재를 받아들여 철수했다. 아틸라의 제국은 그의 사후 전염병과 내분으로 와해되고 말았다.

여기서 우리는 훈족이 동쪽으로부터 유럽으로 들어와 오늘날의 헝가리 분지에 해당하는 푸스타 평원을 그들의 본거지로 삼은 배경에 대해 주목해 볼 필요가 있다. 기원후 1,000년 동안 헝가리 분지의 푸스타 평원은 흑해로부터 서쪽으로 이동하는 과정에서 다뉴브강의 물줄기를 따라갔던 모든 부족이 한 번쯤은 침범했던 그야말로 주인 없는 땅이었고, 따라서 어떤 형태의 안정된 왕국도 들어선 적이 없는 땅이었다(Van Loon, 1932). 정복왕 아틸라는 카르파티

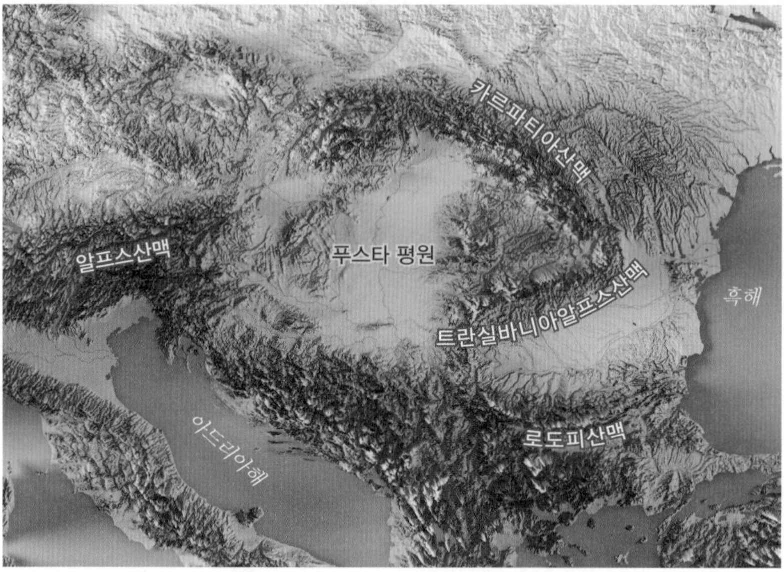

그림 4-5. 훈족의 본거지가 된 푸스타 평원

아산맥을 지나 트란실바니아 고원에 당도했지만, 그곳을 지나 더 서쪽으로 이동해 푸스타 평원을 본거지로 삼은 것이다.

그들이 헝가리 분지에 근거지를 둔 이유는 헝가리의 푸스타 평원이 러시아 남부의 스텝기후이며 중부 유럽의 해양성기후와 대륙성기후의 점이지대에 위치하기 때문에 지형순화와 기후순화가 되어 있는 익숙한 땅이기 때문이었다. 지형순화와 기후순화란 그곳의 인간이 땅과 기후에 적응된 것을 뜻한다. 그 땅은 문명을 창출할 수 없는 평범한 땅이었지만, 여러 산맥으로 둘러싸이고 여러 하천이 흐르고 있어 훈족에게는 말을 사육하며 장기 체류가 가능한 아늑한 땅으로 여겨졌을 것이다.

기마민족이었던 훈족의 민첩한 기동성은 유럽인들에게는 가공할 만한 위협이 되었다. 그들의 기동성은 빨리 움직이는 기병을 모으는 능력에 달려 있었고, 이를 위해서는 말을 잘 먹일 필요가 있다. 광대한 초원이 펼쳐진 스텝 서식지에서는 별문제가 없지만, 유라시아 가장자리 주변의 농경사회로 너무 깊숙이 들어오면 말의 먹이를 공급하는 데 애를 먹었다. 관개농업을 하는 땅에서는 작은 면적으로 사람을 먹여 살릴 수 있지만, 많은 말을 먹여 살릴 목초지로서는 이야기가 달라진다. 그러므로 5세기 중엽에 유럽 심장부를 침략했던 훈족이 푸스타 평원을 군사작전의 본거지로 선택한 것은 당연한 일이었다. 이 평원은 생태학적으로 스텝과 농경지대 사이에 위치했고, 스텝의 초원지대에서 가장 서쪽 끝에 위치한 지역이었다(Dartnell, 2018).

'푸스타puszta'란 슬라브어로 삼림이 적은 초원을 뜻한다. 그들은 약 2세기가 지나면서 이미 거주하고 있던 유목민들에게 동화되었다. 이처럼 유럽에 돌풍을 몰고 온 훈족은 451년에 프랑크 동북부에서 서코트족을 중심으로 한 로마군에게 패했다. 아틸라는 서로마 황제와 사돈을 맺고 황제가 되려 했지만 꿈을 이루지 못하고 사망했다. 훈족의 지도자 아틸라는 알렉산더, 칭기즈칸과 더불어 세계 3대 정복왕으로 손꼽히지만, 그는 453년 자신의 결혼식 날 술에 만취해 정복왕답지 않게 어처구니없이 죽었다. 아틸라는 북방 민족 출신답게 두주불사하는 술고래였던 모양이다. 또 다른 학설은 아틸라가 첫날밤에 복상사했다는 주장도 있음을 밝혀 둔다.

당시 로마인을 비롯한 유럽인들은 행동이 거칠었던 훈족에 대한 공포심으로 그들을 괴물로 생각해 상당한 스트레스를 받았던 것 같다. 그들은 훈족을 털이 많은 백인의 모습, 즉 서양인의 얼굴로 묘사했는데, 훈족의 무리 속에 서양인도 일부 포함되어 있었겠지만, 대부분은 동양인의 얼굴을 한 북방계 몽골인종이었다. 로마인들이 남긴 기록에 따르면, 훈족은 네모난 얼굴에 광대뼈가 튀어나오고 납작한 코, 옆으로 가늘게 찢어진 눈, 이마에 편두를 한 작달막한 사람들이었다(그림 4-6). 돌로 이마를 눌러 머리의 모양을 만드는 편두 풍속은 동이족과 마야인들에게도 있었지만, 로마인들에게 혐오감을 준 훈족은 분명 아리안족인 백인과는 거리가 먼 중앙아시아와 몽골 초원에 살던 몽골계 유목민족이라는 사실을 지적해 두고 싶다.

헝가리 민족 혹은 그들이 선호하는 명칭인 마자르족Magyar은 유럽 땅에서 그 존재를 유지해 온 유일한 몽골 혈통의 민족이라는 데 큰 자부심을 갖고 있다. 오늘날에는 오스트리아처럼 내륙국인 까닭에 자신들의 위대한 호전성을 필요 이상으로 강조해 왔다. 그러나 헝가리 민족은 오스만족이 등장한 12세기 이후 터키 민족에 맞서는 일종의 보루로서 나머지 유럽 세계에 기여했다는 사실을 부인할 사람은 아무도 없다. 로마 교황도 헝가리 최초의 왕인 성 스테판St. Stephen을 헝가리 사도왕의 반열에 올려놓음으로써 완충국의 가치를 인정한 바 있다.

그림 4-6. 로마 주화에 새겨진 아틸라의 모습(5세기경)

터키인이 동유럽을 침략했을 당시 그들이 국경선을 넘지 못하도록 저지한 나라가 헝가리였다. 다뉴브강과 티서강 사이에 있는 드넓은 푸스타 평원은 러시아 남부의 스텝지대에 살던 타타르족의 말 사육사들을 완전히 매혹해 그곳에 영영 눌러앉도록 만들었다(Van Loon, 1932). 타타르족이 푸스타 평원에 매력을 느낀 것은 훈족이 느꼈던 것과 동일한 것이었다. 타타르Tatar라는 명칭은 다양하게 쓰이는데 몽골족과 튀르크계 민족을 포함해 아시아의 스텝과 사막에 사는 유목민족을 총칭한다.

평원이 역사에 남긴 흔적은 이탈리아 북부의 롬바르디아 평원에서 창궐한 코로나19에서도 찾아볼 수 있다. 코로나19로 인해서 우리나라를 비롯한 세계 각국은 크게 영향을 받고 고통스러워하고 있다. 중국에서 처음 시작된 것으로 의심되는 이 바이러스는 인접한 나라인 한국과 일본뿐만 아니라 미국, 유럽 등으로 퍼져 나가면서 마치 과거 흑사병을 연상케 할 정도의 강력한 전염력으로 전 세계를 공포에 떨게 한 바 있다. 그중 이탈리아는 유독 코로나19 확진자가 기승을 부렸는데, 그 이유는 무엇이었을까?

이탈리아의 코로나19 치사율은 약 8% 정도에 달했다. 이탈리아는 당시 일본에 이어서 65세 이상의 고령인구 비율이 가장 높은 나라이기 때문에 더욱 영향을 받은 것으로 추정된다. 알려진 바에 따르면 아무래도 기저질환자나 고령자들이 면역력이 약해 코로나19에 더 쉽게 걸리고 사망률도 높은 것이 사실이다. 노인층은 당뇨병이나 고혈압 등과 같은 질환을 가진 경우가 많다. 바로 이런 이유들이 이탈리아에 코로나19 사망자가 많은 이유 중 한 가지라고 볼 수 있다.

이탈리아의 경우 정치인들에게 만연한 포퓰리즘과 부패로 의료정책을 소홀히 한 탓에 병원의 수가 적어 1,000명당 병상 수가 3개로 다른 나라에 비해 현저히 적다. 독일은 8개, 한국은 12개, 프랑스가 6개인 것을 보면 이탈리아가 얼마나 열악한 환경인지 알 수 있다. 이탈리아 코로나19 환자 수가 많은 또 다른 이유는 바로 의료진의 수가 적다는 것이다. 간호사와 의사가 인구 1,000명당 각각 6.7명, 4.0명 정도에 불과해 독일과 프랑스에 비하면 매우 적은 편이다. 치료할 인원은 넘쳐나고 그들을 돌보고 치료할 의료진의 수가 턱없이 부족해 확진자가 계속 늘어날 수밖에 없는 안타까운 상황이 발생한 것이다.

그러나 그것들이 전부는 아니다. 위에서 설명한 내용은 보도를 통해 잘 알려진 사실이지만, 이탈리아반도 중에서도 특히 북부 지방의 포강 유역에 위치한 롬바르디아 지방에서 확진자와 사망자 수가 대량 발생한 이유를 설명해 주지 못한다. 여기에는 다음과 같은 역사적 배경이 깔려 있다.

포강 유역은 이탈리아반도 중 가장 평야가 많은 땅이다. 포강 유역의 드넓은 대평원에 정착민들이 이주해 들어온 것은 오래전의 일이었다. 그들은 포강으로 흘러드는 수백 개의 작은 물줄기들을 수로와 연결시켜 제방을 건설해 많은 물이 흘러가게 만들어 옥토로 바꿔 놓았다. 정착민들은 아주 오래전부터

그림 4-7. 이탈리아 포강 유역의 롬바르디아 평원의 위치

땅이 준 행운을 잘 활용한 것이다. 이탈리아반도의 지형적 특징은 그림 4-7을 보면 잘 이해할 수 있을 것이다.

이탈리아는 1870년에 다시 통일국가가 되었다. 독립 투쟁이 막을 내리자마자 외세는 알프스산맥 너머 원래 그들이 살던 곳으로 퇴각했다. 이탈리아인들은 오랫동안 방치되었던 자신들의 조국을 제대로 되돌려 찬란했던 로마 제국의 영광을 회복하려고 대대적인 작업에 착수했다.

그들이 먼저 관심을 기울인 땅은 반도 주민 전체를 충분히 먹여 살릴 수 있는 포강 유역의 곡창지대였다. 포강은 길이가 652킬로미터로 대단히 긴 하천은 아니지만, 지류들이 흘러들어 유역면적이 71,000제곱킬로미터에 달한다. 이탈리아반도에는 다른 하천도 있지만 포강은 다른 강들이 갖지 못한 나름의 독특한 특징을 갖고 있다.

포강은 총연장의 5/6에 해당하는 구역에 선박이 드나들 수 있고 세계에서 가장 빠르게 하구에 삼각주가 형성되는 하천 중 하나에 속한다. 나일강 삼각주에 비견할 수 있을 것이다. 매년 2제곱킬로미터에 이르는 땅이 삼각주에 새롭게 편입되면서 61미터씩 외연으로 뻗어 나간다. 반 룬은 앞으로도 이런 식으로 10세기만 지속된다면 삼각주가 아드리아해를 메워 건너편 크로아티아의 이스트라섬까지 다다르게 될 것이라고 과장스럽게 표현했다(Van Loon, 1932).

롬바르디아Lombardia란 지명은 엘베강 어귀의 북유럽에서 이곳으로 이주한 튜턴족의 한 부족 이름에서 유래된 것인데, 게르만족에 속하는 그들은 수염을 길게 길렀다고 해서 영어의 long beard에 해당하는 롬바르드족이라 불렸다. 19세기 전반 50만 명에 가까운 주민들이 실크산업에 종사하고 있고, 그들이 생산하는 비단은 우리에게 화려한 옷감을 선사해 주는 누에 원산지인 중국 제품보다 더 높은 평가를 받고 있다(Van Loon, 1932).

롬바르디아는 그와 같은 배경에서 중국과 인연을 맺고 있었다. 많은 중국인이 이곳으로 유입되었는데, 주된 이유는 벼농사에 있었다. 1980년대 말, 쌀 생산량이 급감하자 제초 작업을 위한 인력을 인건비가 저렴한 중국인들로 채웠다. 그들은 주로 푸젠성福建省과 저장성浙江省 출신이었다. 롬바르디아의 중국인 인구는 급격히 증가해 많은 사람이 공장에 취업하게 되었다. 오늘날에는 불법체류자를 포함해 약 40만 명에 달하는 것으로 추정된다.

현재 롬바르디아주의 밀라노와 베르가모에 들어선 중국계 기업은 1,400여 개에 달한다. 주도州都인 밀라노는 세계적으로 명성을 얻어 유명 패션 브랜드를 보유한 섬유산업과 패션산업의 중심지가 되었지만, 중국계 노동자가 없으면 공장이 돌아가지 않고 벼농사도 할 수 없는 지경에 이르렀다. 중국인은 밀라노를 중국의 수도로 인식해 각종 산업을 잠식해 들어가고 있으며, 이후에는 롬바르디아 평원을 넘어 토스카나 지방의 섬유도시 프라토까지 확대되었다. 이 도시에는 32만 명의 중국인 가운데 전체 의류 기업의 95%에 해당하는 8만여 명이 섬유산업에 종사하고 있다. 우리가 선호하는 이탈리아 패션 제품은 사실상 중국제인 셈이다.

코로나19로 인해 이탈리아 경제가 침체됨에 따라 빈곤층의 생활이 어려워지자 마피아는 최빈곤층에 식료품을 제공하는 구호사업에 동참하고 있다. 특히 나폴리에서는 대부업자가 빈곤층에 이자를 면제해 주고 있다고 한다. 마피아 조직은 파산 위기에 처한 기업에게 신용을 제공하고 경기부양자금 일부를 빼돌릴 계획으로 빈민층에게 생활필수품을 제공하고 있다는 것이다.

이탈리아를 찾는 중국인 관광객은 매년 300만 명에 달하고, 인적 교류는 경제 활동을 촉진하기도 하지만 전염병과 범죄를 퍼뜨리는 역기능을 갖고 있다. 중국 정부는 코로나19의 원류가 자국이 아니라고 주장하지만, 위에서 설명한 배경에서 코로나19 바이러스가 중국으로부터 이탈리아 북부 지방으로 전파된 것이다.

5. 이스라엘 백성이 요르단강을 건넌 의미

우리나라에서는 흔히 요단강이라 부르는 요르단강은 해발 2,814미터 높이의 눈 덮인 헬몬산에서 발원해 갈릴리해를 거쳐 사해로 흘러든다. 요르단강은 유대교와 기독교인들에게는 각별한 의미를 갖는 하천이다.

팔레스타인에 있는 두 개의 바다인 갈릴리해와 사해는 호수라 불러야 마땅하지만, 고대 히브리어에는 '호수'라는 단어가 없었으므로 그때부터 바다라 불렀던 것이다. 바다를 본 적이 있는 자는 호수를 보고 바다라 부르지 않는다. 그러나 당시 인간들은 이렇게 큰 오아시스를 본 적이 없었으므로 바다로 인식했을 것이다.

『구약 성경』에는 '사해'라는 명칭이 나오지 않고 '소금해'라 기록되어 있다. 사해는 해수면보다 392미터 낮으므로 요르단강을 비롯한 모든 하천이 사해로 흘러들어 그곳에서 끝난다. 모든 사람은 강물은 흘러 결국 바다로 흘러든다고 생각한다. 나는 여기서 예로부터 전해 내려오는 다음과 같은 문구를 떠올렸다.

> 百川入海 同一鹹味(백천입해 동일함미)
> 모든 강물이 바다로 들어가면 짠맛으로 같아진다.
> 海納百川(해납백천)
> 바다는 모든 하천을 받아들인다.

나는 이 문구를 세종시 민관합동위원으로 활동할 때 회의 장소였던 국무총리 관저에서도 보았고, 고려대학교 재단 이사장의 취임사에서도 읽어 본 적이 있다. 이런 문구는 한자 문화권에서 종교인이나 정치인들이 즐겨 인용하는 말이기도 하다. 이는 바다의 고도가 낮기 때문에 모든 강물은 바다로 흘러들 수밖에 없다는 뜻인데, 이곳 사해는 예외적이다. 지리 정보가 제한적이었던 당시에는 진리라고 여겼을 것이다. 그러나 지리학에서는 타클라마칸 사막의 타림강처럼 주로 건조 지역의 경우 바다에까지 이르지 못하고 내륙 유역을 흐르는 하천을 내륙하천이라 부른다.

갈릴리해에서 남쪽으로 흐르는 요르단강은 역사적 또는 종교적으로 성스러운 강으로 여겨지고 성경에 많이 언급되어 있다. 『구약 성경』「출애굽기」에 따르면 현재의 이집트인 애굽埃及에서 탈출한 이스라엘 백성이 가나안 땅에 들어가기 위해 이 강을 건넌 것으로 전해지고 있다. 특히 세례자 요한은 이 강에서 세례를 주었고 예수도 여기서 세례를 받은 것으로 전해지고 있다.

요르단강은 히브리어의 나하르 하-야르단Nahar ha-Yarden과 아랍어의 나하르 알-울둔Nahr al-Urdun에서 유래된 지명으로 '내려오는 강'이란 뜻을 지니고 있다. 나는 이곳을 답사하면서 북쪽의 헬몬산에서 남쪽으로 흘러내려 오는 강이란 의미일 것이라고 생각했다.

이스라엘 민족의 리더였던 모세는 40년간의 방황 끝에 느보산에 이르러 '약속의 땅'인 가나안 땅을 바라보았을 것이다. 야훼와 이스라엘인들과 달리 내 눈에는 느보산에서 바라본 가나안 땅이 사람 살기에 좋은 땅으로 보이지 않았다. 다만 지리적으로 평가한다면 요지임은 분명하다. 가나안Canaan이란 지명이 노아의 후손 '가이난'에서 유래되었다고 주장하는 설도 있지만, 팔레스타인의 고대 지명으로 자주색을 뜻하는 단어에서 유래되었다는 설이 더 유력하다(남영우, 2018a).

모세의 후계자 여호수아가 이끌던 이스라엘 백성은 가나안의 예리코를 침략했다. 그들은 느보산에서 내려와 요르단강을 건너 길갈에서 예리코성을 탐색한 후 공성전에 돌입한 것으로 추정된다. 그 땅에는 이미 여러 종족으로 구성된 선주민이 살고 있었으므로 침략으로 간주해야 한다.

그렇다면 여기서 그들의 신이 과연 가나안의 침략을 허용했는지 궁금해진다. 아무리 이스라엘 민족이 야훼가 선택한 민족이라 할지라도 선량한 선주민을 쫓아내거나 멸망시킬 권리는 없을 것이다. 그들에게 혹시 성전사상聖戰思想이 있었던 것은 아니었을까? 이 사상은 기독교뿐 아니라 이슬람교에서도 찾아볼 수 있다. 과거 십자군 전쟁을 위시해 독일·일본·이라크·이란·미국 등도 정의를 위한 전쟁이라며 타국을 침략한 바 있다.

가나안에 거주하고 있던 선주민은 불륜과 부도덕으로 오염되고 있었다. 이런 사실은 비록 이스라엘 입장에서 기록된 것일지라도 그들의 가나안 침략을 정당화한 내용이라 할 수 있다. '역사의 심판'과 '정의'란 것이 항상 강자의 논리라는 생각이 드는 대목이다.

『구약 성경』에서 예리코는 상술한 것처럼 여호수아가 이끄는 이스라엘인들이 요르단강을 건넌 후 처음으로 함락한 곳으로 유명하다. 그들이 요르단강을 건널 수 있었던 것은 기적과 같은 일이었다. 왜냐하면 그들이 요르단강을 건너던 4~5월은 우기가 아직 끝나지 않은 시기이며, 이 강의 발원지인 헬몬산의 눈이 녹아 흘러내려 강물의 수위가 높을 때였기 때문이다. 기독교에서는 장례식 때 다음과 같은 찬송가 가사의 노래를 부른다.

날빛보다 더 밝은 천국 믿는 맘 가지고 가겠네.
믿는 자 위하여 있을 곳 우리 주 예비해 두셨네.
며칠 후 며칠 후 요단강 건너가 만나리.
며칠 후 며칠 후 요단강 건너가 만나리.

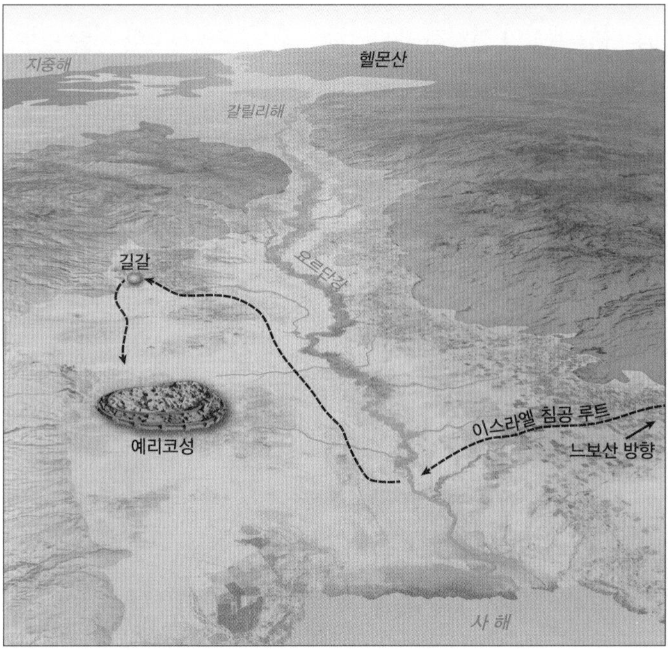

그림 5-1. 이스라엘 백성의 예리코성 침공 루트

가나안의 예리코 선주민들은 요르단강을 누구도 건널 수 없는 방어선이라 굳게 믿고 있었지만, 이스라엘인들은 위험을 무릅쓰고 도하작전을 전개해 적군의 의표를 찌른 것이다. 이곳에서 바로 유명한 '라합의 붉은 줄' 이야기가 전해 내려온다. 라합의 붉은 줄이란 라합이 목숨을 걸고 그녀의 집 창문에 붉은색 줄을 매어 예리코를 정탐하기 위해 파견된 이스라엘 첩자를 탈출시키고 자신도 생명을 보장받았다는 일화다. 그 후 이스라엘 민족에게 이 붉은 줄은 구원의 상징이 되었다. 여기에서도 홍해를 가른 모세의 기적이 재현된 덕분에 여호수아를 신뢰하는 이스라엘 군대는 상대적으로 약한 예리코 군대를 물리칠 수 있었던 것이다.

『구약 성경』에 당시 이스라엘 집단이 장정만 60만 명이 넘는다고 기록되어 있으나 믿기 어려운 측면이 있긴 하다. 아마 이런 전설은 고대로부터 구전되는 과정에서 과장되었거나 변질된 탓이라 여겨진다. 그런데 문제는 여호수아가 이끄는 이스라엘 백성이 어떻게 요르단강을 건넜으며 견고한 이중성벽의

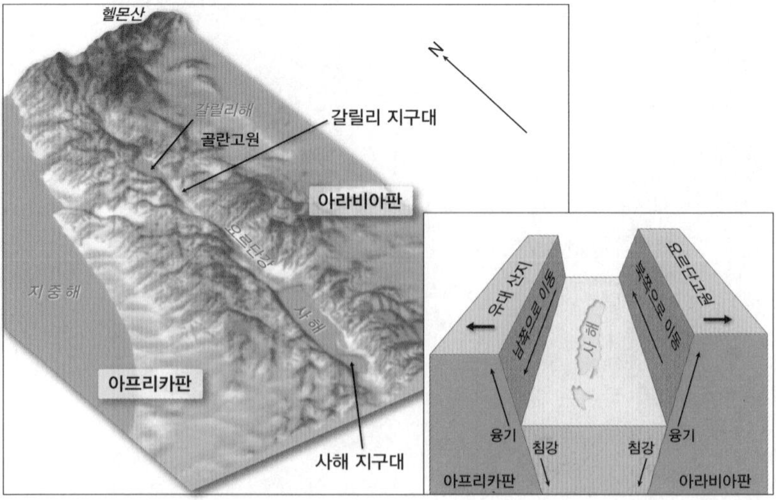

그림 5-2. 요르단강 일대의 지각변동 모식도

예리코성을 어떻게 함락할 수 있었는지에 있다. 기적으로 치부하기에는 선뜻 납득하기 어렵다. 그 이유는 지각변동에서 찾을 수 있지 않을까?

고고학적 발굴 작업의 결과 예리코 성벽은 공성전에 의해 함락된 것이라기보다는 지진과 같은 지각변동으로 무너진 것으로 판명되었다. 또한 이 시기에 요르단 지구대 일대에서 그림 5-2에서 보는 바와 같이 지진이 발생한 사실도 있다. 사해 남쪽에 위치한 소돔과 고모라가 파괴된 것 역시 화산 폭발에 의한 것으로 추정된다.

『구약 성경』에 등장했던 소돔과 고모라는 과거 사해 밑으로 함몰된 것으로

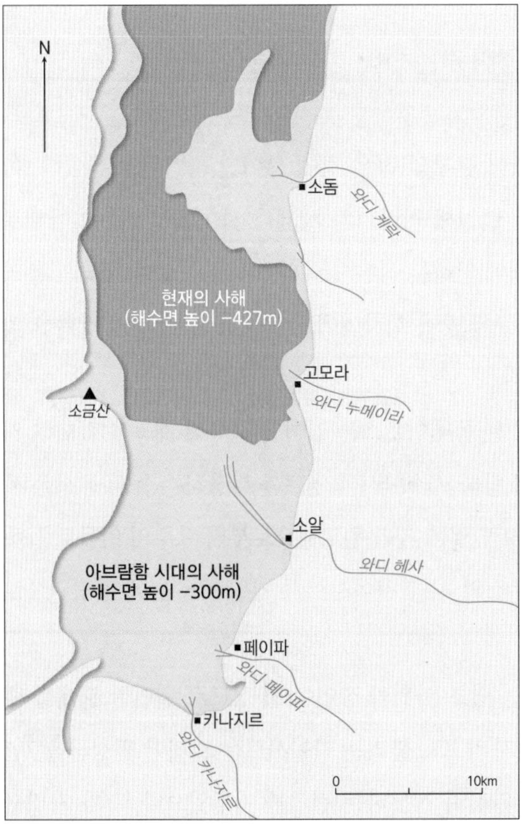

그림 5-3. 사해의 변화와 소멸된 소돔과 고모라

추정되지만, 발굴 작업이 이루어진 적은 없다. 그러나 이스라엘 백성이 예리코성을 점령한 것은 야훼와 이스라엘 민족 간의 약속이 이루어졌다는 점에서 역사적·종교적으로 큰 의미를 갖는다. 요르단강은 작은 하천이지만 기독교도뿐 아니라 이슬람교도와 유대교도에게는 감회가 서려 있는 곳이다.

요르단강이 흘러드는 사해에는 종교적 의미를 말해 주는 또 다른 유적이 있다. 즉 사해 남서쪽의 한 귀퉁이에 나지막한 소금산이 있는데, 이것이 바로 『구약 성경』에 죄악으로 악명 높았던 소돔과 고모라가 멸망한 뒤 롯Lot의 아내가 뒤를 돌아보다가 돌로 변했다는 소금기둥으로 추정된다(그림 5-3). 사해의 아랍어 지명은 바르 롯Bahr Lot으로, 즉 '롯의 바다'란 뜻이다.

6. 카이사르에게 루비콘강이 갖는 의미

루비콘Rubicon강은 이탈리아 북부의 작은 강에 붙여진 라틴어 이름이다. 이 하천은 아펜니노산맥에서 발원해 리미니와 체세나 사이에서 아드리아해로 흘러드는 전장 80킬로미터에 달하는 작은 강이다. 이 강은 로마 제국의 운명을 바꾼 강으로 유명해 인구에 많이 회자됨에도 불구하고 이 강의 정확한 위치는 많이 알려져 있지 않다.

기원전 70년에 집정관이 된 폼페이우스는 뛰어난 군사적 재능을 발휘해 지중해에 출몰하던 해적을 소탕하고 소아시아 영토를 확장하는 등의 공적을 세웠으나, 미래의 독재자 후보 반열에 올라 원로원으로부터 요주의 인물로 꼽히게 되었다. 얼마 후 마리우스의 처남 카이사르가 기원전 59년에 집정관으로 선출되었다.

폼페이우스와 카이사르는 당초 사위와 장인이 될 정도로 원만한 관계를 맺었다. 영어식 발음으로 '시저'라고도 불리는 카이사르는 갈리아 원정군을 7년간 지휘하면서 그 지방을 완전히 정복하는 전과를 거두었으나, 그가 자리를 비운 수도 로마는 폭력과 부패가 만연하고 원로원의 권위가 실추되는 사태가 벌어지고 있었다. 그러나 카이사르는 정복전쟁으로 막대한 부를 수중에 넣고 병사들로부터 절대적 신뢰를 받게 되었다.

카이사르는 차기 집정관 선거까지 귀국하지 않은 채 현지에 머물고 있었다. 이에 대해 일부 원로원들이 경계심을 품고 그의 집정관 재임 시 불법행위를 벌하기 위해 재판에 회부하려는 움직임을 보였다. 그는 갈리아 원정을 함께했던 군대를 이끌고 로마 본국과 속주의 영토 경계인 루비콘강을 건너 수도 로마를 향해 진군했다. 기원전 49년 1월의 사건이었다. 카이사르는 자신의 행동을 로마를 수호하기 위한 군사행동일 뿐이라고 주장했지만, 그의 행동은 위법행위였다.

당시 로마 국법에서는 군대를 본국 내로 들이는 것이 허용되지 않았으므로, 반드시 루비콘강을 건너기 전에 군대를 해산하고 무장 해제된 채로 귀환해야만 했다. 본래 이 강은 로마 제국 당시 파견된 장군 및 군사들이 전쟁이나 훈

그림 6-1. 루비콘강의 위치

련 등으로 파견 나간 뒤 귀환하는 길에 루비콘강을 건너야 할 경우 로마에 충성한다는 서약의 뜻으로 항상 무장을 해제한 다음에야 루비콘강을 건너는 일종의 전통과 법규가 있었기 때문에 무장을 하고 이 루비콘강을 건넌다는 것은 곧 로마에 대한 반역을 뜻하는 행동이었다. 그러나 이 전통을 깬 인물이 바로 카이사르였다.

카이사르는 강을 건널 때 수심이 얕은 곳으로 건너기 위해 내륙 쪽으로 들어간 지점을 택했을 것이다. "카이사르는 루비콘강을 건넜다."라는 말은 그 후에도 어떤 결단을 내릴 경우와 돌이킬 수 없는 전환점에 이르렀을 때 "주사위는 던져졌다."라는 말과 함께 두고두고 회자되었다. 루비콘강은 산마리노 북쪽을 흐르는 매우 작은 하천임에도 요르단강과 더불어 역사적 의미에서 중요해졌다.

그로부터 1,000여 년이 지나는 동안 하천 유로에 변화가 일어나 카이사르가 건넌 지점이 어느 곳인지, 루비콘강이 어느 곳인지 불분명해졌다. 이에 따라 과연 루비콘강의 비정 문제가 대두되었다. 17세기경부터 이탈리아 동북부의 각 지방에서 고대 루비콘강이 자신들의 땅에 있다는 주장이 불거졌다. 리미니와 체세나 등의 몇몇 하천이 유력한 후보지로 떠올랐다.

1933년 무솔리니는 피우미치노강을 루비콘강이라 개칭했지만, 진정한 루비콘강을 둘러싼 논쟁은 멈추지 않았다. 루비콘강의 비정에는 3세기에 작성된 중세지도를 모사한 「타불라 포이팅게리아나Tabula Peutingeriana」가 결정적 역할을 했다(그림 6-3). 이 고지도는 로마 제국이 만든 국영 우편배달제도의 도로망을 나타낸 것으로 도시 간 거리가 비교적 정확히 기재된 것이었다. 그럼에도 불구하고 이 고지도는 상세지도가 아니므로 여전히 의견일치를 보지 못한 채로 남아 있지만 루비콘강의 비정은 거의 확실하다.

카이사르의 행동에 놀란 원로원은 폼페이우스에게 지원을 요청함에 따라 로마는 둘로 나뉘어 '내란의 시대'를 맞이하게 되었다. 평소 냉정하고 인내심

그림 6-2. 이탈리아반도 북쪽의 루비콘강

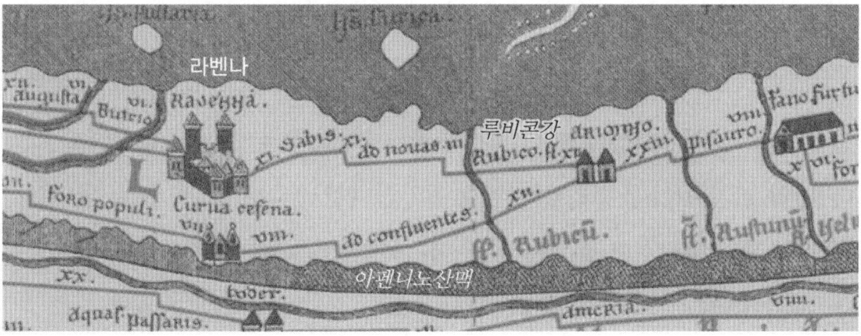

그림 6-3. 루비콘강이 표시된 「타불라 포이팅게리아나」

이 강한 카이사르는 폼페이우스 군대를 회유하는 정책을 취해 관용을 베풀기도 했지만, 카이사르는 폼페이우스를 이집트까지 쫓아가 그의 죽음을 확인한 후 그곳에 머물면서 국내 정세를 살폈다. 그는 전설적 미녀였던 이집트 여왕 클레오파트라와 사랑에 빠지기도 했다.

카이사르는 소아시아로 건너가 아나톨리아 지방 북동부의 폰투스Pontus 왕국을 물리치고 원로원을 향해 "왔노라, 보았노라, 이겼노라!"라는 유명한 보고를 했다. 그 후에는 그리스를 거쳐 아프리카로 건너가 폼페이우스 잔당을 토벌하고 다시 에스파냐로 건너가 폼페이우스 아들이 이끄는 군단을 물리쳐 종횡무진으로 로마 세계를 완전히 장악하는 데 성공했다. 카이사르가 루비콘 강을 건넌 지 4년 후인 기원전 45년의 일이었다.

카이사르는 전쟁만 잘하는 장군이 아니라 정치가로서도 역사상 찾아보기 힘들 정도로 자질이 뛰어난 인물이었다. 그는 연전연승의 군사적 승리로 막대한 명예와 권력을 수중에 넣는 한편, 이집트로부터 로마로 귀환해 단기간 체류하면서 지지자를 모아 원로원을 자신의 편에 세우는 데 성공을 거둘 만큼 정치적 수완이 빼어났다. 이윽고 그는 종신 독재관으로 선출되었다.

카이사르는 수많은 개혁에 착수했는데, 그중 낡고 복잡한 음력 대신에 알렉산드리아에서 사용되던 이른바 '율리우스력Julian calendar'을 도입했다. 이것은 1년을 365일(4년에 한 번은 366일)로 정한 양력이다. 7월을 July로 정한 것은 이로부터 유래된 것이다. 겨우 15개월 후인 기원전 44년, 카이사르는 권력의 절정기에 오리엔트를 석권하던 파르티아 제국 원정을 앞두고 암살당하고 만다. 만약 그가 원정에 승리를 거두고 귀환한다면 제왕이 되어 더 큰 권력을 갖게 될 것이 자명하므로 헬레니즘 국가들과 같은 전제정치를 펼 것이 예상되었다. 이러한 의구심을 품은 보수파들이 뭉쳐 카이사르를 암살한 것이다.

그중에는 카이사르가 총애하던 브루투스도 끼어 있었다. 카이사르는 마지막에 브루투스에게 칼을 맞고 "브루투스 너마저!"라는 외마디를 남기고 죽음을 맞이했다. 카이사르는 극도의 배신감을 느꼈을 것이다. 그리고 브루투스의 칼에 죽는 마지막 순간까지도 배신감의 불길에 휩싸여 순간이나마 자신의 삶을 돌아볼 겨를도 없었을 것이다. 인간관계에서 배신감을 느낀다는 것은 평소에 상대방을 많이 사랑했다는 것과 그에 대해 잘 몰랐다는 역설적인 두 가지 사실을 바탕으로 한다. 브루투스가 카이사르를 암살한 후 추도사에서 한 연설 중 "카이사르를 덜 사랑해서가 아니라 로마를 더 사랑했기 때문에 그를 죽였다."라는 구절은 매우 유명하다.

미국이 한반도의 6·25 전쟁에 참전 후 워싱턴 정가에서는 루비콘강을 건넌 것이나 다름없다는 평가를 내린 적이 있다. 그것은 미군이 중공군과의 전투에서 의외의 고전을 겪으면서 나온 말이었다.

7. 코소보의 이바르강과 크로아티아의 네레트바강의 역할

코소보의 이바르강

발칸반도는 문화적·종교적·민족적으로 복잡하게 얽혀 있는 땅이다. 전쟁의 위험성을 안고 있으므로 '화약고'라 알려져 있다. 동서로는 서양의 기독교와 동양의 이슬람이 대치하고, 남북으로는 슬라브 세력과 지중해 세력이 교차하는 땅이며, 과거 유고슬라비아는 1개 국가, 7개 국경, 6개 공화국, 5개 민족, 3개 종교, 2개 문자가 공존하던 땅이었다. 이처럼 이질적 요소들이 하나의 땅에 공존하니 갈등이 생기는 것은 어찌 보면 당연하다고도 볼 수 있다.

유고연방의 해체로 여러 개의 독립국가가 생겨났다. 그중 발칸반도 북쪽에 위치한 코소보란 국가가 있다. 코소보는 2008년 2월 17일에 세르비아로부터 독립을 선언하고, 미국과 유럽연합 회원국의 대부분이 코소보의 독립을 인정했으나 러시아와 세르비아를 비롯한 여러 다른 나라에서 이를 인정하지 않아 국제적인 문제가 되었다. 2010년에 국제사법재판소에서 코소보의 독립 선언이 국제법적으로 유효하다고 판결했지만, 세르비아는 이 판결을 받아들이지 않았다.

코소보의 국경 지역은 가파른 봉우리와 깊은 협곡이 많은 산악지대로 구성되었는데, 코소보Kosovo라는 이름은 세르비아의 지명에서 파생된 것으로 '검은 새의 들판'이라는 뜻이다. 중세 후반 세르비아 네마냐Nemanja 왕조의 중심부였던 코소보는 12세기 중엽에서 14세기 중엽까지 동방정교회가 번성한 곳이었다. 그러나 1389년 코소보 전투에서 오스만 제국 군대에 패한 후 15세기 중엽에 세르비아와 함께 오스만 제국의 직접 통치를 받게 되었다.

코소보 땅이 중시되는 이유는 발칸반도 중 가장 비옥한 땅이며 이곳에서 밀·보리·옥수수 등의 농작물이 산출되고 과수 재배가 성하기 때문이다. 먼저 코소보의 북쪽을 흐르는 이바르Ibar강부터 살펴보기로 하자. 이 하천은 몬테네그로의 산악지대에서 발원해 코소보와 세르비아를 북류하면서 모라바강을 거쳐 다뉴브강에 합류해 흑해로 흘러드는 국제 하천이다. 이바르강은 전장 272킬로미터에 불과한 작은 하천이지만 이곳에서 역사적 사건이 발생했다.

1167년부터 세르비아 왕국은 네마냐 왕조의 통치하에 발칸의 상당 부분을 점령했지만 1371년 여러 개의 공국으로 분열된 후 1389년 코소보폴레Kosovo pole 전투에서 오스만 제국에 패한 뒤 1459년 마지막 세르비아 대공이 오스만 제국에 의해 축출되었다. 세르비아의 발칸 동맹군과 오스만 군대는 코소보 평

그림 7-1. 코소보공화국

원에서 대치했다. 오스만 군대는 무라드가 지휘하고 있었으며, 우익은 그의 아들 바예지드에게, 좌익 역시 아들인 야쿠브가 지휘하고 있었다. 약 1,000명의 궁병들이 양쪽 날개의 전열에 배치되어 있었으며, 중앙 전열에는 예니체리들이 배치되어 있었고 중앙의 배후에서 기병 호위군에 둘러싸인 무라드가 있었다. 마지막으로 배후의 보급 마차는 적은 수의 기병들에 의해 보호되고 있었다(그림 7-2).

이에 대해 발칸 동맹군은 세르비아의 공작 라자르가 중앙에 위치했고 불크를 우익에, 블라코를 좌익에 배치했다. 발칸군의 전위에는 중장 기병대가 배치되어 있었고, 양쪽 날개의 후위에는 보병을 배치했다.

전투는 오스만 궁병들이 그들을 향해 돌진하는 세르비아 중장 기병들에게 화살을 날림으로써 시작되었다. 처음의 배치는 V자 모양의 형태였으며 세르비아 기병들은 오스만군의 좌익을 통해 적을 격파하려 했으나 오스만군의 중

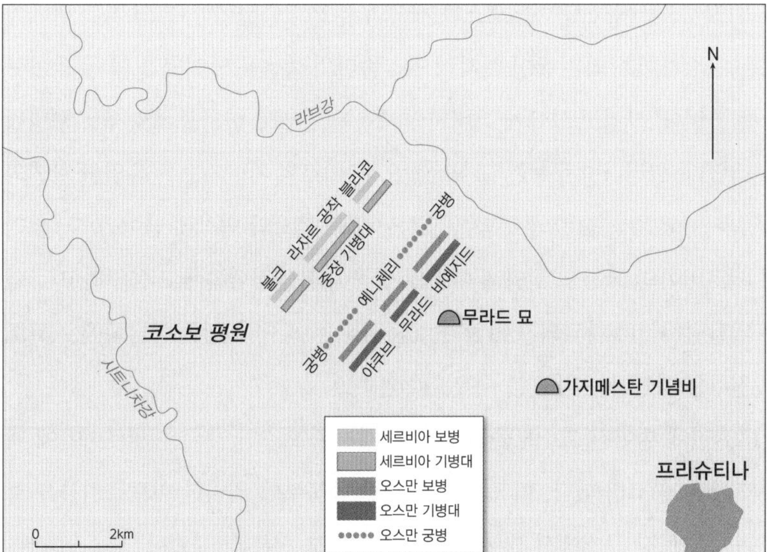

그림 7-2. 이바르강 부근에서 일어난 코소보폴레 전투 개략도

앙과 우익의 반격에 의해 성공하지 못했다. 화살의 물결이 움직임 없는 강철의 산과 같이 서 있던 세르비아군에게 다가왔을 때 그들은 세차게 밀려오는 바다와 같이 말을 달리기 시작했다.

발칸군의 첫 번째 돌격은 오스만군 날개에 심각한 타격을 주었다. 기병들의 돌격이 끝난 이후, 오스만군의 기병과 경무장 보병들은 반격하는 동안 자신들의 이점을 살릴 수 있었고, 발칸군의 무거운 갑옷은 곧 불리함으로 변하게 되었다. 중앙에서 발칸 병사들은 블라코의 지휘하에 있는 군세들이 바예지드의 군세를 저지함으로써 오스만군을 밀어내려 시도했다. 반격 중인 오스만군은 발칸군을 밀어붙였고, 시간이 지날수록 전세가 유리해졌다. 이 전투를 통해서 '번개'라는 별명을 얻고, 후에 술탄이 되는 바예지드 1세가 반격을 이끌었다. 날이 저물어 어두워지자 오스만군은 전투의 승리를 확정지었다.

튀르크의 역사적 기록에 따르면 무라드 1세는 전투가 끝나고 전장을 시찰하던 중 죽은 척하고 있던 밀로슈 오블리치에 의해 살해된 것으로 추정된다. 무라드는 전투에서 사망한 오스만 제국의 유일한 술탄이다. 그의 아들 바예지드는 전투가 계속되는 동안 즉각적으로 술탄의 죽음을 알리고 그의 동생 야쿠브를 불렀다. 그리고 그에게 아버지의 죽음을 알리고 병사들에게 새로운 명령을 내렸다. 그러나 야쿠브는 교살당했으며, 이로써 바예지드는 유일한 왕권의 계승자가 되었다. 술탄의 무덤은 오늘날에도 전장의 외각에 남아 있다. 터키와 세르비아의 교전으로 인해 이곳의 상황이 불안정했음에도 불구하고 무덤은 약탈당하거나 파괴되지 않았다(Kosovska, 1972). 이 무덤의 동남쪽에는 코소보 전투를 기념하는 비도 볼 수 있다(그림 7-2).

1389년에 벌어진 코소보폴레 전투를 계기로 오스만 제국은 세르비아에 대한 지배를 공고히 했다. 이 전투는 코소보 중북부에 위치한 미트로비차를 흐르는 이바르강 근처에서 벌어졌으므로 '코소보 전투'라 불린다. 코소보 전투는 오스만 제국에게는 중대한 승리였으며 발칸인들, 특히 세르비아인들에게는 1371년 마리차강 전투 이후 두 번째로 절망적인 패전이었다. 이들 두 전투는 모두 중대한 영향을 끼쳤는데, 세르비아인의 심각한 패배는 오스만군에게 공납을 바치고, 병사를 제공하는 종속국가가 되는 결과를 낳았다. 코소보 전투는 이후 세르비아 애국주의의 상징이 되었고 오스만 제국 치하에 있던 19세기에 독립에 대한 열의를 불러일으키는 구실이 되었다. 코소보 전투의 상징성은 20세기 후반의 코소보 전쟁 동안에도 현대적인 맥락에서 이어졌다.

크로아티아의 네레트바강

네레트바Neretva강은 디나르알프스산맥에서 발원해 보스니아 헤르체고비나와 크로아티아를 지나 플로체의 아드리아해로 흐르는 국제 하천이다. 전체 길이는 225킬로미터로, 이 중 대부분은 보스니아 헤르체고비나를 지나 마지막으로는 크로아티아의 두브로브니크-네레트바주를 경유한다(그림 7-3).

이 강은 작은 규모의 하천이지만 보스니아 헤르체고비나와 크로아티아에게 가치 있는 천연자원과 풍부한 담수자원을 제공하고 있다. 네레트바강 중류에 위치한 모스타르Mostar는 보스니아 헤르체고비나에 있는 자치도시이며, 헤르체고비나에서 가장 크고 중요한 도시이다. 또한 보스니아 헤르체고비나 연방을 구성하는 주 가운데 하나인 헤르체고비나-네레트바주의 주도州都다.

나는 이곳에 북한의 또 한 명의 황태자라 불리는 김한솔이 유학했던 보스니아 헤르체고비나의 국제학교(유나이티드월드칼리지 모스타르 분교)가 소재하는 모스타르에 들른 적이 있다. 내가 이 시골의 작은 도시를 방문한 이유는 네레트바강에 걸쳐 있는 모스타르 다리를 보기 위함이었다.

1566년 오스만 제국의 지배하에 건설된 이 작은 다리는 기독교와 이슬람교의 화합과 교류의 상징이 되는 유명한 곳이었는데, 1993년 유고연방의 해체 과정에서 벌어진 보스니아 전쟁 당시 11월 9일 폭격으로 파괴되었다. 모스타르 다리는 '오래된 다리'란 뜻의 스타리 모스트Stari Most라 불리기도 했다.

그림 7-3. 보스니아 헤르체고비나와 크로아티아를 관통하는 네레트바강

1991년 보스니아 헤르체고비나는 유고 연방으로부터 독립을 선언한 뒤 18개월에 걸쳐 모스타르를 포위했다. 유고슬라비아 인민군JNA은 모스타르를 폭격해 그곳을 장악했다. 1992년 6월 12일, 크로아티아는 유고슬라비아 인민군에 맞섰지만, 유고슬라비아 인민군은 보복 공격을 감행해 프란시스코회 수도원과 가톨릭 대성당, 13개의 모스크를 파괴했다. 유고슬라비아 해체 과정에서 발생한 보스니아 분쟁에서 보스니아 헤르체고비나와 크로아티아가 처음에는 같은 편으로 유고슬라비아 인민군에 대항해 싸웠지만, 1992년 말부터 두 나라 간에 긴장이 높아지면서 결국 1993년 초에는 크로아티아-보스니아 전쟁으로 확대되었다.

모스타르는 동서로 분단되어 서쪽은 크로아티아 세력이, 동쪽은 보스니아 헤르체고비나 공화국 군대가 주둔하게 되었다. 두 세력이 대치하게 되자

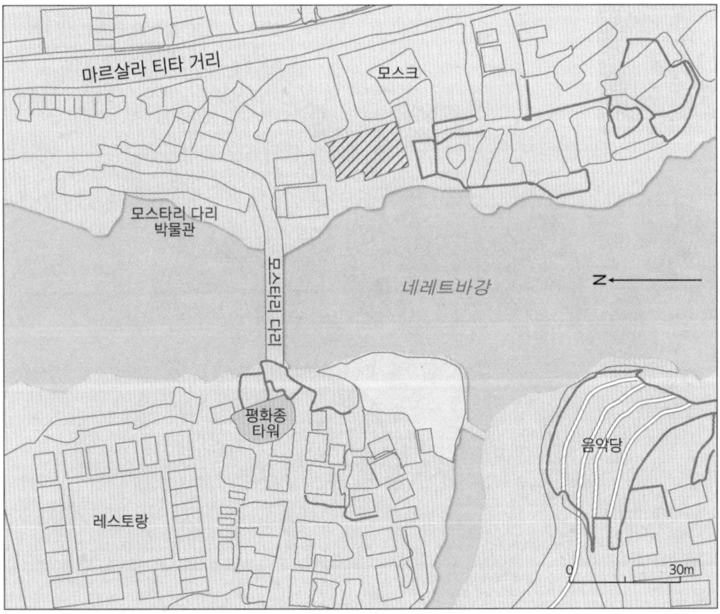

그림 7-4. 네레트바강이 흐르는 모스타르 구시가지와 모스타르 다리

1993년 11월 9일에는 크로아티아 쪽에 의해 모스타르 다리가 파괴되었다. 당시 크로아티아 군대의 장교는 다리의 파괴를 명령한 혐의로 구유고슬라비아 국제형사재판소에서 재판을 받았다. 1995년 12월 평화협정에 따라 내전이 종식되고, 보스니아 헤르체고비나는 이슬람계-크로아티아계 연방과 세르비아계 공화국으로 분할되었다. 분쟁이 종결된 이후 모스타르 시가지는 에스파냐·미국·터키·네덜란드·크로아티아의 지원금으로 재건되기 시작했다. 특히 모스타르 주변이 재건에 집중되었다.

동일한 생활권이었던 이 마을에 2003년 6월 임시 가교가 설치되었지만 주민들은 옛 석조교石造橋가 그리웠다. 그리하여 뜻있는 사람들이 폭파된 파편을 긁어모아 어렵사리 다리를 복원했다. 그전에는 사이좋은 이웃이었지만, 이 마을에서 종교와 민족이 다르다는 이유로 이웃끼리 인종 청소라는 학살이 자

그림 7-5. 모스타르 다리: 좌측은 이슬람교도, 우측은 기독교도의 주거지

행되었던 것이다. 지금은 네레트바강 서쪽은 크로아티아계의 기독교도, 동쪽은 보스니아계의 이슬람교도가 살고 있다. 유네스코는 2005년 7월 모스타르 다리와 주변 지역을 세계유산으로 등재했다.

모스타르에는 15세기 후반부터 19세기 후반에 걸쳐 오스만 제국의 영토로 당시에 건설된 건축물과 오스트리아·헝가리 제국의 지배하에 건설된 건축물이 어우러져 있는 마을이 있다. 모스타르 시의회와 오스트리아·헝가리 제국은 서로 협력해 도시 계획을 수립하고 네레트바강 서안의 구획 정리와 인프라를 정비했다. 그리하여 강의 동서가 연결되기에 이르렀다.

모스타르의 민족 구성을 보면, 크로아티아인과 보스니아인이 각각 48.4%와 44.2%로 거의 대등한 편이며, 세르비아인은 4.2% 정도에 불과하다. 위에서 언급한 바와 같이 크로아티아인은 기독교도이며, 보스니아인은 이슬람교

표 7-1. 1981년 대비 2013년 모스타르의 민족 구성

민족	인구(명)		비율(%)	
	1981년	2013년	1981년	2013년
크로아티아인	36,927	51,216	33.5	48.4
보스니아인	34,247	46,572	31.3	44.2
세르비아인	20,271	4,421	18.4	4.2
유고슬라비아인	16,509	–	15.0	0.0
기타	2,423	3,408	2.2	3.2

도가 대부분이다. 그리고 유고슬라비아인은 모두 철수했으며, 세르비아인들은 분쟁 중 이 도시로부터 추방되어 현재는 4.2%만 남아 있다. 도시 행정은 모스타르의 복잡한 민족 구성을 고려하면서 민족 간 평등에 주의를 기울여 행해지고 있다. 크로아티아인과 보스니아인의 대부분은 네레트바강을 사이에 두고 별도로 생활하고 있다.

다리 한쪽 구석에는 '1993년을 잊지 말자(DON'T FORGET '93)'라는 글귀가 새겨진 돌을 볼 수 있다(그림 7-5). 모스타르 다리는 "과연 종교란 무엇이며, 누구를 위해 존재하는가?"에 대해 생각해 보게 한다. 구태여 도킨스(Dawkins, 2006)의 『만들어진 신』을 인용하지 않더라도 지금까지 인류는 신의 이름으로 수많은 전쟁을 하면서 살육을 저질러 왔다. 사랑과 관용을 핵심 가치로 내세우는 종교의 이름으로 또 얼마나 많은 전쟁이 계속될지 심히 우려된다.

8. 가장 용맹스런 군대는 산악지대에서 나왔다

스위스 용병

역사적으로 전쟁에서 용맹을 떨친 군대는 많았다. 히타이트·스파르타·파르티아·마케도니아·몽골·티무르 등의 군대가 그러했다. 그러나 나는 스위스

용병과 히말라야의 구르카족 용병을 꼽고 싶다. 그 이유를 설명하기 위해 여기서 그 당시에 있었던 일화를 하나 소개해 보겠다.

일반적으로 알프스 하면 요들송과 알프스 소녀 하이디의 스위스를 떠올린다. 스위스는 중부 알프스에 걸쳐 있는 국가로 면적은 남한의 2/5 정도에 불과하다. 150년 전까지만 해도 스위스는 공업 기반이 거의 없는 유럽의 최빈국에 지나지 않았다. 이런 그들이 1339년 최강의 전력이었던 합스부르크 군대를 격파한 이후 영국과 프랑스 간 백년 전쟁처럼 서로 치고받고 싸우던 유럽 여러 군주의 관심을 받게 되었다. 히말라야의 구르카족과 마찬가지로 알프스의 거친 산악지대에 살았던 스위스인들도 알프스를 오르내리며 심폐 기능과 지구력을 키웠다.

유럽의 최빈국 스위스는 용병부대를 조직해 수출하기 시작했다. 그들의 진가는 1513년 노바라Novara 전투에서 스위스 군대를 모방해 창설한 독일 용병인 란츠크네히트 부대와 프랑스군을 동시에 격파하면서 세상에 알려지기 시작해 바티칸 교황청 경비에도 스위스 용병이 투입되었다. 교황이 근무하는 바티칸은 사실상 군대를 갖고 있지 않았지만, 교황청에는 스위스 용병을 포함해 500명의 근위병이 교황을 호위하고 있었다. 1527년 교황 클레멘스 7세가 기거하던 교황청으로 2만 명에 달하는 신성로마 제국 군대가 쳐들어왔다. 병사들이 들이닥치자 다른 나라의 용병은 모두 도주했지만, 189명의 스위스 용병만은 교황을 지키기 위해 끝까지 싸우다 전원 전사하고 말았다. 그들이 2만 병력을 막아 내며 시간을 버는 동안 클레멘스 7세는 간신히 피신할 수 있다. 매년 5월 6일이 되면 이를 기념하는 충성서약식이 거행된다. 그리고 그때부터 바티칸의 근위병은 스위스 용병만을 고용하는 전통이 생겼다. 현재까지도 교황을 호위하는 135명의 근위대는 모두 스위스 용병으로 운영되고 있다.

당시의 스위스는 산악국가로 목축업 이외에는 수입원이 없었다. 그러한 상황에서 스위스 용병은 주요 외화 수입원이 되었고, 죽을 때까지 자신을 고용한 주군을 지킨다는 신뢰를 바탕으로 당시 유럽의 영주들로부터 무한한 신뢰를 받았다. 그들은 충성서약 전에 그림 8-1에서 보는 것과 같은 노랑·파랑·빨강 무늬의 화려한 제복에 갑옷을 입고 붉은 수술이 달린 투구와 하얀 장갑을 착용하는데, 이는 미켈란젤로가 디자인한 것이다.

1616년 프랑스 왕 루이 13세는 스위스 용병에게 '스위스 근위병'이라는 호칭도 부여하며 아예 왕궁 경비를 맡겼다. 스위스 용병에 대한 용맹성과 신뢰성은 1792년 프랑스혁명의 와중에 다시 확인되었다. 루이 16세는 1,000여 명의 스위스 근위대의 호위를 받으며 마르세유 궁전을 버리고 튀일리궁으로 피신했다. 성난 시위대와 시민군에 가담한 프랑스 정규군들이 튀일리궁으로 몰려들자 루이 16세는 가족과 함께 급히 궁에서 탈출했지만, 스위스 근위대는 궁의 정문을 봉쇄한 채 시민군의 진입을 저지하면서 끝까지 싸웠다. 근위병을 압도하는 혁명군은 스위스 용병들에게 퇴각할 수 있는 길을 열어 주었지만, 그들은 "만약 우리가 신뢰를 잃으면 후손들은 영원히 용병을 할 수 없을 것이

그림 8-1. 바티칸의 스위스 용병

기 때문에 죽음으로 계약을 지키겠다."라며 전멸의 길을 택했다.

스위스는 중립국으로서 전쟁에 대해 중립적인 입장을 지켜 왔지만, 과거 생활고에 시달리던 시절에는 높은 임금 때문에 용병으로 지원하는 청년들이 많았다. 스위스 정부는 1815년 영세중립국이 되면서 가난 때문에 용병을 수출했던 지난 과거에 대한 반성으로 교황청을 제외한 외국 군대 입대를 전면 금지한 바 있다.

나는 1980년대 말 스위스 루체른에 들렀을 때 보았던 '빈사瀕死의 사자상Löwendenkmal'을 기억해 냈다. 이 사자상은 프랑스혁명 당시 튀일리궁을 사수하다 장렬하게 전사한 '라이슬로이퍼Reislaufer'라 불리던 스위스 용병 786명을 기리기 위해 제작된 위령비에 해당하는 조각품이다(그림 8-2). 1789년 튀일리궁에 유폐당한 루이 16세와 그의 가족을 지킨 근위병은 프랑스 군대가 아니라 스위스 용병이었던 것이다. 미국의 소설가 마크 트웨인은 이 조각상을 보고 "세계에서 가장 감동적인 작품"이라고 극찬한 바 있다.

그림 8-2. 빈사의 사자상

구르카족 용병

히말라야에서 살아가는 부족 중 강한 심폐 기능으로 산악인을 돕는 셰르파 못지않게 잘 알려진 부족은 네팔의 구르카족이다. 험준한 산악지대에서 태어나고 자란 그들은 심폐 기능이 뛰어난 것은 물론이고 체력과 강인함을 천부적으로 타고나 매우 용맹스러웠다.

구르카족의 타고난 용맹성은 어디서부터 비롯되었을까. 그들은 태어나면서부터 히말라야 산록의 매우 낮은 기압에서 희박한 산소를 마시면서 성장했다. 춥고 험준한 산악생활은 고된 훈련의 연속이었다. 지구상에서 인간이 살아가기에는 가장 부적합한 산악지대에서 살아온 그들은 맨손으로 전답을 일구어 연명하면서 가혹한 추위 속에서도 끝까지 살아남아 종족의 맥을 이어 왔다. 따라서 구르카족의 신체조건은 빈약하기 이를 데 없지만 세계 어느 민족보다도 강한 지구력과 심폐 기능을 가졌으며 백절불굴의 정신력은 따를 군대가 없었다.

1814년 영국은 네팔을 통일한 구르카 왕국을 침공하지만 약 45센티미터 길이의 쿠크리kukri라고 부르는 구부러진 전통 단검만으로 대항한 구르카족에게 고전을 면치 못했다. 영국군은 1816년 전쟁이 끝난 후 이들을 동인도회사의 사병으로 편입시키는데, 이들이 바로 세계에서 가장 용맹스럽다는 구르카 용병이다.

구르카족의 역사는 18세기부터 시작된다. 인도를 주기적으로 정복하던 무굴인들에게 쫓긴 북인도의 라즈푸트 귀족들은 오늘날 네팔이 있는 산간지대까지 내몰렸다. 그들은 포카라와 구르카 주변 일대를 점령해 그곳에 사는 힌두교 사회조직에 뿌리를 내려 그들을 규합해 군대를 조직했다. 이 군대는 라즈푸트족의 지휘하에 네팔을 평정했고, 1767년에는 카트만두 계곡의 부유한 네와르Newar 왕국을 정복해 네팔 통일왕국을 형성했으며, 청나라 건륭 황제의 원정군을 격파하기도 했다. 네팔Nepal이란 명칭은 네와르에서 유래했다.

그림 8-3. 구르카족의 전통 단검 쿠크리

19세기 초에 이르러서 네팔 군대는 티베트와 인도로 영토를 확장하기 위한 전쟁을 개시했다. 그들은 구르카의 이름을 따서 용맹한 구르카 왕국을 세웠고 자신들을 구르카족으로 부르게 되었다(Parker, 2005).

이들은 1857년 영국에 저항하는 인도의 세포이의 항쟁을 진압하는 데 동원되었고, 제1, 2차 세계대전을 비롯해 6·25 전쟁·포클랜드 전쟁·걸프 전쟁 등에 참전해 용맹스럽게 싸웠다. 이들의 무시무시한 전투력은 소문이 자자해 1982년 포클랜드 전쟁 당시 영국군이 구르카 군대를 투입하려고 하자 아르헨티나 군대가 곧바로 항복했다는 일화도 있다. 현재까지도 구르카 용병은 영국 왕실의 근위병으로 근무하고 이라크·아프가니스탄 등지에서 복무하고 있다.

영국 왕실 근위부대에 속해 있으면서 영국이 자랑하고 아끼는 최강의 특수부대인 구르카 부대는 역사적으로 영국의 해외 식민지정책과 원정작전에서 커다란 공을 세웠을 뿐만 아니라 오늘날까지 영국군에게 무적의 신화를 안겨주며, 영국 왕실의 자존심과 명예를 지켜 주는 위대한 전사들이다. 이들의 용맹성은 이미 널리 알려져서 적과 육박전이 붙으면 여지없이 적병의 목을 잘라버린다는 공포의 신화도 가지고 있다. 구르카 용사의 상징인 칼날이 낫처럼 휘어진 쿠크리 단검으로 그 어떤 강한 적일지라도 번개같이 달려들어 단칼에 처치하고 말았던 것이다.

매년 가을 히말라야 산자락에서 펼쳐지는 구르카 용병의 선발 과정은 혹독하기로 유명하다. 산악지대에서 25킬로그램의 모래나 돌무더기를 매고

그림 8-4. 구르카 용병

6킬로미터의 산을 50분 이내에 주파해야 하는 등 철저한 신체검사를 거치고, 영어·수학 등의 필기시험과 면접을 15일 동안 치러 통과해야 한다. 230명 정도를 선발하는데 지원자만 18,000여 명에 달해 경쟁률이 매우 높다. 네팔의 젊은이가 구르카 용병이 되려는 이유는 네팔에서는 일자리를 찾기 힘든 데다 연봉이 높고 제대한 후에도 영국에서 살 수 있기 때문이다. 구르카 용병이 되면 영국 정부로부터 영국군과 동일한 연봉을 받는다. 이는 네팔인 평균 연봉보다 50배 이상 많은 액수이므로 네팔 청년들에게 구르카 용병은 선망의 대상이다.

3장 인류와 함께한 언덕과 골짜기

9. 천연 고속도로 역할을 한 초원길과 험준한 산악지대를 통과하는 실크로드

동서양의 문명 교류는 초원길과 실크로드가 결정적 영향을 끼쳤다고 볼 수 있는데, 이 두 통로는 다이아몬드가 지적한 유라시아 대륙의 축이 되어 인류 문명의 발달에 지대한 공헌을 했다(Diamond, 1997). 특히 초원길은 가장 오래된 길이라 할 수 있거니와 그 역사를 살펴보자면 선사시대까지 거슬러 올라가게 된다.

유라시아 대륙 북쪽의 추운 타이가 기후대와 남쪽의 사막 지역 사이에 광대한 초원이 동서로 펼쳐져 있다. 유라시아에서는 이 초원지대를 스텝이라 부르는데, 북아메리카의 프레리prairie와 동일한 위도상에 분포한다. 이 스텝지대는 습윤한 해풍의 영향이 전혀 미치지 않기 때문에 강수량이 적은 편이다. 따라서 나무가 대부분 살아남을 수 없어 이곳에 자생하는 식물은 가뭄에 잘 견디는 풀뿐이다. 풀은 소·말·양·염소 등 유제류의 먹이가 되므로 만주에서 동유럽까지 연속적인 띠를 이루어 6,000킬로미터 이상 펼쳐져 있는 초원지대는 계절에 따라 기온의 변동 폭이 커서 사람이 정착하여 살기에는 부적합하지만 유목민족에게는 삶의 터전이 되었다.

스텝은 그림 9-1에서 보는 바와 같이 크게 동부 스텝·중앙 스텝·서부 스텝으로 구분되는데, 동부 스텝은 타림 분지에서 고비 사막의 북쪽을 지나 만주까지 뻗어 있고, 중앙 스텝 또는 카자흐 스텝은 우랄산맥에서 톈산산맥과 알타이산맥에 이르며, 서부 스텝 또는 흑해-카스피해 스텝은 카르파티아산맥과 다뉴브강 하구에서 시작해 흑해와 캅카스산맥을 지나 카스피해와 아랄해 북쪽에 걸쳐 분포해 있다. 우리는 이 스텝지대를 초원길이라 부른다. 대륙의 가운데를 가로지르는 스텝지대에는 울창한 숲이나 습지대는 물론 우뚝 솟은 산맥과 같은 장벽이 우랄산맥을 제외하고는 거의 없다. 그러므로 말을 탄 사람과 수레는 초원길을 따라 쉽게 이동할 수 있어 유라시아 대륙 전체를 가로지르는 광대한 천연 고속도로가 되어 역사에 큰 영향을 미쳤다.

스텝에서 살아남으려면 식량 구득 방법뿐 아니라 기동성이 필요하다. 그래서 사막지대의 낙타처럼 스텝에서는 말이 필수적이다. 고고학적 증거에 따르면 신석기시대의 스텝 주민들은 육류 중 40% 이상을 말고기에 의존했다. 이

그림 9-1. 유라시아의 스텝 분포

처럼 말은 원래 기동성 때문이 아니라 식용 목적으로 가축화되었다.

기원전 8~기원전 3세기에 걸쳐 초원길은 스키타이인들의 활동 무대였다. 그들은 처음으로 기마전을 실전에 도입한 민족 중 하나였다. 알타이산맥 일대에서 발흥한 스키타이인들은 기원전 6~기원전 1세기에 걸쳐 스텝지대의 대부분을 지배했고, 말을 타고 서쪽으로 진격해 메소포타미아와 페르시아에서 기마전으로 아시리아 제국과 아케메네스 제국과 맞섰고 알렉산더 대왕과도 전투를 벌였다. 또한 그들은 초원길을 달리면서 그리스와 페르시아에서 시작된 청동기 문화를 다른 지방으로 전파했다.

수천 년 동안 스텝지대는 유목민족들이 뒤엉키는 가마솥이었다. 4세기부터 로마 제국을 침략한 훈족과 7세기에 발칸반도로 이주한 불가르족, 9세기에 헝가리 평원으로 진출한 마자르족을 비롯해 13세기에 동유럽을 침략한 몽골족은 모두 이 초원길을 통해 유럽으로 왔다. 청동기 문화의 영향을 받은 나라 중에는 우리나라도 끼어 있다. 우리나라의 철기 문화는 중국의 영향을 받았지만 청동기 문화는 북방 민족의 영향을 받았다. 이처럼 교역을 촉진하는 초원길은 침략도 촉진했다.

스키타이인의 뒤를 이어 초원길의 지배자가 된 민족은 흉노족이었다. 이들은 약 기원전 3~기원후 2세기까지 초원길을 통해 서방으로 진출했으며 그 결과 유럽 동부에 살던 게르만인들이 서쪽으로 쫓겨나는 게르만족의 대이동이라는 역사적 사건을 만들게 된 것이다.

그 뒤로도 여러 민족이 초원길을 활용했다. 초원길을 통해 서쪽으로 이동한 위구르는 회흘한국回鶻汗國이라는 나라를 세우게 되고, 돌궐족은 후에 서양에서 튀르크라 불리면서 위세를 떨쳤다. 이어서 약 9세기부터는 중앙아시아에 살고 있던 마자르족이 이 길을 지나갔다. 그들의 후손이 세운 나라가 지금의 헝가리로 추정된다. 또한 셀주크 튀르크도 이 길을 통해 영토를 확장해 결국 아랍 세계의 패자가 되었다.

셀주크 튀르크에 이어 초원길의 주인공은 몽골족이었다. 몽골은 서하, 서요, 금나라를 굴복시킴으로 동방을 정리하고 킵차크한국을 건국한 바투Batu로 하여금 서방을 정벌했다. 몽골의 대원정이 끝난 후에는 기독교 선교사들이 초원길을 따라 아시아로 갔다.

초원길 남쪽에는 실크로드Silk Road라 불리는 비단길이 있다. 이 비단길은 사막 실크로드와 바다 실크로드로 나뉜다. 사막 실크로드는 이탈리아에서 시작되어 소아시아, 서아시아, 이란고원, 중앙아시아를 지나 파미르고원, 타림분지를 거쳐 중국의 장안까지 연결되는 길이다. 이 비단길은 본래 아랍인들이 교통로로 사용하던 구간에 중국 전한前漢 시대 서역 원정군의 장군이었던 반초班超가 개척한 장안까지의 길이 더해지고 이 길이 서쪽으로 유럽까지 확장되어 완성되었다. 중앙아시아로 뻗은 이 교통로는 다른 어떤 길보다도 동서양 문화 교류에 있어 큰 역할을 했다.

이 시대에 비단길을 통해 전래된 문화는 불교와 인도 쿠샨 왕조의 간다라 미술을 들 수 있다. 불교는 중국에 전파되고 마침내는 한반도와 일본에까지 전파되었다. 간다라 미술양식은 신라에까지 영향을 미쳐 석굴암의 불상에서도 그 영향을 찾아볼 수 있다. 한나라가 멸망한 후, 남북조시대에 접어들면서 혼란기를 맞아 비단길이 일시적으로 쇠퇴하는 모습을 보이기도 했다.

그 이후 수나라에 이어 당나라가 중국을 지배하면서부터는 이 비단길을 대단히 중요시 여기게 되었다. 특히 이 교역로를 오가는 상인들의 안전을 위해 실크로드를 따라 절도사節度使를 배치해 치안을 유지했다. 특히 당나라 영토의 서부에 복속된 비단길 인근에 안서도호부를 두어 그 지방의 안정화를 도모했다.

당나라는 비단길이 차차 안정되자 막대한 이익을 독차지했다. 토번과 사라센 제국이 제휴해 당나라를 견제하기 시작하자 당나라는 고구려 유민 출신의 고선지 장군을 앞세워 서역 정벌에 나섰다. 그러나 이 전쟁의 향방을 결정한 탈라스 전투에서 당나라 군대가 패함으로 당나라의 비단길 지배 야욕은 실패로 돌아가게 되었다. 이후 당나라가 멸망하면서 비단길은 또다시 쇠퇴하기 시작했다. 송나라 시대에 들어와서는 오랑캐의 공격 때문에 비단길보다는 바닷길을 활용하기 시작했다.

실크로드는 그림 9-2에서 보는 것보다 더 많은 루트가 있었다. 그 이유는 새롭게 건국된 제국들이 자신들이 선호하는 도시들을 경유하도록 교역로를 바꿈에 따라 달라졌기 때문이다. 실크로드란 말은 원래 독일의 지리학자이며 탐험가인 리히트호펜(Von Richthofen, 1877~1912)이 『중국여행일기』에서 처음 사용한 것으로부터 유래되었는데, 나는 2011년 7월 뜨거운 여름철에 동서 교역의 루트였던 둔황에서 북상해 하미를 경유하고 투루판에서 카슈가르로 향하는 톈산산맥 남쪽과 북쪽의 실크로드를 답사한 적이 있어서 그 사막 여행의 고통을 잘 안다.

독특한 유라시아 문명은 오랫동안 내륙 아시아의 오아시스도시를 연결하는 실크로드를 통해 면면히 이어져 왔다. 그러나 실크로드의 주요 교통수단이던

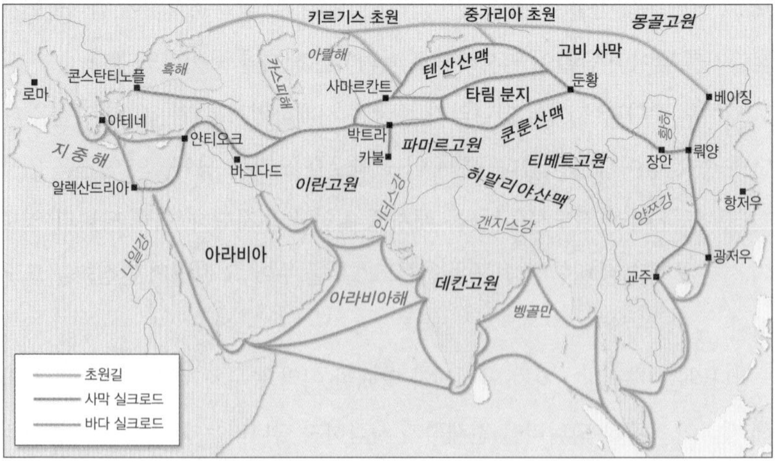

그림 9-2. 초원길, 사막 실크로드, 바다 실크로드

낙타 한 마리가 실을 수 있는 짐은 270킬로그램 정도여서, 낙타들을 거느린 대상이 운반할 수 있는 짐의 양은 제한될 수밖에 없었다. 건조한 사막에서 일주일 정도 걷고 나면, 낙타는 체내 수분이 약 1/3이나 빠져나가지만 그래도 아무런 부작용이 나타나지 않는다. 낙타는 가혹한 상황에서도 혈액의 농도가 위험할 정도로 짙어지지 않기 때문에 심한 탈수에 대처할 수 있다.

낙타의 콩팥과 창자는 매우 농축된 오줌과 똥을 만들 수 있거니와 건조한 상태로 배출된 똥은 땔감으로 사용할 수 있다. 유라시아 대륙의 쌍봉낙타는 아프리카의 단봉낙타에 비해 다리가 짧아 속도는 느리지만 지구력이 강해 장거리 이동에 유리하다. 낙타에 짐을 가득 싣고 혹독한 사막을 통과하려면 사람은 물론 낙타 역시 엄청난 고통이 뒤따랐다. 사막 한가운데 옹기종기 자생하는 낙타 풀은 낙타의 요깃거리가 되었다. 낙타는 피를 철철 흘리며 가시가 돋친 낙타 풀을 먹어야만 했다.

이처럼 대상들은 혹시 있을지도 모르는 도적 떼의 출현에 대비해 호위무사도 고용해 고된 여정을 거쳐야 했으므로 수송 가격이 높아 대부분의 수송 상품 또한 비쌀 수밖에 없었다. 이 실크로드는 과거에는 당나라가 독점했지만, 오늘날에는 아프가니스탄과 이란을 경유하므로 오랫동안 페르시아와 터키가 동양의 신기한 물품 교역을 독점할 수 있었다(남영우, 2018a).

뜨거운 열기의 평탄한 사막지대만을 통과하는 것도 힘든 일이지만, 더 큰 문제는 산을 넘는 일이었다. 그림 9-3에서 보는 바와 같이 실크로드는 타클라마칸 사막 북쪽에 동서로 뻗어 있는 톈산산맥과 준가얼 분지 북쪽의 알타이산맥을 넘어야 평탄한 지대가 나온다. 그러나 그것은 예상 외로 큰 문제는 아니었다. 산줄기 사이의 계곡을 따라가면 카르타고의 장군 한니발이 알프스산맥을 무난히 넘었던 것처럼 통과할 수 있었다. 계곡과 계곡이 이어져 있지 않은 곳이 나타나면 고갯길을 넘어야 했지만, 인간의 지혜로 넘지 못할 곳이 어디 있겠는가. 다만 힘들거나 시간이 걸릴 따름이었다.

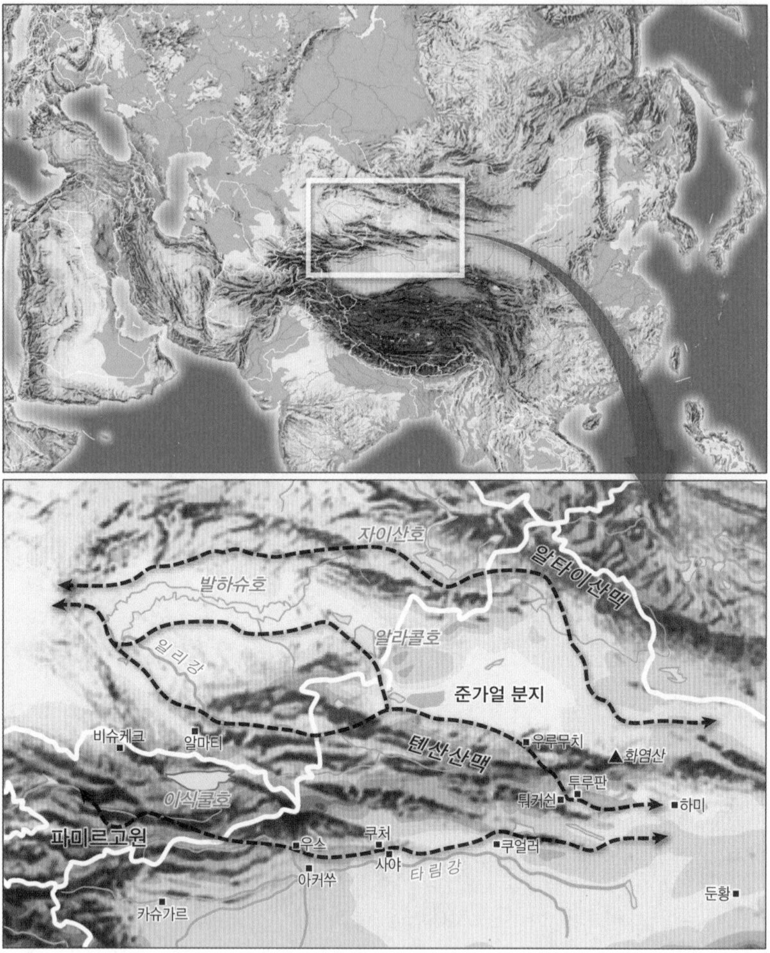

그림 9-3. 산악지대를 통과할 수 있는 사막 실크로드의 루트

그림 9-3에서 보는 것처럼 사막 실크로드는 톈산산맥 일대를 지나면서 톈산남로와 톈산북로로 분기되었지만, 둔황을 지나 투루판에서 우루무치로 향하든가, 아니면 쿠얼러와 아커쑤 방면을 선택하면 된다. 그리고 톈산산맥을 통과할 경우에는 남쪽의 이식쿨호 방면이나 북쪽의 알라콜호 방면의 두 루트를 선택할 여지가 있다. 어느 쪽을 선택해도 사마르칸트로 갈 수 있다. 또한

그림 9-4. 산악부를 통과하는 길의 모습

알타이산맥 남쪽 기슭을 따라 자이산호 방면을 선택하면 초원길과 만나게 된다. 이 루트는 목적지가 카스피해와 흑해 북쪽인 경우에 선택될 수 있다. 그림 9-4는 인간에게 절박함이 있으면 길이 생긴다는 교훈을 보여 주는 장면이다.

여기서는 바다 실크로드에 관한 설명은 생략하지만, 이상에서 설명한 초원길과 사막 실크로드는 어떤 때에는 훈족과 몽골족이 그러했던 것처럼 침공 루트가 되기도 했으나, 동서 교류의 역할이 더 컸을 것이다. 그로 인해 이질적인 문명권 간의 교류는 더 활발해질 수 있었다. 당시 서양의 허브였던 콘스탄티노플과 동양의 허브 카라코룸은 자극磁極이었고 실크로드는 자장磁場 기능을 담당했던 것이다. 방대한 물자와 정보·사상의 교류는 동서양의 문명 교류에 큰 도움이 되었다(남영우, 2018a).

10. 높은 대지 메사와 뷰트에 자리한 요새들

에스파냐어의 메사Mesa는 탁자처럼 꼭대기가 편평하고 가장자리는 가파른 사면이나 벼랑으로 된 대지臺地라고도 불리는 지형을 뜻한다. 에스파냐 개척자들이 미국 남서부 지방을 개척할 때 이와 같은 지형을 보고 그들의 말로 메사라고 부르기 시작한 것이 오늘에 와서 지형학 용어가 되었다. 메사가 개석되어 작아진 것을 뷰트butte라 한다.

이스라엘의 마사다

사해 남쪽에 위치한 마사다Masada는 70년에 예루살렘이 함락된 후 유대인들이 로마군에게 마지막으로 항전했던 곳으로 유명한 요새이다. 2001년 유네스코 세계유산으로 등재된 마사다는 히브리어로 요새란 뜻의 '멧사다metsada'에서 유래된 지명이다. 황무지 한가운데 위치한 이 요새는 사해 해면으로부터 434미터 높이의 암석으로 이루어진 고위평탄면의 대지 위에 건설되었다. 2013년 내가 이곳을 답사할 때 정상부까지 걸어서 올라가는 젊은 관광객도 많았지만, 나는 케이블카를 택했다. 정상부에 올라가니 생각보다 편평한 곳이었다. 배처럼 생긴 이 요새는 정상의 면적이 7만 제곱미터가량 된다.

1955년부터 이스라엘 고고학자들이 이 유적지 전체를 조사했고, 1963년부터는 야딘(Yadin, 1965; 1966)이 세계 여러 지역에서 모여든 자원봉사자들의 도움에 힘입어 정상부 전 지역에 대한 발굴 작업을 벌였다. 어떤 학자들에 따르면 이곳에 사람이 살기 시작한 것은 기원전 900년경부터라고 하지만, 이곳이 유명하게 된 이유는 로마 제국의 지배를 받던 유대 왕국의 궁전과 요새를 위시해 72~73년에 유대인들이 로마군의 공격에 맞서 저항한 사건 때문이다.

이 유적지에서는 헤롯왕이 사용하던 두 개의 궁전과 빗물을 저장했던 거대한 수조, 로마식 목욕탕과 유대 저항군의 막사, 창고 등이 발굴되어 복원되었

그림 10-1. 마사다 요새

다. 그리고 로마군이 요새를 둘러쌓았던 성채와 그 외곽에 로마군 막사의 유적도 발굴되었는데, 이는 정상부에서 내려다보면 잘 보인다.

70년 예루살렘이 함락되자 예루살렘에서 쫓겨난 유대인과 그 가족이 마사다로 피난했으며 2년 동안 이곳을 근거지로 삼아 그들과 뜻을 달리하는 다른 유대인을 공격했다. 72년 로마 제10군단이 마사다로 진격해 여러 차례 요새를 공격했지만 성벽은 무너지지 않았고, 이에 로마군은 요새 서쪽에 같은 높이의 거대한 성채를 쌓아 올려 공성攻城을 준비했다. 73년 드디어 공성을 위한 성채가 마련되자 로마군은 성벽 일부를 깨뜨리고 요새로 진격해 들어갔다. 그러나 식량창고를 제외한 요새 안의 모든 건물이 방화로 불에 탔고 엄청난 수의 자살한 시체만 즐비했다.

유대인은 그들의 율법이 자살을 엄격히 금지하고 있었기에 제비뽑기를 해 서로를 죽였으며 최후에 두 명이 남자 한 명을 죽이고 남은 한 명은 자살했다고 한다. 다른 건물을 모두 불에 태우면서도 식량창고만 남긴 것은 최후까지 자신들이 노예가 되지 않으려고 자살한 것이지 식량이 없거나 죽을 수밖에 없어서 자살한 것이 아니라는 것을 보여 주기 위한 목적이었다. 마사다에서 살아남은 사람은 여자 두 명과 아이 다섯 명뿐이었으며 로마군은 그 무서운 자살 광경에 겁을 먹고 그들을 죽이지 않았다고 한다.

로마군의 마사다 함락이 유대인들의 전투적이고 메시아니즘적인 생활양식을 종식한 것은 아니었다. 식민통치와 빈곤으로 충돌이 끊임없이 일어나 마사다가 진압된 지 60년이 경과한 후에도 더 극적인 메시아 드라마가 전개된 것이다. 132년에는 코흐바Kochva가 20만 군대를 조직해 유대 국가를 수립했는데 3년 동안 지속되었다. 코흐바의 기적적인 승리를 목격한 예루살렘의 랍비들은 그를 메시아라고 찬양했다. 1개 로마 군단이 완전히 궤멸되는 희생을 겪고 나서야 코흐바를 진압할 수 있었다.

로마군은 1,000여 유대인 마을을 파괴하고 50만 명의 유대인을 학살했으며 수천 명 이상을 포로로 잡아갔다. 이 후유증은 몇 세대에 걸쳐 지속되었고, 그 쓰라린 고통을 당한 유대인 학자들은 코흐바를 원망해 조국을 잃게 만든 '거짓의 아들'이라 불렀다. 이렇게 로마군에게 패한 유대인들은 팔레스타인 지방에서 쫓겨나 1948년 이스라엘이 건국될 때까지 세계 각지를 전전하는 디아스포라Diaspora가 되는 운명에 처하게 되었다(남영우, 2018a).

스리랑카의 시기리야

스리랑카 중부의 정글 가운데 우뚝 솟아 있는 1,202개의 계단이 설치된 높이 약 180미터 정도의 거대한 화강암 덩어리 위에 만든 요새 겸 성이 있는데, 이 요새는 '사자 바위'란 뜻의 시기리야Sigiriya 또는 싱하기리Sinhagiri라 불린다.

455년부터 스리랑카를 지배했던 아누라다푸라Anuradhapura 왕국의 다투세나Dhatusena왕에게는 장남 카사파와 차남 목갈라나가 있었는데, 장남인 카샤

파의 어머니는 평민 출신이었지만 차남 목갈라나의 어머니는 왕족 출신이었다. 이는 카사파가 장남이긴 하지만 왕위를 상속받기 불리한 조건에 있었다는 뜻이다. 결국 473년에 카사파는 다투세나의 조카이자 군대 지휘관의 도움을 받아 쿠데타를 일으켜 아버지인 다투세나를 투옥시킨 후 스스로 왕위에 올라 카사파 1세가 되었다.

왕이 된 카사파 1세에게 다투세나가 숨겨 둔 보물에 관한 이야기를 했고, 카사파 1세는 투옥한 다투세나에게 보물의 위치를 알려 줄 것을 요구했다. 그런데 다투세나가 보여 준 보물이란 것은 카사파 1세의 기대와 달리 그가 재임 중일 때 만들었던 관개시설용 저수지였다. 이에 화가 난 카사파 1세는 아버지를 죽이고 말았다.

아버지를 죽인 일 때문에 카사파 1세의 평판은 스리랑카 전역에서 크게 실추되고 말았다. 또한 쿠데타 때 동생 목갈라나가 인도로 도망쳤는데, 왕권의 정통성을 가진 동생이 언제 돌아올지 알 수 없었기 때문에 이를 두려워한 카사파 1세는 477년 수도였던 아누라다푸라를 떠나 477~495년 일시적으로 시기리야로 옮겨 거주하게 되었다. 시기리야는 프톨레마이오스의 「세계지도」에도 표시된 도시일 정도로 중요한 도시였다(Mendis, 2000).

시기리야 일대는 이미 기원전 3세기부터 사람들이 살고 있었고 특히 불교 승려들의 거주지였다. 그렇지만 카사파 1세 이후 시기리야 일대는 왕의 도시이자 요새로 변모하게 되었다. 바위 정상에는 궁전과 부속 건물, 바위를 파서 만든 거대한 수영장이 만들어졌으며, 중턱에 위치한 작은 평지에는 '사자의 문'이라 불리는 관문, 바위를 깎아 만든 거대한 벽에는 프레스코화와 낙서들, 그리고 지상에는 정원과 해자, 성벽이 만들어졌다. 해자에는 악어가 득실거렸다고 전한다.

그러나 시기리야의 영화는 그리 오래가지 못했다. 약 20년 후인 495년 인도에서 세력을 키운 목갈라나가 돌아오면서 동생과의 전투에서 패한 카사파 1세

그림 10-2. 시기리야 요새

가 스스로 자결하고 만 것이다. 이후 왕이 된 목갈라나는 이곳을 원래 수도원으로 사용하고 있었던 승려들에게 다시 돌려주었고, 시기리야는 1831년 영국인 조너선 포브스Jonathan Forbes에 의해 세상에 다시 알려지게 될 때까지 잊히게 되었다.

시기리야 중턱 평지에는 바위를 깎아 만든 '거울의 벽'이라 불리는 거대한 갤러리가 있는데 길이 140미터, 높이 40미터에 달한다. 이곳에는 현재 프레스코화가 약 20여 점 남아 있다. 여러 세대에 걸쳐 이곳을 찾아온 사람들이 쓰고 간 낙서도 남아 있는데, 낙서라고는 하지만 싱할라어로 써진 오래전의 시詩 같은 것들이기 때문에 그 자체로 기록으로서의 가치가 있다. 낙서들 중 8~10

세기에 쓰인 낙서 685개를 해독해 보니 이런 내용도 있다고 한다. "다른 사람들은 낙서를 했지만, 나는 낙서를 하지 않겠습니다."라며 낙서를 했다.

아누라다푸라 왕국은 남인도의 침략이 반복되어 항상 그 위협에서 벗어나기 위해 골몰해야만 했다. 최종적으로는 1017년 남인도의 타밀계 힌두 왕조가 아누라다푸라를 파괴하고, 왕국은 더 남쪽으로 피신함에 따라 아누라다푸라 왕국은 종언을 고했다(Bandaranayake, 2007). 시기리야 요새에 있던 사자상은 무너지고 지금은 발톱만 남아 있지만, "사자의 입에 들어가는 자는 살아남지 못하리라."던 호언장담은 결국 카샤파 1세 자신의 운명을 예언한 것이었다. 시기리야의 요새는 1982년 유네스코 세계유산으로 등재되었다.

오스트리아의 그라츠와 슬로베니아의 블레드

그라츠Graz는 로마 제국 시대인 9세기경에 건설된 요새로부터 기원한 도시로 도시의 이름은 슬라브어로 '작은 요새'라는 뜻이다. 1281년에는 합스부르크로부터 도시 특권을 획득했으며, 중세 후기에는 합스부르크가의 지배하에 놓였고 역대 황제들이 이곳에서 태어났다.

오스트리아는 주변국에 둘러싸인 지리적 특성 때문에 과거부터 주변국들과 많은 전쟁을 겪어야 했다. 그라츠 역시 오스트리아 동남부 지역의 대표적인 도시로 동쪽으로는 헝가리, 남쪽으로는 슬로베니아를 접경하고 있어 예로부터 많은 전쟁을 치러 왔지만, 그때마다 그라츠는 산으로 둘러싸인 지리적 이점을 이용해 주변국으로부터 오스트리아를 지킬 수 있었다.

그라츠와 주변 지역은 헝가리와 오스만 제국의 침략을 받게 되자 심각한 무력 충돌에 휘말리게 되었다. 1480년 오스만 군대는 그라츠 성문까지 진격해 들어왔다. 16세기에 들어와서는 종교적 혼란뿐만 아니라 오스만 제국으로부터 지속적인 위협을 받았다. 이런 위협에 대비해 그라츠 요새는 개축되었다. 1564년에 합스부르크 왕가의 토지가 새롭게 분할되자 오스만 제국의 침략에

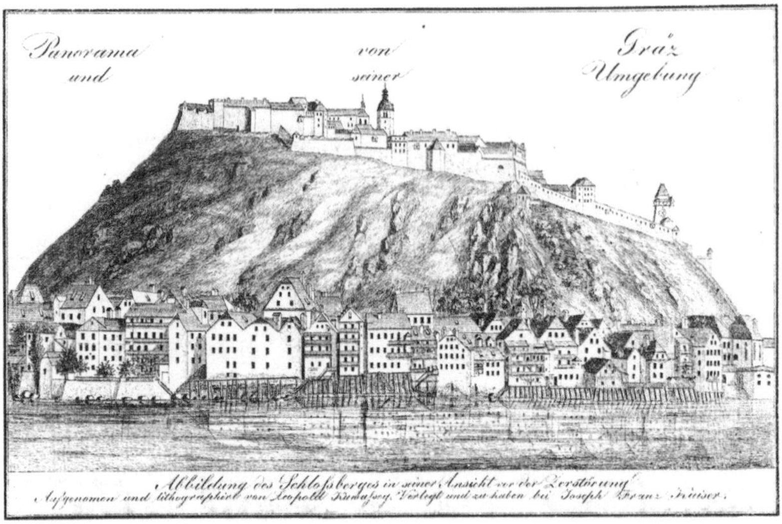

그림 10-3. 중세의 그라츠 요새(1830년)

그림 10-4. 현재의 그라츠 요새

도 불구하고 그라츠는 1564년 오스트리아의 수도가 되었다. 카를 2세의 아들 페르디난트 2세는 1619년 황제로 등극하자 수도를 빈으로 옮겼다. 그로 인해 그라츠는 상대적으로 침체되었다.

오스트리아는 지속적으로 위협받던 오스만 제국과의 전쟁에서 1664년과 1683년 결정적 승리를 거두어 그라츠는 재차 발전하기 시작했다. 귀족과 부르주아 계급은 명예와 문화를 추구하며 서로 경쟁했고, 르네상스와 초기 바로크양식의 건축물이 곳곳에 세워지게 되었다. 그런 까닭에 그라츠는 이름 그대로 작은 요새의 역할을 하며, 오스트리아뿐만 아니라 중부 유럽 내에서도 과거의 모습이 가장 잘 보존된 도시 중 하나로 손꼽히고 있다. 이에 따라 1999년 그라츠는 유네스코 세계유산으로 등재되었고 2003년에는 유럽의 문화 수도로 선정되었다.

그라츠는 오스트리아에서 두 번째로 큰 도시로 수도 빈의 남서쪽에 위치한 슈타이어마르크주의 주도이며 오랜 전통의 교육도시로도 유명하다. 1586년에 그라츠대학교가 창설되었으며, 19세기 이후부터는 교통망의 발달로 공업화와 더불어 도시가 급속히 발전했다. 제2차 세계대전 당시에는 시가지 일부가 파괴된 바 있다.

오스트리아의 그라츠에 갈 기회가 생기면 국경을 넘어 가까운 곳에 슬로베니아의 블레드Bled에 가 볼 것을 권하고 싶다. 블레드성은 비록 요새는 아니지만 천혜의 절벽 위에 위치한 또 하나의 명소이기 때문이다. 빙하호인 블레드호를 둘러싸고 있는 알프스의 절벽 위에 세워진 이 성은 1004년 독일 황제 헨리 2세가 주교에게 이 지역의 땅을 선물한 것을 계기로 지어졌다. 물론 지금의 모습은 18세기에 들어서 갖추게 된 것이다. 성 내부에는 16세기에 만들어진 예배당이 있는데, 희미하지만 그 당시의 벽화를 볼 수도 있다. 그리고 예배당 옆에는 블레드 지역에서 발굴된 유물들을 볼 수 있는 전시관도 있다.

그림 10-5. 블레드성

고구려의 오녀산성

오녀산성五女山城은 고구려의 첫 도읍지인 홀본성忽本城 또는 졸본성卒本城으로 비정된다. 중국의 『삼국지』의 『위지』 「동이전」에 흘승골성紇升骨城이라고 처음 언급되었다. 광개토대왕비에는 홀본성이라 기록되어 있고, 삼국시대의 다른 관련 기록들은 대체로 졸본성이라 불렀다. 그러나 도성이었던 졸본성은 오녀산성에서 내려다보이는 평지에 위치했던 것으로 여겨지는데, 지금은 댐이 축조되어 수몰되었다. 『고려사』 공민 왕조에는 오로산성五老山城 또는 우라산성于羅山城으로 기록되어 있다. 『삼국유사』에서는 해모수가 건국한 북부여의 수도를 흘승골성이라고 언급하고 있다.

오녀산성은 고구려의 영토였지만 현재는 중국 랴오닝성遼寧省 환런현桓仁縣 오녀산에 위치한 산성이다. 해발 800미터 높이에 달하는 절벽의 천연지세를 그대로 이용해 쌓은 고구려 특유의 테뫼식 축성양식을 보여 준다. 우리나라 산성은 대체로 골짜기를 끼고 축성된 포곡식 산성이 많지만, 이것은 산 정상

그림 10-6. 오녀산성

의 탁상형 절벽을 이용한 테뫼식 산성이라는 특징이 있다.

오녀산성은 압록강의 지류로 비류수沸流水로 비정되는 훈장강 유역에 위치하는데, 대체로 직사각형 모양으로 남북 길이가 600여 미터, 동서 너비가 130~300여 미터이고, 전체는 약 8킬로미터에 달한다. 성벽의 전체 둘레는 4,754미터인데, 그중 인위적으로 성을 쌓은 구간은 565미터이고, 나머지는 절벽을 성벽으로 활용했다. 성 내부에는 항상 물이 솟아나는 샘이 있어 지구전을 펼 수 있고, 고구려의 궁궐터, 병영과 초소, 온돌의 흔적이 남아 있는 집터도 발견되었다.

고구려를 건국한 주몽의 장남 비류의 이름은 이 강의 지명에서 유래된 것으로 짐작된다(남영우, 2012a). 산성은 200미터 높이의 절벽 위에 위치하고 있어 천연의 요새가 되어 왔다. 동쪽과 남쪽의 경사가 완만한 곳에는 성벽을 설치했다. 고구려 멸망 이전에 한 번도 함락된 적이 없는 성이다. 고구려는 유리왕 22년(기원후 3) 겨울에 그림 10-7에서 보는 바와 같이 졸본성으로부터 동남쪽 약 60킬로미터 떨어진 압록강 연변에 위치한 국내성으로 천도했다(노태돈,

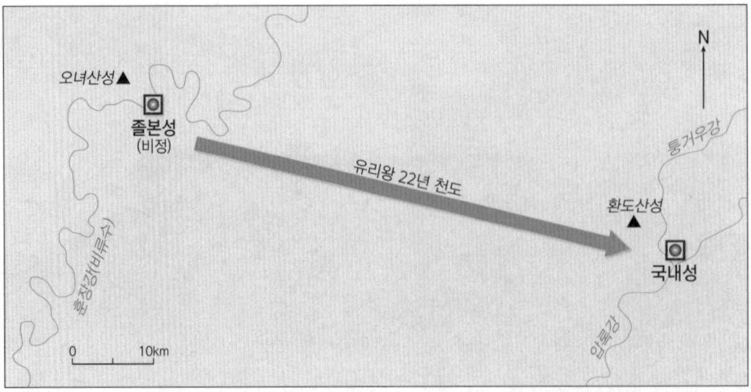

그림 10-7. 고구려의 천도

1999). 고구려는 전시에 대비해 방어 목적으로 평지성과 산성을 도성 입지의 원칙으로 삼았으므로 졸본성과 오녀산성을 축조했듯이 천도 후에도 국내성과 환도산성을 만든 것이다.

중국 정부는 2004년에 오녀산성을 고구려 도성, 왕릉 등과 함께 유네스코 세계유산으로 등재했다. 과거에는 한민족의 영토였지만, 아쉽지만 오늘날에는 동북공정을 펴는 중국의 영토이니 중국이 등재 신청해 관리하는 것으로 만족해야 한다.

조선의 남한산성

경기도 광주시 남한산성면에 있는 남한산성은 통일신라시대에 축조되어 북한산성과 함께 조선의 도성인 한성부의 방어를 위해 쌓은 산성으로 알려져 있다. 그러나 2005년 발굴조사를 실시한 결과, 조선시대 성벽 안쪽에서 신라 주장성晝長城으로 추정되는 성벽이 확인되어, 조선시대 남한산성이 신라 주장성의 옛터를 따라 축조되었음을 알 수 있게 되었다. 또한 행궁터 발굴조사에서는 대규모 건물터가 확인되어, 주장성 당시 성안에 무기고 등의 중요한 건물들이 자리했던 것으로 밝혀졌다.

남한산성은 정묘호란 이후 후금後金과 강화를 맺은 이후 재침에 대비해 수축되었다. 수축 완료 후 광주목의 읍치邑治가 성내로 이전되었으며 다시 광주부로 승격되었다. 이는 남한산성이 기본적인 수도 방어 목적 외에도 행정 중심지이자 유사시 임시 수도로서 기능했다는 것을 시사하는 것이다. 조선시대 당대에는 광주성이라고도 불렸다.

조선시대 남한산성은 주봉인 해발 497.9미터의 청량산을 중심으로 북쪽으로는 연주봉(467.6미터), 동쪽으로는 망월봉(502미터)과 벌봉(515미터), 남쪽으로도 여러 봉우리를 연결해 성벽을 쌓았다. 비록 뷰트 지형은 아니지만 성벽의 바깥쪽은 급경사이고, 안쪽은 완만한 평탄면이어서 침식된 뷰트와 같아 적의 접근이 어려운 편이다. 봉암성·한봉성·남성 등 3개의 외성과 5개의 옹성도 함께 연결되어 견고한 방어망을 구축했다. 성벽과 곡저부의 성안에는 많은 시설물과 건물이 있었지만, 오늘날에는 동·서·남 문루, 장대·돈대·보堡·누壘·암문·우물 등의 방어시설, 관청, 군사훈련시설 등이 남아 있다.

남한산성이 백제 온조왕 때 도성이었다는 견해가 있지만, 발굴조사 결과 백제 주거지 2곳과 저장 구덩이 8곳 등이 확인되었을 뿐 백제 성곽의 흔적은 확인되지 않았다. 오히려 『삼국사기』에는 673년(문무왕 13)에 한산주漢山州에 주장성을 쌓았는데, 성의 둘레는 3,460보였다고 기록되어 있다. 주장성은 곧 남한산성이고, 당시 돌로 쌓은 최대 규모의 산성이었다.

남한산성에 대한 고려시대의 『고려사』 기록에는 몽골군이 침입했을 때 광주성으로 피해 항전했다는 기록이 전한다. 그 뒤 조선시대에 들어서 후금의 위협을 받고 이괄의 난을 겪은 뒤 1624년(인조 2)에 지금처럼 개축했다. 인조는 산성의 축성을 명령해 2년 뒤에 둘레 6,297보, 여장女墻 1,897개, 옹성 3개, 문 4곳, 우물 80곳 등을 설치했다. 암문도 원성 11곳, 봉암성 4곳, 한봉성 1곳 등 16곳이 설치되어, 우리나라 산성 중 가장 많은 편에 속한다.

한편 산성 안에는 장경사·망월사·개원사·옥정사·남단사·천주사 등의 여

그림 10-8. 일제강점기의 남한산성 전경(1909년 촬영)

러 사찰이 있었는데, 이곳은 산성축성에 동원된 8도 승군의 거처이자 승군이 군기와 화약을 비축하고서 산성을 수비하는 곳이었다.

1638년에는 백제를 건국한 온조의 왕묘를 건립했으며, 남단사 우측에는 사직단, 북문 안의 동쪽 언덕에는 성황당, 서장대에는 기우제단을 두어 정기적으로 제례를 행했다. 현재 경기도 하남시 춘궁동에 위치한 남한산성 북쪽은 백제 초기부터 두모계 지명에 속하는 '두머'라 불리던 곳으로 한민족의 원형적 사고관념인 두모사상의 흔적이 남아 있는 곳이다. 백제의 시조 온조는 도읍지를 현재의 남한산성 아래에 건설한 것으로 비정된다(남영우, 1997a). 그 후 남한산성은 통일신라시대에 군수물자를 저장하는 특수창고를 설치한 중요한 거점성이 되었다. 또한 조선시대에는 외성과 옹성을 갖춘 전형적인 산성이면서, 산성의 변화 과정과 기능을 이해하는 데 가장 중요한 유적으로 평가되고 있다.

40여 일간의 공방전에서 청나라 군대는 수차례에 걸친 대규모 공격에도 불

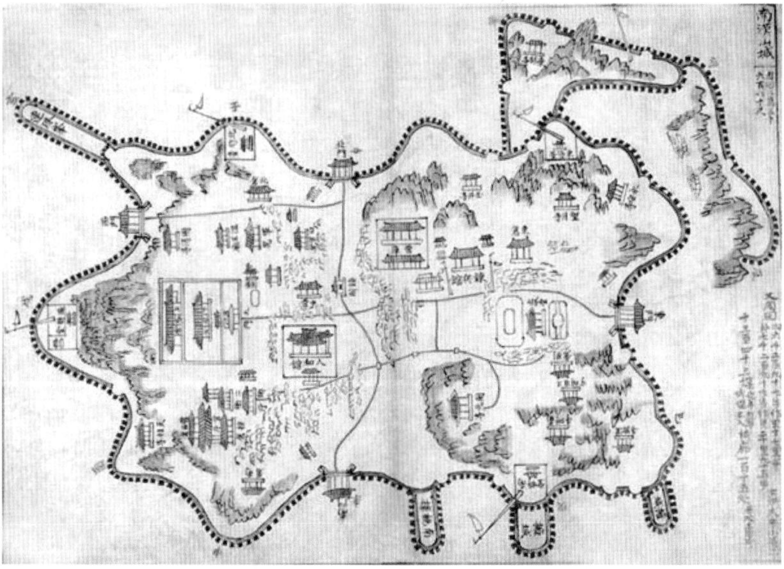

그림 10-9. 17세기 말의 남한산성 고지도

구하고 성을 돌파하는 데는 실패했지만, 농성 중인 성 내부의 물자가 고갈될 때까지 포위를 풀지 않으면서 서서히 조선군을 압박해 갔다. 결국 13,000여 명의 조선군은 남한산성이 뚫려서가 아니라 식량이 다 떨어지고 강화도가 함락된 탓에 청군에 항복하고 말았다. 인조는 삼궤구고두를 하고 패배를 인정했다. 삼궤구고두三跪九叩頭란 무릎을 꿇고 양손을 땅에 댄 다음 머리를 땅에 닿을 때까지 세 번 숙이고, 이를 세 번 반복하는 행위를 가리킨다. 청 태종의 강요에 못 이겨 세운 삼전도비三田渡碑가 바로 굴욕의 현장이다.

청나라의 승전비인 삼전도비는 현재 서울 송파구 잠실동에 있는데, 이 비에는 "본래 청 태조가 청나라와 조선은 형제와 같으므로 서로가 예우로써 대하고자 했으나 조선 조정이 이를 받아들이지 않았다. 이에 청 태종이 쳐들어와 한강 상류 삼전도에 주필하고 항복받은 사실을 영원히 기념해야 한다."라는 내용이 기록되어 있다. 이 비는 같은 내용을 몽골문·만주문·한문의 3개 문자로 새긴 것으로 세계에서 유일하다. 8·15 광복 후에는 수치스럽다 해서 땅에 묻었다가 현재의 자리로 옮겨 온 것으로 전해지고 있다.

병자호란 이후 남한산성은 피비린내 나는 처형터가 되어 버렸다. 이후에도 군사상 요충지로 광주군청이 산성 안에 있었으나, 항일의병으로 산성과 행궁 내의 군기고와 수호사찰을 불태우고 방화해 대부분의 건축물이 사라졌다. 19세기 말 일본 참모본부는 간첩대를 파견하고 비밀리에 측량해 그림 10-10에서 보는 「자전곶교지광주약도自箭串橋至廣州略圖」를 만들었다(남영우, 2011a). 이 지도는 1885년 6월 공병대위 카이즈가 제작한 것이다.

나는 2011년 한국의 남한산성을 유네스코 세계유산으로 등재하기 위한 국제학술 심포지엄에 참가하면서 남한산성에 관한 연구를 수행했다(남영우, 2012c; Nam, 2013). 다행스럽게도 남한산성은 17세기에 화포가 전쟁 무기로 사

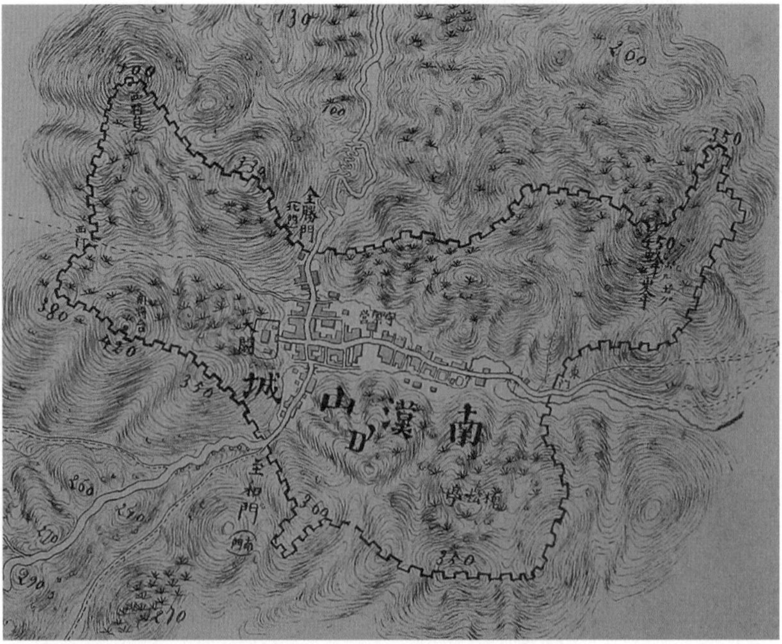

그림 10-10. 일본군 카이즈 공병장교가 제작한 「자전곶교지광주약도」

용되는 동아시아 무기 발달과 그에 따른 축성술이 교류하는 상황을 배경으로 전란을 대비해 건설한 임시 수도였다는 탁월한 보편적 가치를 인정받아 2014년 6월 유네스코 세계유산으로 등재될 수 있었다.

페루의 마추픽추

마추픽추Machu Picchu는 페루에서 잉카 문명의 흔적이 가장 완벽하게 남아 있는 세계적인 유적지 중 하나로 우루밤바 계곡의 해발 약 2,340~2,400미터의 고산지대에 입지한 천연의 요새도시이다. 산 아래에서는 그 존재를 확인할 수 없기 때문에 종종 '공중도시'라 불리거나 '잉카의 잃어버린 도시' 혹은 '잉카의 보물'이라고도 불린다. 그 때문에 마추픽추 유적지는 약 400여 년 이상을 세상에 알려지지 않은 채 잠들어 있었던 것이다.

마추픽추는 '늙은 봉우리'란 뜻의 케추아어에서 유래되었다. 현재 페루에는 13개의 유네스코 세계유산이 있는데, 그중 마추픽추는 1983년 쿠스코와 함께 최초로 유네스코에 등재된 유적지다.

남아메리카의 험준한 안데스산맥에 남북으로 5,000킬로미터에 걸친 광대한 영토를 지배한 잉카 제국이 존재했다는 사실은 이미 알려진 바 있다. 인간이 처음 안데스산맥의 고산지대에 도달해 거주하기 시작한 것은 지금으로부터 12,000년 이전 혹은 22,000년 이전의 일로 학자마다 달리 추정하고 있다.

마추픽추는 험준한 산 정상부에 위치하고 있기 때문에 은폐되어 사람들의 눈에 띄지 않았다. 황금을 찾아 잉카 제국의 영토였던 땅을 샅샅이 뒤진 모험가들도 설마 이처럼 깎아지른 듯한 절벽 위에 도시가 있을 것이란 사실을 상상조차 하지 못했을 것이다.

잉카인들은 에스파냐 군대의 공격을 피해서 산속 깊숙한 곳으로 숨어들어 마추픽추를 건설한 것으로 전해진다. 그들은 이곳에서 군사훈련을 해 훗날 에스파냐에 복수하기 위해서 비밀도시를 건설한 것이다. 적에게 쫓기는 입장에서 방어시설은 빼놓을 수 없는 것이었다. 그들은 높이 6미터, 두께 1.8미터의 성곽을 축조하고 성곽 정문의 남쪽 높은 곳에 망루와 같은 파수꾼 초소를 세웠다.

에스파냐의 정복자 피사로Pizarro가 군대를 이끌고 잉카 제국에 침입해 들어왔을 당시 군대의 규모는 172명에 불과했다. 인구 1000만 명에 달하던 잉카 제국이 8만 명에 달하는 정예군을 보유하고도 멸망했다는 사실은 상식적으로 납득할 수 없다. 여러 학설 중 에스파냐 군대가 아메리카로 원정 올 때 그들이 옮겨 온 전염병인 천연두의 출현 때문이란 가설이 설득력이 있어 보인다. 이것은 천연두로 인해 갑자기 수많은 잉카인이 사망하게 되자 에스파냐 군대에 불가사의한 힘이 있다고 믿은 잉카 제국이 항복했다는 가설이지만, 정

그림 10-11. 마추픽추

확한 사실은 밝혀진 바 없다.

마추픽추 유적지가 발견된 것은 미국 예일대학교 고고학 교수였던 하이럼 빙엄Hiram Bingham의 업적이었다. 상류층 집안의 여인과 결혼한 그는 처가의 기대에 부담을 느껴 1909년 라틴아메리카로 도피성 여행에 나섰다. 쿠스코 인근의 주지사로부터 산속 어딘가에 '황금 보따리'라 불리는 유적이 있을 것이라는 제보를 받고 1911년 내셔널 지오그래픽사의 후원금을 받고 본격적인 탐험에 나섰다.

천신만고 끝에 그는 우루밤바 계곡으로 이동해 현지 인디오의 도움을 받아 마추픽추에 도달할 수 있었다. 그는 눈앞에 펼쳐진 마추픽추를 보고서는 그동안의 고생을 한순간에 잊게 만드는 감동을 받았다. 비록 황금과 같은 보물은 없었지만 무엇보다 귀중한 유적을 발견한 것이다.

빙엄은 촉박한 일정과 자금 문제로 인해 오랜 세월 속에 파묻혔던 마추픽추 일대의 유적지를 전부 발굴하지는 못했지만, 이 발견은 그에게 엄청난 부와 명성을 안겨 주었다. 그러나 페루인들은 마추픽추에서 보물이 발견되지 않았다는 점에 의혹을 품고 빙엄을 의심했다. 그는 체포당할지도 모른다는 두려움에 황급히 페루를 떠나 귀국했다(Bingham, 1981).

고국으로 돌아온 빙엄은 제1차 세계대전에 참전해 일약 애국자가 되는 동시에 곤란한 상황을 모면할 수 있게 되었다. 그는 1924년 코네티컷 주지사로 선출되었고 1926년에는 손쉽게 상원의원에 당선되었다. 그러나 정치에는 재능이 없던 그는 뇌물 수수 혐의에 대공황까지 겹치자 의원직을 사퇴하고 몰락의 길을 걷게 되었다. 그의 죽음은 명성과 업적에 비해 초라했다.

페루 정부는 2008년 예일대학교가 소장하고 있는 잉카 유물을 모두 반환해야 한다며 미국 워싱턴 연방법원에 제소했다. 페루 정부는 빙엄이 1911년부터 1915년에 걸쳐 마추픽추에서 가져간 4만 점 이상의 유물을 반환하라는 요구와 더불어 페루 국민에게 끼친 손해배상도 요구했다. 페루 정부는 빙엄에게 유적지 발굴을 허가해 준 것은 사실이지만, 유물의 소유권은 페루에 있고 유물 반환을 요구할 수 있도록 명시된 문서들을 근거로 제시했다.

이에 대해 예일대학교는 과거 페루 정부가 잉카 유물의 국외 반출을 허가한 바 있다고 주장했지만, 그것은 일시적인 것이므로 소유권이 있는 페루에 귀속되어야 한다는 판결이 내려졌다. 그럼에도 불구하고 잉카 유물은 일부만 반환되었을 뿐이다(남영우, 2011b). 빙엄과 별도로 다른 도굴자들도 잉카 유물을 국제 암시장에 팔아 현재는 소재조차 파악되지 않고 있다.

나는 2006년 이곳을 답사하며 에스파냐 통치에 저항한 잉카인들이 무참하게 학살되었다는 사실에 그들의 영혼을 떠올렸다. 이 유적지에서는 33구의 나이 어린 여성의 미라가 발견되었는데, 15세 안팎의 소녀 중 일부는 임신한 상태에서 살해된 것으로 밝혀졌다. 그러나 남자의 미라가 거의 발견되지 않은 것은 불가사의한 일이다. 남자들은 전쟁터에 나가고 여자들만 남아 있다가 살해된 것일까?

중국의 자오허 고성

자오허 고성交河古城은 중국 신장웨이우얼자치구 투루판 서쪽 10킬로미터에 위치한 가오창高昌 도성 유적인 고성을 가리킨다. 이 성은 기원전 2~기원후 14세기 동안 존재하던 자오허 왕국의 수도였으며, 대지를 파서 축조한 독특한 성으로 타원형의 낭떠러지 섬에 건설되었다(그림 10-12).

자오허 고성은 두 개의 하류가 만나는 벼랑에 위치했기 때문에 자오허交河라고 명명했다. 벼랑의 길이는 1,650미터에 폭이 가장 넓은 곳은 대략 300미터 정도로 면적은 50만 제곱킬로미터에 달하고, 주위는 깊이가 30미터인 하곡으로 둘러싸여 있으므로 방어를 위해 별도로 성벽을 축조할 필요가 없다. 요새로서 천혜의 조건을 두루 갖춘 땅이다. 유적은 절벽의 가운데 지역 남쪽 1킬로미터 범위 내에 집중되어 있다.

하천 중심부에는 약 3,000년 전에 사람이 사는 민가가 형성되어 있었는데, 이곳에서는 성벽이 없는 형태의 고성으로 여러 가지 도시 유적이 발견된 바 있다. 발굴 결과 이 고성에서 성문·거리·사원·민가·우물 등의 유적이 비교적 잘 보존되어 있음이 밝혀졌다. 성 내부에는 남북을 관통하는 큰 도로가 있으며 대로 양쪽의 밀집된 건물들을 보호하기 위해 도로변의 문을 봉해 버렸다. 이는 건물의 개구부開口部가 없다는 것이며 상점가가 발달하지 못했다는 뜻이다. 이런 특징은 송나라 시대 이전 도시들과 동일하다.

대로 북쪽에는 불교사찰이 하나 있고, 그 사찰 내에서는 불탑이 발견되었

그림 10-12. 하늘에서 바라본 자오허 고성

다. 자오허 고성은 기원전 109년에는 북위北魏의 태평진군太平眞君과 450년에는 거사전왕車師前王의 지배를 받았다. 따라서 자오허 고성은 진한秦漢 시대 이전에 세워진 것으로 추정되며 거사전국의 왕정 소재지였다. 불교를 신봉하는 거사인들이 이곳에 거주했고 오늘날까지도 52곳의 불교 건축유적이 남아 있는 것으로 보아 불교가 부흥했던 장소임을 알 수 있다(남영우, 2011b). 성내에는 대략 700가구에 6,050명의 주민, 병사 865명이 주둔했으며, 중심지가 인근의 가오창 고성으로 옮겨지기 전까지는 군사적 요충지였다.

한편 투루판 서쪽에 위치했던 가오창 왕국은 5~7세기 자오허군을 설치했으며 이어서 당나라 역시 자오허현을 설치했다. 7세기 중엽에는 당나라가 자오허 왕국을 멸해 자오허군을 설립하고 안서도호부를 설치했으나, 785년에 토번土蕃에게 함락당했다. 자오허 고성은 13세기 말에 점차 쇠퇴함으로써 1500년의 역사를 마감했다. 가오창 고성은 당나라 때에 현장법사가 불경을 구하러 잠시 들렀던 곳으로 유명하다.

투루판 인근의 자오허 고성과 가오창 고성이 중요한 이유는 이 지점이 중국과 서역의 각국 간에 비단을 비롯한 여러 가지 무역을 행하던 실크로드의 길목에 위치했기 때문이다. 그 누구도 함락하지 못할 것 같던 자오허 고성도 결국엔 위나라·한나라·당나라·토번 등의 강자에게 함락당하고 말았던 것이다.

11. 이탈리아 마을이 언덕 위에 자리한 이유

이탈리아를 방문하는 관광객들은 마을의 상당수가 언덕 꼭대기에 얹혀 있는 광경을 목격하게 될 것이다. 이탈리아 국민은 오래전부터의 전통이라 그러려니 하겠지만, 이방인들은 생활하기에 편리한 평지를 외면하고 활동하기 불편한 높은 언덕에 삶의 터전을 정한 이유를 알 수 없다.

도시 지역인 경우 땅이 부족하거나 땅값이 비싸기 때문에 한국의 달동네나 브라질의 파벨라Favela 등의 슬럼이라면 이해가 가지만, 도시를 벗어난 시골의 경우라면 납득이 가지 않는다. 그것도 아니라면 속세를 벗어난 외진 곳에 입지한 한국의 사찰이나 그리스의 메테오라Meteora 같은 수도원이라면 이해할 수도 있다.

일반적으로 그 이유를 토착 주민들이 신변의 안전을 위해 방어의 목적으로 마치 독수리 둥지로 피신했다고 설명하지만, 그것은 어디까지나 부차적인 설명에 지나지 않는다. 그들이 골짜기의 우물과 마을 간의 주요 소통 경로까지 버린 채 불편하기 짝이 없는 언덕 꼭대기로 이동한 것은 산사태로 위험에 빠지고 싶지 않다는, 그야말로 원초적 본능 때문이었다고 한다. 구릉지대나 언덕 말단부는 산사태로 흙더미가 쓸려 내려오기 때문인 모양이다. 즉 퇴적층이 미끄러지면서 경사면 아래쪽으로 내려오는 활동성 운동인 랜드 슬라이드landslide를 가리킨다.

언덕 꼭대기 근처에는 태고의 지질 구조를 가진 암반층이 표면에 드러나 있으므로 미래의 주민들에게 영속적인 주거지를 제공했다. 반면에 비누처럼 미끄러운 석회암으로 덮인 언덕의 측면 경사지는 믿을 만한 게 못되었다. 멀리서 보면 마치 한 폭의 그림처럼 아름답기 짝이 없는 마을에 막상 이방인이 들어가 머물다 보면 오히려 믿기지 않을 정도로 불안해진다.

이탈리아는 롬바르디아 평원을 제외하고는 산지가 많은 편이어서 700미터 이상의 산지가 35%를 차지하며 구릉지대가 42%나 되는 땅을 가진 나라다. 아펜니노산맥이 반도를 종단하고 있는데, 높은 곳은 석탄기에서 페름기(3억 4,500만 년 전~2억 2,500만 년 전)에 형성된 암석으로 이루어져 있으며, 북부는 사암과 석회암토, 중부는 석회암과 백운석, 그리고 남부는 석회암과 화강암으로 이루어져 있다.

이탈리아에는 가끔 지진이 발생하는데, 지금의 화산 활동은 약 533만 년 전~258만 년 전까지의 지질시대에 해당하는 플라이오세와 제4기에 시작된 것

그림 11-1. 언덕 꼭대기에 위치한 이탈리아 마을

으로 나폴리 근처의 캄피플레그레이, 베수비오산, 에올리에 제도, 시칠리아섬의 에트나산 등이 대표적인 화산지대다. 지진 등의 지각 활동은 알프스산맥과 포강 유역에서는 드물고, 아펜니노산맥의 구릉지대와 시칠리아섬에서 간혹 강하게 나타난다. 특히 이탈리아는 1908년 12월의 메시나 지진과 1915년 1월에 발생한 아베차노 지진으로 각각 약 8만 명과 3만 명이 사망하는 피해를 입어 지진 공포증이 트라우마로 남아 있다. 또한 최근 2009년과 2012년에 발생한 리히터 규모 6.0 이상의 강진으로 많은 피해를 입은 적이 있고, 2016년에는 6.7의 지진이 발생했지만 다행히 낮에 일어나 인명피해는 적었다. 특히 언덕 위에 입지한 마을들이 많은 피해를 입었다.

흔히 반도국이란 공통점 때문에 한민족과 이탈리아 민족을 동일시하지만 산을 좋아하는 민족적 속성 역시 한민족과 일치한다. 그러나 한민족은 도시의 달동네를 제외하고는 언덕 위에 집을 짓지 않는다는 점이 상이한 것 같다.

이탈리아인들이 언덕 꼭대기로 이동해 마을을 건설한 것은 산사태가 일어났을 때 생존하고자 하는 원초적 본능 때문이었다고 하는데, 그것이 오히려 낡은 벽돌 혹은 석조 건물인 탓에 붕괴될 가능성이 높다고 하니 이탈리아의 전통적 마을 입지가 잘못된 것이 아닌가.

12. 그리스와 페르시아의 전투가 벌어진 테르모필레 협로

그리스 땅에서 가장 흥미로운 지역은 고대 그리스 문명의 중심에 있던 아티카반도의 아테네일 것이다. 발칸반도 남쪽 테살리아 지방의 라리사Lárisa로부터 수도 아테네로 가려면 유럽 내륙으로 향하는 간선철도와 연결된 열차를 타면 된다. 그러나 고대 그리스시대에는 북쪽의 테살리아에서 남쪽의 아테네로 가려면 선택할 수 있는 길은 오직 테르모필레 협로뿐이었다. 대부분의 문헌에서는 '협곡'이라 표현하는데, 이곳은 한쪽 편이 바다에 면한 절벽이므로 '협로峽

路'라 표현해야 옳다.

과거의 테르모필레 협로는 현재의 모습과 달랐다. 이 협로는 오이타산의 암벽과 에비아Évvoia 해협의 일부인 말리아만 사이로 약 14미터 폭이었다. 벼랑 위에 겨우 전차 한 대가 다닐 수 있을 정도의 좁은 길이 전부였다. 더욱이 그 길은 남북으로 3,200미터 정도나 뻗어 있어서 많은 군대가 한꺼번에 통과할 수 없었으므로 실로 천연의 요새였다.

페르시아의 다리우스 1세는 마라톤 전투의 패배를 아주 뼈아프게 생각하고 다시 그리스 침공을 계획했다. 복수에 불타는 다리우스 1세는 일찍이 그 준비에 착수해 군사력을 키우기 시작했으나, 그는 그리스를 세 번째로 공격할 준비를 하던 중에 죽고 말았다. 그러자 그의 뒤를 이어 크세르크세스 왕자가 왕이 되었는데, 그도 역시 아버지의 뜻을 이어 그리스 침공 준비를 계속했다.

이즈음 아테네 영내에서 새로운 은광이 발견되었다. 당시 아테네에서는 새로 얻은 국유재산 중 국가에서 필요한 분량 이외의 잉여분은 시민에게 분배하

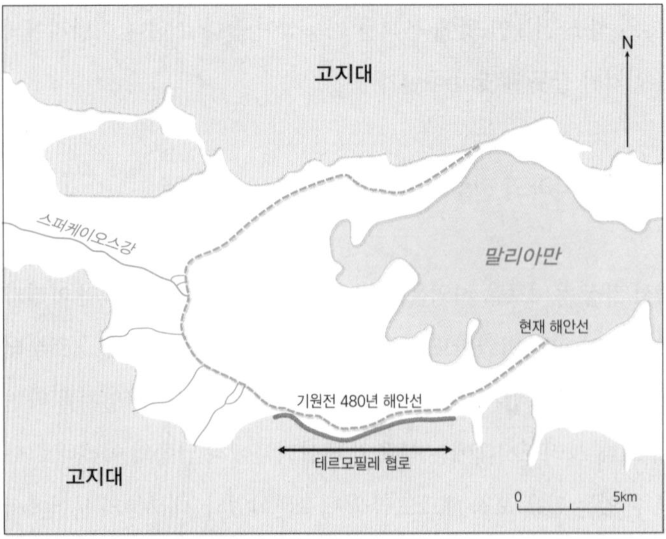

그림 12-1. 테르모필레 협로 복원도

는 관습이 있었는데, 마라톤 전투의 명장인 테미스토클레스는 시민을 설득해 남은 은으로 함대를 건조하기 시작했다. 이로써 아테네는 200척의 갤리선을 갖춘 그리스 제일의 해군국이 되었다.

기원전 481년 가을, 아테네와 스파르타를 비롯한 그리스 본토와 에게해의 폴리스들은 외적을 물리칠 목적으로 동맹을 맺었다. 물론 폴리스라 해서 모두가 다 이 동맹에 가담하지는 않았다. 예컨대 같은 도리아인이면서도 스파르타와 사이가 나빴던 아르고스는 중립을 지키기 위해 이 동맹에 가담하지 않았고, 중부 그리스의 테베는 오히려 페르시아 편을 들고 있었다.

마침내 기원전 480년 봄, 페르시아의 왕 크세르크세스를 총사령관으로 하는 30만 대군이 육군과 해군으로 나뉘어 북방으로부터 침입해 왔다. 이 세 번째 침략에 동원된 페르시아군에는 아시아에서부터 아프리카에 이르는 페르시아 영토의 모든 민족이 포함되어 있었다.

그리스군은 도대체 어떤 작전으로 이 대군과 맞서야 할지 좀처럼 결론을 내리지 못하고 있었다. 이때 아테네의 정치가이자 군인이었던 테미스토클레스 Themistocles가 이렇게 말했다. "적은 대군이다. 넓은 데서 싸우는 것은 불리하므로 될 수 있는 대로 좁은 곳으로 유인하여 싸워야 한다." 이 제안에 겨우 의견의 일치를 본 그리스군은 육상에서는 테르모필레 협로를 결전의 장소로 정했다.

이 무렵 그리스 연합군의 총사령관은 그리스 제1의 강국인 스파르타에 위임되어 있었고, 작전 면에서는 주로 아테네의 테미스토클레스의 의견을 따르고 있었다. 그가 세운 작전은 테르모필레에서 육군이 절대다수의 페르시아 육군을 저지하는 동안에 바다에서는 해군이 페르시아의 해군을 격멸함으로써 페르시아군 전체의 기세를 꺾는다는 것이었다.

마침내 테르모필레 협로에 도착한 페르시아 육군은 우선 4일 동안 정찰을 계속한 뒤, 그리스군의 세력이 대단치 않은 것을 보고는 5일째에 공격을 시작

그림 12-2. 테르모필레 전투가 벌어진 협로의 위치

했다. 그렇지만 좁은 길이기 때문에 한꺼번에 대군을 보낼 수가 없어서 할 수 없이 소수의 군사로 계속 공격했다. 이를 그리스 육군은 창과 방패만으로 잘 막아 냈다. 다음 날에도 페르시아군은 사상자만 늘어날 뿐 좀처럼 그리스 군의 방어를 뚫을 수가 없었다.

그러나 7일째 되는 날, 상금에 욕심을 낸 한 그리스 농부가 페르시아군을 찾아갔다. "산속에 아무도 모르는 길이 하나 있는데 그 길로 가면 그리스군의 뒤로 돌아갈 수가 있습니다." 페르시아군은 한밤중에 이 농부의 안내로 그리스군의 뒤쪽으로 침투했다.

날이 훤하게 밝아 올 무렵 페르시아군은 일제히 그리스군을 향해 돌진했다. 이때 그리스군은 분산 배치되어 있었기 때문에 스파르타의 왕 레오니다스 주변의 병력은 1,000여 명 정도에 불과했다. 그러나 이들은 페르시아군의 불시의 기습에도 겁내지 않고 용감하게 대항했다. 창과 칼이 번뜩이고 가슴을 에어 내는 듯한 비명이 테르모필레의 산과 바다에 울려 퍼졌다. 목숨을 걸고 대항하는 스파르타군 앞에서 우세한 병력의 페르시아군도 놀라지 않을 수 없었다.

이때 페르시아의 구원부대가 가세하자 스파르타군은 다시 열세에 몰렸지만 레오니다스 이하 전원은 테르모필레를 지키다가 한 사람도 남지 않고 장렬하게 전사했다. 다른 곳에 배치되어 있던 병력 역시 거의 전멸에 가까운 패배를 당했다. 훗날 이 싸움터에는 장렬하게 숨진 스파르타인들의 명예를 찬양하는 비석이 세워졌고, 다음 글이 그 비석 위에 새겨졌다. 헤로도토스가 쓴 글을 인용한 문구는 다음과 같다.

오, 나그네여! 스파르타에게 말해다오.
우리가 여기에 누웠다고, 약속을 지켰다고.

테르모필레 전투는 역사적으로 유명해 대부분 들어 보았을 것이다. 페르시

그림 12-3. 영화 「300」의 스파르타군 스틸 컷

아군과 스파르타 전사들 간의 전투를 묘사한 「300」이란 영화를 연상하면 될 것 같다. 300명에 불과한 스파르타의 전사들은 페르시아가 차지한 아시아로부터 그리스의 유럽을 구하고자 크세르크세스 1세가 이끄는 군대의 침공을 저지하기 위해 최후의 1인까지 목숨을 바쳐 싸우던 곳이 바로 이 협로였다. 그러나 이 영화는 오리엔탈리즘과 인종차별주의 혐의가 짙은 문제작이라는 냉정한 평가를 면할 길이 없었다.

테르모필레 협로는 그로부터 200년 후에 야만적인 갈리아인의 그리스 침공을 저지한 곳이기도 하다. 근대에 들어와 1821년과 1822년 두 해에 걸쳐 벌어진 터키와 그리스 간의 전쟁에서도 이곳은 군사적 요충지였다. 오늘날 이 협로는 유감스럽게도 볼 수 없게 변했다. 그 이유는 바다가 본토로부터 거의 4.8킬로미터나 후퇴했기 때문이다. 테르모필레란 지명은 그리스어로 뜨겁다는 뜻의 테르모스thermos와 문gate이란 뜻의 필레pylae의 합성어에서 유래된 것이다. 그리스어의 thermos는 영어의 온도계를 뜻하는 thermometer에 그 자

그림 12-4. 테르모필레 유적지

취가 남아 있다.

테르모필레 전투는 아테네가 페르시아에 승리하는 전단을 제공함으로써 몇 개월 후 살라미스 해전에서 이겨 마침내 그리스 전성시대가 개막되었다는 점에서 역사적 의의를 갖는다. 더 거창하게 표현하자면 그리스 문명은 아시아 문명과 명확히 구분되며 후에 로마 문명이 가세해 서구 문명의 기원을 이루는 유럽적 전통이 바야흐로 꽃을 피웠다고 볼 수 있다.

4장 레마를 필요로 하는 바다와 사막

13. 사막은 바다와 같다

사막이 아름다운 까닭은 거기에 물을 감추고 있기 때문이다. 아마 독자들은 사막이 바다와 같은 것이라면 납득하기 어려울지도 모르겠다. 건조 지역에서 생겨난 이슬람교를 떠올려 보자. 다들 모스크를 본 적이 있을 것이다. 샘물과 미너렛의 첨탑과 더불어 둥근 지붕은 이슬람의 3대 요소를 이룬다.

모스크 앞에 설치된 분수가 사막민의 물에 대한 동경을 직접적으로 표현하는 것이라면, 첨탑은 사막의 등대를, 둥근 지붕은 사막민의 텐트를 간접적으로 표현하는 것에 다름 아니다. '미너렛minaret'이라 불리는 첨탑은 기도 용어인 아잔을 외치는 곳이기도 하다. '아잔adhan'이란 아랍어로 신은 위대하니 기도하러 오라는 외침을 각각 정해진 문구와 횟수로 알리는 것이다.

알라후 아크바르Allāhu Akbar(신은 위대하다) - 4회

아시하두 안 라 일라하 일라 알라Ashhadu an lā 'ilāha illā-Allāh(알라 외에는 신이

없음을 증언한다) - 1회

아시하두 안나 무함마단 라술 알라Ash-hadu anna Muḥammadān rasūl Allāh

(나는 무함마드가 신의 사자임을 증언한다) - 1회

하이야 알라 알 쌀라Hayya 'ala al-ṣalāh(예배하러 일어나라) - 1회

하이야 알라 알 팔라Hayya 'ala al-falāh(구원을 받으러 일어서라) - 2회

알라후 아크바르Allāhu Akbar(신은 위대하다) - 2회

라 일라하 일라하 알라Lā ilāha illa Allāh(알라 외에는 다른 신은 없다) - 1회

이러한 아잔을 듣고 있노라면 어떤 이는 구슬픈 가락 같기도 하다거나 염불 소리로 들린다는 사람도 있다. 그러나 이슬람교도에게는 가슴에 와닿는 느낌

그림 13-1. 이슬람 사원, 모스크

이 전혀 다를 것이다.

과거에는 동네에서 선발된 무엣진mu'adhdhin이 미너렛에 올라 육성으로 알렸지만 오늘날에는 미너렛에 확성기가 달려 있어서 방송으로 알린다. 아무튼 사막은 본질적으로 바다와 같다는 사실을 잊어서는 안 된다. 따라서 사막민은 뛰어난 항해 민족이 될 소질이 있는 셈이다. 페니키아인의 해상 활동을 포함해 『천일야화(아라비안나이트)』와 『신드바드의 모험』의 이야기를 공유하는 나라들이 강력한 해군력을 보유했던 것이 좋은 사례일 것이다. 광활한 사막을 힘들게 이동하는 사막민들에게 첨탑은 바다의 등대와 똑같은 역할을 했을 것이다.

사막기후의 건조지대와 습윤기후의 삼림지대의 땅에서 살아가는 사람들의 정신세계를 설명하기 위해 두 지역을 비교해 보기로 하겠다. 흔히 이슬람교·유대교·기독교·조로아스터교와 같이 건조지대의 사막에서 생겨난 종교를 '오아시스 종교'라 부른다. 이를 위해 석가모니가 창시한 불교와 마호메트가 창시한 이슬람교 등의 오아시스 종교를 비교해 보자.

기원전 563년경에 고타마 싯다르타悉達多喬達摩가 힌두스탄 평원과 히말라야산맥 사이에 위치한 룸비니Lumbinī라는 동산에서 태어났다. 석가모니라 불리는 그는 아리아인의 혈통인지, 네팔인의 혈통인지 불분명하지만 판단중지判斷中止를 가르침으로 삼았다. 즉 모든 사물은 사람에 따라 다르게 보이므로 일률적으로 어떠하다고 판단할 수 없으며 따라서 일체의 판단을 중지해야 한다는 교시였다.

'판단중지'의 사상적 기반은 습윤한 삼림지대에서 찾을 수 있지만, 그 사상의 시간적 연장선상에서 후에 닥친 건조화를 생각하면 일견 모순으로 보일 수 있다. 그러나 그것은 공간적 연장선상에서 건조지대로부터 습윤지대로 옮아가는 점이지대였으므로 장소적 점이지대인 동시에 시간적 점이지대였다고 생각하면 될 것이다. 나는 문명과 마찬가지로 사상 역시 그러한 장소와 시기에 탄생하는 것이라고 주장하고 싶다. 그러므로 문명은 지리적 환경과 역사의 영향을 받으면서 창출되는 것이라 할 수 있다.

부처는 형이상학적 문제에 대한 해답을 거부했다. 여기서 흥미로운 점은 부처의 출현은 여러 차례 있었지만, 유대교와 기독교에서는 메시아의 출현이 단 한 번에 그쳤다. 바로 그것이 윤회적 사상과 직선적 사상의 차이라는 것인데, 이는 두 종교의 지리적 환경의 차이에서 비롯된 것이라 생각할 수 있다. 일본의 지리학자 스즈키(鈴木, 1988)는 『초월자와 풍토』에서 삼림적 논리와 사막적 논리는 구조가 다르다는 사실을 지적했다. 즉 삼림환경에서는 앞에서 설명한 것처럼 판단중지지만, 사막환경에서는 가야 할 길을 누군가로부터 계시를 받아야 한다.

단순한 사막에서는 신뢰할 만한 절대자가 나타나 계시, 즉 신이 주체가 되는 레마rhema로 길을 인도해 주지만, 복잡한 삼림에서는 자신이 갈 길을 스스로 판단해야 한다. 기독교인이라면 누구나 성경 말씀이라 번역되는 로고스logos의 논리를 잘 알고 있을 것이다. 사막에서는 오아시스에 이르는 길이 맞는지를 신으로부터 명확하게 단정적 계시를 받아야 하지만, 삼림 속에서는 방향의 선택을 맞건 틀리건 간에 인간의 직관에 맡긴다. 드넓은 사막은 마치 망망대해와 같다. 실감이 가지 않는다면 그림 13-2를 보면 이해할 수 있을는지도 모르겠다.

사막에서는 삼림환경에서처럼 판단중지이면 죽음에 이르게 되므로 어디로인가 나아가야만 한다. 기독교에서는 그 길을 인도해 주는 존재가 예수였던 것이다. 이스라엘에서 확립된 일신교는 서쪽으로는 로고스의 논리를 수반한 직선적 세계관을 만들며 확산되었고, 동쪽으로는 레마의 논리를 수반한 윤회적 세계관을 만들며 확대되었다. 건조한 땅이 유일신을 이해하는 데 공헌했다면, 습윤한 땅은 판단중지란 사상의 근저에 도달하는 데 공헌했다고 볼 수 있다. 사막적 성격을 갖는 기독교와 이슬람교는 인간의 판단을 절대자인 신의

그림 13-2. 바다와 흡사한 사막 경관

판단까지 끌어올려 단정적 방향으로 나아간다.

메소포타미아 문명과 교류한 인더스 문명의 종교에서도 유사한 점이 발견된다. 대륙적 스케일로 볼 때 삼림지대와 건조지대의 점이적 환경을 지닌 메소포타미아에서는 "신은 힘이 강하다."란 표현을 "신은 무능하지 않다."란 부정법을 사용한다. 또한 "무엇을 해야 천국의 길이며, 무엇을 하면 지옥의 길인가?"라는 문제를 놓고 판단을 유보한다.

이러한 삼림적 사상은 유사한 환경을 보이는 인도에 전파되었다. 그러나 이질적 환경에서 탄생한 이슬람이 인도에 들어와서는 즉시 힌두교에 흡수되고 말았다. 흡수의 정도는 다양했으며, 무슬림처럼 머리에 두르는 터번을 벗지 않은 시크교도들은 유일신에 대한 신앙을 강조하며 우상숭배를 금지하고 도덕률을 강조했는데, 이것은 이슬람의 영향을 받은 탓이다(남영우, 2018a).

사막을 바다로 인식하는 또 하나의 증거가 있다. 아프리카의 1/3을 차지하는 북아프리카는 지중해 연안부터 시작되는데, 해안평야는 남쪽으로 내려가면 곧 세계 최대의 사하라 사막으로 바뀐다. 이 사막 바로 아래에는 사헬Sahel 지대가 펼쳐진다. 반건조지대인 사헬은 최대 폭이 4,800킬로미터가 넘는 암석사막과 모래사막으로 이루어져 있다. '사헬'이란 지명은 아랍어의 해안을 뜻하는 사힐sahil에서 유래했다. 이는 '사하라'라는 광활한 사막을 모래 바다의 의미로 치환한 것이다. 특히 이슬람교도들은 사막을 바다로 인식했다.

이상에서 설명한 것처럼 지리적 환경에 따라 인간의 신앙생활과 정신세계는 달라질 수 있다. 물론 인간이 환경의 지배를 받는 정도는 과거에 비해 줄어든 것만은 틀림없을 것이지만 말이다.

14. 바다인지 호수인지 모호한 카스피해

중앙아시아 서쪽에 한반도의 두 배에 상당하는 면적의 카스피해가 위치해 있다. 카스피Caspie란 지명은 고대 남서안에 살던 카스피족에서 유래했다. 세계에서 가장 큰 내해內海인 카스피해는 바다일까, 호수일까? 국제법상 정해진 규정이 없으므로 그 크기나 염분으로 보면 바다임에 분명하지만 사방이 육지로 둘러싸여 있어 호수로 볼 수도 있다. 만약 호수로 간주하면 카스피호로 불러야 한다. 우리에게는 단지 흥미롭게 바라볼 수 있는 문제지만, 카스피해의 연안국 간에는 물러설 수 없는 이해관계가 얽혀 있다. 그 까닭은 바로 이곳에 페르시아만과 서시베리아에 이어 세계 3위 매장량으로 추정되는 석유와 천연가스가 있기 때문이다.

독일의 지구물리학자 베게너는 『대륙과 해양의 기원』에서 1915년 2억 5000만 년 전에 모든 대륙은 하나였다고 주장했다. 지금과 같은 6개의 대륙이 아니라 하나로 통합된 초대륙을 판게아Pangaea라고 불렀다. 이 학설에 따르면 초대륙이 헤아릴 수 없는 오랜 시간 동안의 지각변동 가운데 지금과 같은

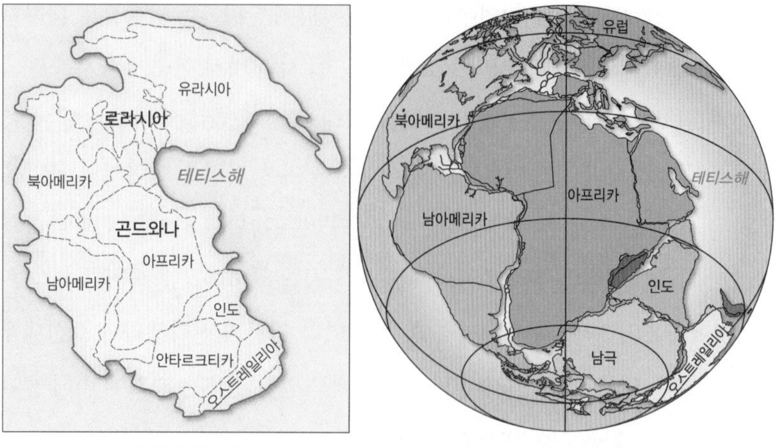

2억 5000만 년 전　　　2억 년 전

그림 14-1. 고생대의 지구 판게아

형태로 분리되었다는 것이다(Wegener, 1915). 판게아의 판Pan은 범汎이고 게아gaia는 대지라는 의미의 그리스어에서 유래한 것이다.

그림 14-1에서 보는 바와 같이 지질학적으로 고생대 이후 쪼개지기 시작한 하나의 대륙이던 판게아가 로라시아Laurasia와 곤드와나Gondwana의 두 대륙으로 분열되면서, 두 대륙 사이의 얕은 바다는 생물의 보고가 되었다. 이 지역을 테티스Tethys해라고 부르는데 카스피해는 그 당시 테티스해의 남은 흔적이다. 초대륙이던 판게아는 하나씩 쪼개져 먼저 북대서양을 만든 해저 열곡을 따라 그 사이가 벌어지면서 북아메리카가 떨어져 나왔고, 그다음에 남아메리카와 아프리카가 떨어져 나왔다. 그래서 이들 두 대륙을 맞춰보면 퍼즐 조각처럼 딱 들어맞는다. 인도가 남극 대륙에서 떨어져 나와 북쪽으로 이동했고, 아프리카는 방향을 돌려 유럽을 향해 이동했다.

그 결과 판게아는 더 이상 존재하지 않게 되고 테티스해도 거의 소멸되었다. 아프리카판이 이동함에 따라 유럽판 아래로 들어가면서 테티스해는 점점 사라졌고, 그 해저의 퇴적물은 구겨지면서 여러 개의 산맥이 되었다. 그러므로 카스피해는 태생적으로 바다였다.

카스피해와 그 주변은 각종 자원이 많은데, 특히 석유와 천연가스로 유명하다. 카스피해 유전은 지난 1994년 서방 11개 석유회사의 컨소시엄이 개발을 시작했다. 카스피해는 현재까지 확인한 양만 하더라도 280억 배럴의 원유와 풍부한 천연가스가 있는 21세기 석유 자원의 보고로 미국 전체 매장량을 훨씬 능가하며 쿠웨이트 매장량에 맞먹는 엄청난 양이다. 따라서 송유관과 가스관이 어느 나라를 경유하느냐에 따라 통행료 등의 막대한 이권이 걸려 있다.

카스피해는 20세기 초 제정 러시아의 바쿠 유전 개발 이래 구소련과 이란의 독무대였으나, 몇 년 전부터 이 일대 석유 자원에 눈길을 돌린 미국이 소련이 붕괴한 뒤 독립한 주변국들, 특히 구소련에서 독립한 아제르바이잔에 접근을

그림 14-2. 카스피해의 3D 기복도

가속화함으로써 분쟁이 시작되었다. 미국과 러시아 간의 주도권을 놓고, 또 중앙아시아 각국과 이란이 권익을 확대하려 벌이는 신경전의 핵심은 카스피해가 호수인가 바다인가라는 문제에 있다.

유전을 가진 카자흐스탄, 아제르바이잔, 투르크메니스탄 등의 3개국은 카스피해를 바다로 보고 바다인 카스피해의 영해, 경제수역, 대륙붕에 대한 독점적 권리는 자신들에게 있다고 주장하는 반면, 자원이 부족한 이란은 카스피해를 호수로 간주해 연안국이 호수인 카스피해에 균등한 권리를 갖는다며 카스피해를 공유하는 5개국이 20%씩 천연자원을 균점해야 한다고 주장하고 있다(그림 14-3).

러시아는 구소련에서 나오는 원유에 부분적인 권리가 있다고 목소리를 높여 오다 카자흐스탄에서 텐기스Tengiz 유전이 발견되자 공동수역으로 정하면 유전 개발에 뛰어들 수 있으므로 최근 호수라는 주장에서 바다라는 주장으로 입장을 바꿨다.

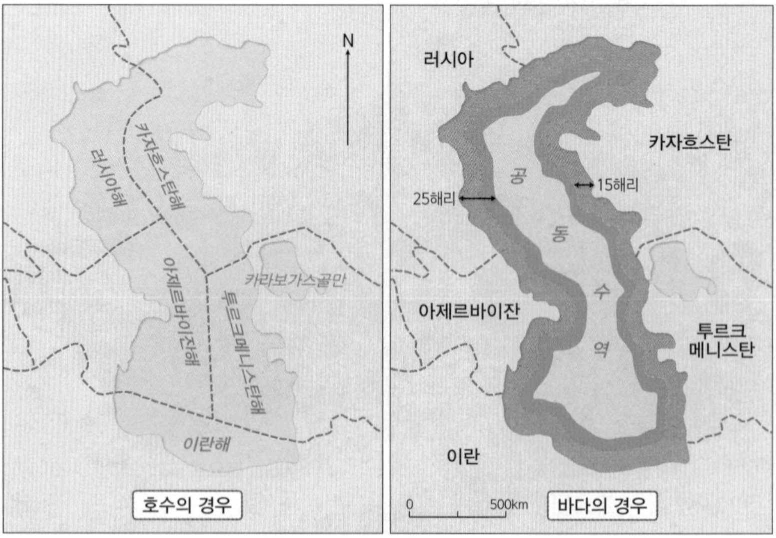

그림 14-3. 호수와 바다인 경우의 카스피해 영해 비교

카스피해 주변 5개국의 입장은 시기에 따라 조금씩 바뀌었지만, 대체로 러시아, 카자흐스탄, 아제르바이잔 3개국은 각국 국경선 길이에 따라 카스피해 영유권을 차등 분할하자고 주장하며, 이란과 투르크메니스탄은 20%씩 공평하게 분할할 것을 주장해 왔다. 그러나 투르크메니스탄이 러시아, 카자흐스탄, 아제르바이잔의 입장을 수용하는 방향으로 전환하고 있어 이란의 입장이 불리해졌다.

2010년 카스피해 정상회담이 아제르바이잔에서 개최되어 연안 폭을 23~25해리로 하는 카스피해 경계 획정 논의가 진행되었고, 그로부터 4년 후 러시아에서 열린 2014년 정상회담에서는 기존 25해리 중 15해리에 대해서는 각 연안국의 주권이 미치는 수역으로 정했고, 추가 10해리에 대해서는 각 연안국의 해상수역 생물자원에 대한 배타적 권리를 인정하기에 이르렀다.

카스피해 분할을 둘러싼 20여 년에 걸친 협상은 2018년 8월에 일단락되었다. 5개국은 카스피해를 기본적으로 바다로 규정하고, 세부 조항에서 특수한 법적 지위를 부여하며 카스피해 대부분을 공동수역으로 관리하고 해저자원은 각국에 분할한다는 것이 기본구상이다. 비록 서로 윈윈할 수 있는 타협안을 도출했지만 러시아의 입김이 강하게 작용한 결과였다.

나는 카스피해 협상이 타결되기 한 해 전이던 2017년 카스피해 답사 중 해변의 어느 레스토랑에서 바다를 바라보며 해산물 요리를 먹으면서 카스피해의 앞날을 생각해 본 적이 있는데, 이 바다에는 청어, 철갑상어 등의 수산물이 많다는 사실을 알았다. 근래에는 수확량이 감소 추세에 있지만, 여전히 이곳은 석유 외에도 철갑상어가 세계 철갑상어 어획량의 80%를 차지한다.

15. 둔황의 우는 모래, 밍사산과 웨야취안

중국 서쪽에 위치한 신장웨이우얼자치구에 '우는 모래 산'이란 뜻의 밍사산鳴

沙山이 있다. 이것은 산이라기보다는 사구沙丘에 속한다. 이곳에 가 보면 끝없이 펼쳐진 사막에 괴물이 창공을 가르며 내는 듯한 요란한 울음소리를 듣게 된다. 그 울음소리는 바람 때문이기도 하지만, 바람의 영향 없이 스스로 나기도 한다. 중국에는 이처럼 '우는 모래'가 대단히 많다. 여기서는 간쑤성甘肅省 둔황 근처의 밍사산에 대해 알아보겠다.

둔황은 고대 실크로드의 요충지로 중국과 서역을 이어 주는 교통의 관문인 까닭에 한나라 시대에 이미 현縣이 설치될 정도로 중요한 곳이었다. 둔황에서 동남쪽으로 24킬로미터 떨어진 거리에 유명한 천불동이 있는데, 이곳에는 4~14세기 벽화와 조각 등의 귀중한 예술 작품들이 보존되어 있다. 둔황 서쪽으로는 유명한 위먼관玉門關이 있으며, 둔황의 정남쪽에는 여기서 설명하려는 밍사산과 웨야취안月牙泉이 있다. 위먼관은 양관陽關과 더불어 한나라 때 서역으로 가는 길을 개척하면서 세운 국경 관문이다. '서역에서 옥玉이 들어오는 길'이란 뜻에서 옥문관이라 명명했다.

고대에는 신사산과 사각산으로도 불렸던 밍사산은 둔황성에서 불과 5킬로미터 떨어진 곳에 위치한다. 규모는 동서 길이가 약 40킬로미터에 남북으로 너비가 20킬로미터에 달하며, 높이는 약 90미터 정도에 불과하다. 황량한 사막에 위치한 밍사산은 완전히 모래가 쌓여 만들어진 산으로 모래 봉우리의 기복이 큰 편이다. 예로부터 밍사산을 "모래가 쌓여 형성된 산으로 그로 인해 산봉우리가 서로 이어져 있다. 산등성이는 마치 칼날 같은데, 사람이 오르면 모래는 이내 울음을 터뜨린다. 모래가 흘러내려도 밤새 바람이 불면 다시 옛 모습으로 돌아왔다."라고 묘사했다(胡阿祥·彭安玉, 2004). 지리학 용어로는 사구임에 틀림없다.

한나라 시대에 둔황현이 처음 설치되었을 때 밍사산의 존재를 알았고, 북주北周 시대에는 지명을 밍사현鳴沙縣으로 개명했다. 『구당서舊唐書』 지리지에는 "주나라 시대에 이르러 둔황을 밍사현으로 바꾸었다. 이는 현의 경내에 있던

그림 15-1. 둔황의 밍사산

산의 명칭에서 따온 것이다."라고 기록되어 있다. 또한 하늘이 맑으면 밍사산의 모래가 우는 소리는 천둥 치듯 요란해 성안 어디에서든 들을 수 있다거나 저녁에 산 위에서 모래가 미끄러져 내리면 귀를 진동시키는 울음소리와 함께 불꽃이 일었다는 기록도 보인다. 시적인 의미를 담아 '우는 모래 산'을 '노래하는 모래 산'이라고 표현하는 사람도 있다. 모래는 어떻게 노래를 부를까? 오랫동안 전해 내려오는 전설을 소개하면 다음과 같다.

아주 오래전 500명의 라마승이 사당에서 음악을 연주하며 제사를 올리던 중에 갑자기 세찬 바람이 불어와 사당 전체가 모래 바다에 파묻히고 말았다. 그 후로 사람들은 모래 깊숙한 곳에서 들려오는 울음소리를 들을 수 있었다. 그것은 바로 라마승들의 살아 있는 영혼이 읽는 경전 낭송 소리와 음악 연주 소리였다.

지금까지 많은 지리학자와 지질학자가 사막으로 들어가 이곳을 답사하며 과학적 답안을 찾고자 시도했다. 학자들은 각지에 분포해 있는 밍사산의 상황이 완전히 일치하지 않지만 동일한 점이 많다는 사실을 발견했다. 그것은 첫째, 모래가 반드시 이동해 기계적 작용을 받아야 소리가 난다는 것이다. 모래 언덕의 일부분이 아래로 미끄러질 때 사람이 모래 언덕의 정상에서 아래로 내려가면 모래의 미끄러짐 운동으로 모래가 소리를 내어 운다는 것이다. 모래의 울음 현상은 바람이 불 때 생긴다. 그때는 모래가 주기적으로 언덕을 타고 미끄러져 내려온다. 날씨가 평온해지면 아무런 소리도 내지 않는다. 다시 말해 모래는 움직일 경우에만 노래를 부른다.

둘째, 모래는 반드시 뜨겁고 건조해야 바람의 작용으로 모래가 이동함에 따라 독특한 선율을 낸다. 그래서 모래 울음소리는 일반적으로 건조하고 무더위가 계속되면서 바람이 강하게 불 때 들을 수 있다. 태양에너지는 우는 모래의 열에너지원이며, 모래 비탈은 대부분 태양 쪽을 향한다. 내가 2012년 여름에 밍사산 일대의 사막을 답사할 때 내가 신었던 운동화 밑창이 모래의 열기에 녹아 떨어진 경험을 한 적이 있다.

셋째, 우는 모래는 항상 물과 관련이 깊다. 혹자는 거대한 울음소리를 내려면 반드시 물이 있어야 한다고 지적했다. 학자들은 우는 모래 산이나 사구 부근에는 모두 물이 있다는 공통적 현상을 알아냈다. 밍사산 북쪽에 있는 웨야취안은 오아시스 경관의 극치를 보여 주는 곳으로 물이 맑아 물고기와 풀이 자란다. 고문헌에는 "샘물은 달고 향기로우며, 그 깊이를 알 수 없다."라거나 "사방에 이동하는 사구가 있는데도 샘물은 맑고 깨끗한 걸로 보면 바람에 날린 모래가 닿지 않았다."라고 기록되어 있다.

혹자는 건조한 사막에 어떻게 샘물이 있을 수 있으며 어찌해서 매년 마르지 않을 수 있는지, 혹시 근처의 모래 산과 사구에서 흘러내리는 모래가 샘을 메우지는 않을지에 관해 의문을 가질지도 모른다. 이 수수께끼는 소륵하疏勒河의 지류가 굽이치는 하천 바닥인 하상의 지하수층이 높아 지속해서 물을 공급해 주기 때문으로 밝혀졌다. 일반적으로 지하수층이 낮으면 수맥이 끊겨 물을 공급해 주지 못한다. 웨야취안의 수면은 비록 소규모지만 하상의 수로가 막힘

그림 15-2. 사막 속의 웨야취안

없이 잘 통해 수천 년 동안 마르지 않았다는 것이다. 이를테면 복류천인 와디wadi란 것이다.

밍사산은 피라미드형 사구에 속하는데, 사막의 모래는 아래쪽에서 위쪽으로 이동하는 규칙이 있어 모래는 바람을 타고 사구 위쪽으로 이동하기 때문에 사막의 모래는 샘을 메울 수 없었다. 이것이 바로 웨야취안이 마르지 않는 또 다른 원인이었다.

원래 웨야취안은 샘물이 초승달 모양이라 하여 유래된 지명으로 영어로는 'Crescent Moon Lake'라 부르는데, 모래산의 상대적 높이는 모두 100미터를 넘는다. 남북의 모래산은 웨야취안 한쪽 면을 마주하지만 그 모습은 완전히 상반된다. 모래산 밖의 기류는 특수한 지형과 웨야취안 기류의 영향을 받아 동·남·북의 세 방향으로 나뉘는 한편, 모래산의 표면을 따라 톱스핀topspin 작용을 받아 발생한 산비탈 아래의 모래를 사구 정상으로 불어 올렸다가 모래산 뒤쪽으로 떨어뜨렸다. 고문헌에서 "모래가 떨어져 내려도 밤새 바람이 불면 다시 옛 모습으로 돌아왔다."라고 지적한 것도 이 점을 언급한 것이다. 이

기류가 바로 웨야취안이 모래에 파묻히지 않았던 가장 근본적 이유였다.

넷째, 우는 모래는 반드시 다량의 석영을 포함해야 하며, 굵은 모래와 가는 모래는 메커니즘이 동일해야 하고 먼지가 없어야 한다. 학자들의 조사 결과, 모래 성분의 토질이 대부분 석영이라는 결론을 얻었다.

위에서 설명한 네 가지 조건을 갖추면 소리 없는 모래도 우는 모래와 소리 나는 모래로 바뀔 수 있다. 중국의 지리학자 주커전竺可楨은 1959년 소리 나는 모래에 대한 정확한 결론을 내린 바 있다. 즉 사구 규모가 크고, 비탈이 가파르며, 아래쪽에서 샘이 솟아나고, 가는 모래 위주이며, 광물 성분이 대부분 석영이고, 표층이 건조하며, 태양이 내리쬐고, 마찰이 일어난다면 충분히 소리가 날 수 있다는 것이다(胡阿祥·彭安玉, 2004).

다시 말해서 바람이 모래를 날리면 모래가 미끄러질 때 모래의 상호 마찰을 일으켜 독특한 표면 구조를 가진 모래알 간의 마찰과 공진으로 정전기와 소리가 발생한다. 사구 아래쪽 샘물의 수증기와 활 형태의 사구 언덕이 공명상자 역할을 하면서 모래알 소리를 더 크게 만들어 외부로 전하게 된다. 바로 이런 이유로 신기한 현상이 나타나는 것이다.

5장 야욕과 영웅들의 섬

16. 수중 암초를 섬으로 바꾼 나라

오키노토리시마沖ノ鳥島는 우리에게 생소한 지명이지만 아시아 태평양 국가들에게는 매우 중요한 곳이다. 일본이 자국의 최남단 섬이라고 주장하는 이 섬은 사실 섬이 아니라 작은 암초이며, 행정구역상으로는 도쿄도 오가사와라촌小笠原村 소속으로 도쿄에서 약 1,740킬로미터 떨어져 있다. 일본어의 시마島가 섬이란 뜻이므로 '오키노토리시마'란 지명 속에 섬이란 뜻이 포함되어 있지만, 암초에 불과하기 때문에 우리는 일본에서 명명한 명칭을 고유명사로 취급해 '오키노토리시마 암초'라 부르고 있다.

오키노토리시마는 처음부터 섬으로 불릴 만한 대상이 아니었지만 발견되었을 당시에도 서태평양 제도에 흔하게 떠 있는 전형적인 환초 섬에 불과했다. 이것은 지속적인 침식과 해수면 상승으로 암초가 되었으며, 20세기 후반에 이르러 결국에는 수몰될 운명에 처해졌다. 그럼에도 일본 정부는 1931년 내무성 고시 제163호로 '오키노토리시마'라고 명명하고 도쿄부 오가사와라촌에

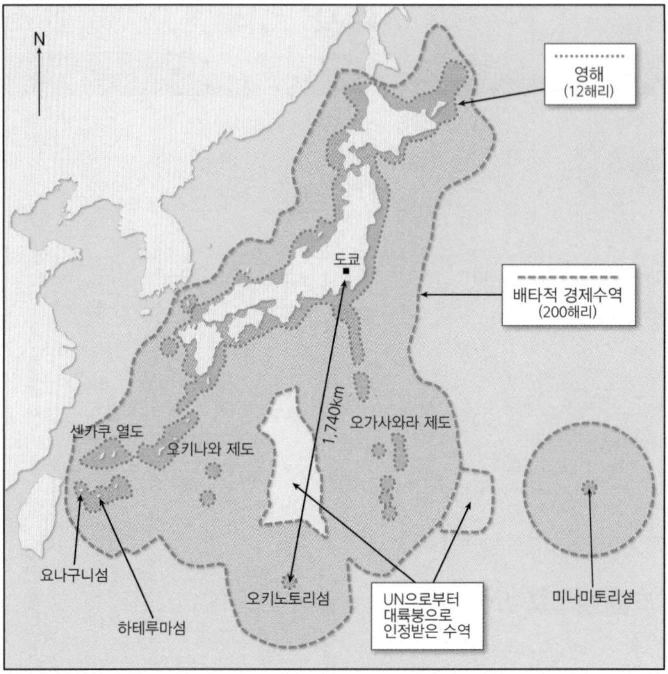

그림 16-1. 일본의 영해와 오키노토리시마의 위치

편입시켰다.

오키노토리시마는 썰물 때에는 환초 대부분이 해면 위에 모습을 드러내지만, 밀물 때에는 환초 내의 히가시코지마東小島와 키타코지마北小島를 제외하고는 해면 아래로 모습을 감춘다. 이 암초는 과거 100년에 걸쳐 1센티미터 정도 지반침하가 있었고 지구온난화에 따라 해수면이 높아진 사실이 밝혀진 바 있다.

1994년 11월 16일에 발효한 국제해양법의 기초가 된 해양법이 제정되었는데, 이와 관련된 국제해양법조약에서는 섬과 암초에 대해 다음과 같이 정의하고 있다.

제121조 제1항: 섬이란 자연적으로 형성된 육지이며 바닷물에 둘러싸여 만조 시에도 수면 위에 있는 것을 말한다.

제121조 제3항: 인간의 주거 또는 독자적인 경제생활을 유지할 수 없는 암초는 배타적 경제수역 또는 대륙붕을 갖지 못한다.

일본은 오키노토리시마가 상기한 제121조 제1항의 정의에 부합되지 않음에도 불구하고 섬 조항에 부합되도록 인공적으로 개조해 이 암초 일대에 배타적 경제수역을 설정했다. 그러나 이 섬을 암초로 간주하면 설령 영해를 갖더라도 배타적 경제수역과 대륙붕을 갖지 못한다. 해양법 전문가들은 이 암초가 침대 크기에 불과해 독자적인 경제생활을 유지할 수 없으므로 주거 불가능의 암초임이 분명하다고 지적하면서 200해리의 배타적 경제수역을 설정할 자격이 없다고 역설하고 있다.

우리나라와 중국은 2003년부터 일본의 주장에 대해 이의를 제기하면서 오키노토리시마가 국제해양법조약 제121조 제1항의 섬이 아니라 제3항에 명시된 암초일 뿐이며 그 주변에 일본 정부가 배타적 경제수역을 설정한 것은 불법임을 밝힌 바 있다. 또한 중국은 이 환초 중 키타코지마와 히가시코지마에 설치된 콘크리트 설비와 관측시설 등의 구조물은 인공적으로 설치된 것이므로 제1항의 내용과 다르다는 것을 명백히 했다. 우리나라도 중국의 입장을 지지하고 있다. 만약 오키노토리섬을 국제사회가 인정하지 않을 경우에는 일본의 영해 면적이 대폭 줄어든다. 이는 그림 16-2를 보면 일본의 입장에서 오키노토리시마의 중요성을 알 수 있을 것이며, 태평양을 통과하는 선박들은 일본의 배타적 경제수역을 거치지 않을 수 없다는 사실을 확인할 수 있을 것이다.

'오키노토리시마'란 지명이 공식적으로 기재된 것은 1929년의 일이며, 지명 유래는 불분명하다. 일본 정부는 이 암초가 일본의 영토이므로 당연히 그 주변의 영해와 영공을 갖는다고 주장하고 있지만, 주변국의 입장은 그렇지 않

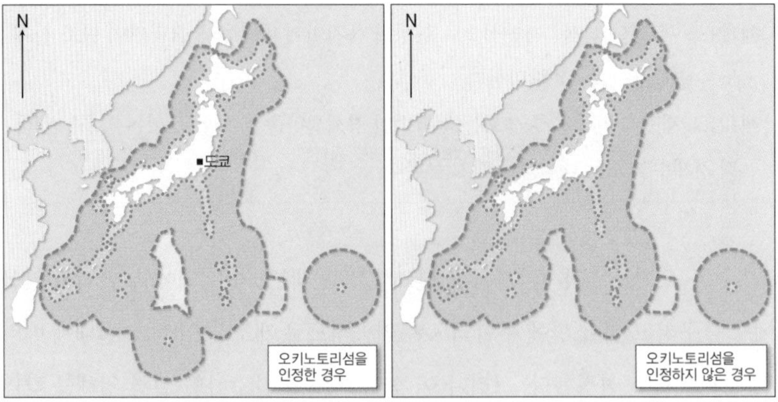

그림 16-2. 오키노토리섬의 인정 여부에 따른 일본의 영해 비교

다. 오키노토리시마 일대의 배타적 경제수역의 존재에 대해 우리나라를 비롯한 중국, 북한, 타이완은 인정하지 않고 있다.

일본은 미국과 영국을 위시한 48개국이 체결한 샌프란시스코 평화조약 제3조를 근거로 북위 29도 이남의 오가사와라 제도를 비롯한 여러 섬을 1968년 미국으로부터 일본에 반환받았으므로 오키노토리시마가 당연히 일본 영토라고 주장하고 있다(이와 관련된 내용은 5장 19절을 참고할 것). 이런 일본 측 주장에 대해 대한민국 정부는 오키노토리시마가 상기한 것처럼 섬이 아니라는 근거로 인정하지 않고 있다.

일본 측에선 1968년 미국의 오가사와라 반환문서를 보더라도 해당 암초의 서양 명칭인 '파레세 벨라Parece Vela'가 반환 목록에 분명히 포함되어 있으므로 영토 분쟁은 없다고 거짓 주장을 펼쳤다. 협약문서에 따르면 당시 미국은 영해(당시는 3해리)를 포함해 시정권施政權을 일본에게 반환했다. 설령 이 암초가 일본의 소유라 할지라도 배타적 경제수역을 가질 수 있는 섬이 아님은 물론이다. 이런 사실을 차치하더라도, 이 반환문서는 미일 양국 간의 문제일 뿐, 미일 양국 사이의 조약이 제3국에 국제적으로 구속된다고 볼 수 없다.

오키노토리시마는 그림 16-3에서 보는 것처럼 두 개의 암초와 관측시설, 주변의 산호초로 이루어져 있는데, 모두 합쳐 동서로 4.5킬로미터, 남북으로 1.7킬로미터 정도 된다. 밀물 때에도 가로 2미터, 세로 5미터, 높이 70센티미터 정도로 수면 위로 나와 있어 암초의 지위를 갖지만 국제법상 섬의 지위로 인정되지 않는다. 국제법의 판례를 보면 2016년 남중국해 판결에서는 면적이 51만 평방미터에 달하는 남중국해의 이투아바섬도 섬의 지위를 부정당한 판례가 있다. 다만 일본 정부는 암초 일대에 분쟁을 일으킬 만한 주변국이 없고 태평양 역내에서 일본의 영향력이 강하므로 별다른 방해 없이 배타적 경제수역을 확보하기 위한 물밑 작업과 로비를 계속하고 있다.

오키노토리시마가 섬이 아니라 암초라면, 암초에 콘크리트를 타설하면서까지 점거한 일본 정부의 행위는 명백한 불법행위가 된다. 일본은 당연히 오키노토리시마가 원천적 고유영토라 주장하면서도 이 문제를 국제 재판에 넘기지 않을 것이 자명하다. 특히 2017년 일본에서 공안을 해치는 행위에 대한 '공모죄 법안'이 통과되면서 오키노토리시마를 부정하는 것은 곧 일본의 국토를 부정하는 행위로 비추어질 가능성이 농후해졌다.

일본이 유권 해석을 거부하는 이유는 국제법으로 분쟁을 해결할 경우 일본이 패소할 확률이 높기 때문이다. 그 이유는 유엔 해양법상 섬이라 입증하기

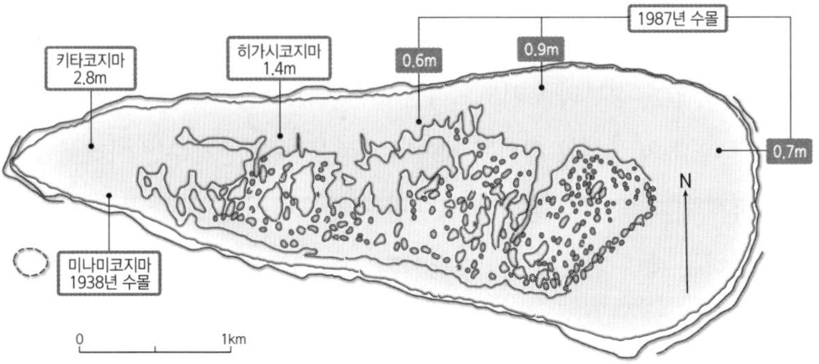

그림 16-3. 오키노토리시마 환초와 수몰된 암초

어려운데다가, 반대 측인 중국의 경우 유엔 상임이사국이고 일본의 해양주권 확장에 강력하게 반발하고 있기 때문이다. 또한 국제 판례에 따르면 2016년 7월 12일 자 남중국해 유엔해양법협약 중재재판소 판결에서는, 중국이 남중국해 암초들에 대한 간척사업을 통해 인공섬을 조성한 행위를 사실상 불법으로 규정한 바 있다. 만일 오키노토리시마 문제가 중재재판소 재판에 회부된다면 비슷한 결과로 이어질 수 있을 것이다.

일본 정부는 오키노토리시마에 각종 공사를 진행할 당시에 콘크리트와 티타늄으로 타설해 환경을 오염시킨다는 주장이 제기되자 1987년부터 3억 달러가 넘는 예산을 투자해 오키노토리시마 암초에 인공 산호를 육성하고 암초의 크기를 확장하며 주변에 접안시설과 부두도 건조했다. 오히려 그것 때문에 산호초의 생장에 해를 입혀 더 많은 생태환경이 파괴되고 말았다.

일본의 도쿄 도지사는 2005년 '도쿄도 오가사와라무라 오키노토리시마 1번지東京都小笠原村沖ノ鳥島一番地'와 '일본국 최남단의 섬日本国最南端の島'이라는 명판을 설치하면서 오키노토리시마가 일본의 영토임을 기정사실화했다. 이어서 일본 해상보안청은 이곳에 등대 설치를 결정하고 2007년에 주변 해역을 항해하는 선박과 어선의 안전을 도모한다는 명분으로 등대를 해도海圖에 기재했다.

2013년에는 환초에 선박이 접안할 수 있도록 항만시설을 건설하기 시작했다. 일본은 2020년 노후화한 관측시설을 철거하고 새로운 시설로 대체할 것을 공표했다. 일본 정부의 오키노토리시마에 대한 보전책은 지속적으로 전개되고 있다. 암초의 풍화와 침식이 계속되어 썰물 때에는 해수면 아래로 수몰되면서 국제해양법조약의 정의상 '섬'이란 자격이 상실될 경우 일본의 국토면적을 상회하는 배타적 경제수역이 상실되므로 재해복구공사의 일환으로 두 개 섬 주변에 철제 블록의 방파제를, 또 그 내부에 콘크리트 구조물을 설치했다. 그러나 해안 콘크리트 구조물의 파편이 히가시코지마를 파괴하는 사고가 발생하자 일본 정부는 2850억 원을 들여 그림 16-4처럼 암초 위에 티타늄 방호망을 덮어씌웠다.

그럼에도 불구하고 일본 수산청은 지구온난화에 따른 해수면 상승으로 장차 이 암초의 수몰이 뒤따를 것이므로 산호초를 활성화하여 대규모의 산호초를 생성시키려는 노력을 지속하고 있다. 일본 정부의 궁극적 목표는 오키노토리시마를 사람이 거주할 수 있도록 유인도화하려는 데 있다. 이를 위해 항만시설, 제방, 숙박시설, 도로 등의 인프라를 건설해 수송과 보급이 가능한 활동 거점을 만들고 있다.

카이로 선언, 포츠담 선언, SCAPIN 677(연합군 최고사령부 지령) 등에 비춰볼 때, 일본은 제2차 세계대전 기간 중에 탐욕에 의해 점령한 모든 영토를 포기해야 할 의무가 있다. 일본이 패전하자 연합국이 규정하고 돌려준 일본 영토의 범위가 정해져 있었는데, 여기에 우리의 독도와 마찬가지로 오키노토리시마는 포함되지 않았다. 그러므로 현재 일본이 오키노토리시마에서 행하는 모

그림 16-4. 콘크리트로 타설한 오키노토리시마와 그 내부의 암초

든 행위는 국제법상 불법행위에 속한다고 볼 수 있다.

일본은 일제강점기 제주도 서남쪽에 위치한 이어도의 수중암초에도 콘크리트를 타설할 계획을 세운 바 있었지만 실행에 옮기지 못한 전력이 있다. 이와 같은 비정상적이고 유엔 해양법에 저촉되는 불법적인 행위는 비록 일본뿐만 아니라 중국도 남중국해에서 자행하고 있는 현실이다. 우리는 세계 각국이 영해를 조금이라도 넓히려 갖은 수단과 방법을 동원하고 있는 것을 어떻게 바라보아야 할까?

17. 그린란드 땅은 얼마나 큰가?

만약 오스트레일리아를 섬으로 간주하지 않는다면 그린란드는 약 217만 제곱킬로미터에 달하는 세계 최대의 섬이다. 덴마크어로 그뢴란Grønland이라고도 불리는 그린란드에 사람이 살아가기 시작한 것은 기원전 2500년 무렵으로, 시베리아와 중앙아시아로부터 이동한 몽골 인종인 이누이트Inuit가 정착하면서부터의 일이다.

그린란드Green Land란 지명을 지은 것은 실수라기보다는 선전의 의도가 깔려 있었다. 데이비스는 악명 높은 노르웨이의 바이킹 전사 에리크Erik가 살인을 저질러 노르웨이에서 추방당했다고 했지만(Davis, 2001), 사실은 그의 아버지가 죄를 지어 985년경에 고국에서 추방된 것으로 알려져 있다. 아이슬란드에서도 또 살인을 저질러 최소한 두 번에 걸쳐 추방당했다.

아이슬란드를 떠난 에리크와 그의 부하들은 사냥감, 물고기, 새가 넉넉하며 고향 노르웨이와 해안선이 닮은 그린란드에 도착했다. 이 섬은 982년을 전후해 지금으로서는 믿기 어려울 만큼 따뜻했고 빙하도 일부 물러나 있었기 때문에 목가적인 지명인 그린란드라 명명한 것은 어찌 보면 전혀 근거 없는 억지는 아니었다. 아무튼 그는 더 많은 정착민을 그곳으로 불러들이기 위해 그린란드라 불렀다.

약 200년이 경과하자 그린란드의 기후는 다시 한랭해져 빙하가 세력을 확대하게 되었다. 설상가상으로 유럽의 흑사병이 이곳에도 번져 14세기 말이 되면서 그린란드의 바이킹 식민지는 소멸되어 아득한 과거로 묻혀 버렸다. 그러나 기후순화가 되어 있던 이누이트들은 살아남았다.

그린란드는 초기에는 노르웨이의 영토였지만 노르웨이가 덴마크의 속령이 되면서 덴마크의 영토가 되었다. 뒤이어 킬조약Treaty of Kiel으로 노르웨이가 그린란드와 분리되어 스웨덴 영토가 되면서 영유권 문제가 복잡하게 되었다. 이 조약은 1814년 나폴레옹 전쟁 후 덴마크, 스웨덴, 영국의 3국이 맺은 평화조약이다.

1905년 노르웨이가 독립한 후에도 영유권을 둘러싼 다툼이 계속되다가, 1933년에 헤이그 국제사법재판소의 결정으로 덴마크의 영토로 확정되어 현재에 이르렀다. 제2차 세계대전 중에는 덴마크가 독일에 점령당한 동안 잠정적으로 미국의 보호령이 되었다가 1953년 덴마크령으로 복귀되었다. 현재 그린란드는 덴마크의 식민지가 아닌 본국의 일부로 되어 있으며, 선거로 뽑은 두 명의 대표가 덴마크 의회에 참석한다(윤경철, 2011). 그린란드는 북아메리카 북동쪽 가까운 위치에 있지만, 덴마크 영토이므로 아메리카가 아닌 유럽에 속한다. 그런데도 어떤 지도에는 아메리카로 표시하고 있다. 이는 물론 지리학자들의 책임이다.

미국 정부는 앤드루 존슨 대통령 시절인 1860년대 처음으로 그린란드 매입 방안을 검토했다. 이후 제2차 세계대전이 끝난 1946년 해리 트루먼 당시 대통령이 러시아 견제를 위해 그린란드를 1억 달러에 사겠다고 덴마크에 제안했으나 실패했다. 당시 미국의 그린란드 매입 제안은 1991년에 가서야 언론 보도로 알려진 바 있다. 다만 그린란드는 1950년 미국의 공군기지 건립 제안을 받아들여 툴레공군기지를 건립했으며, 현재도 미군이 주둔해 있다.

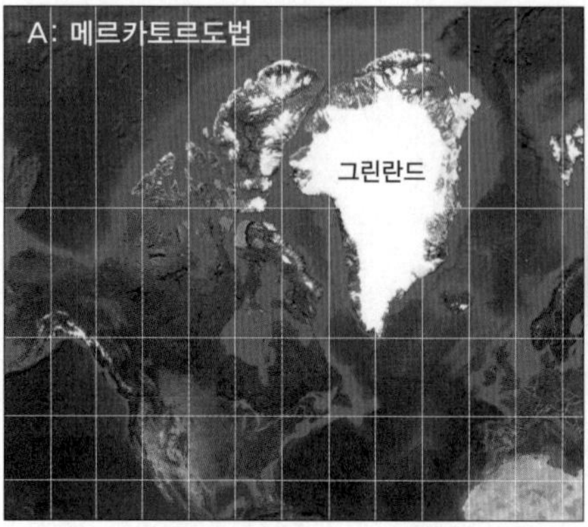

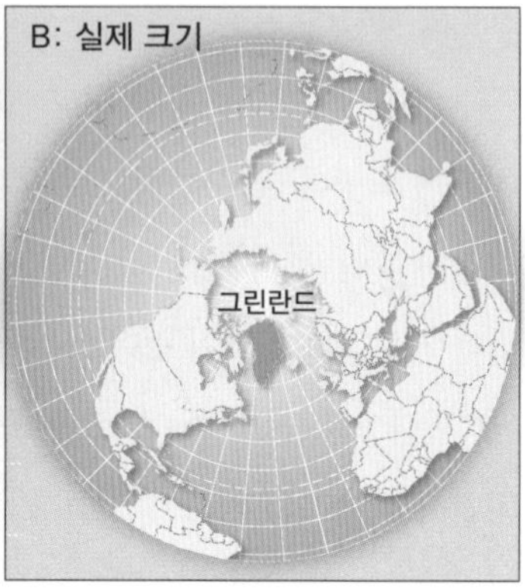

그림 17-1. 메르카토르도법에 따른 그린란드와 실제크기 비교

여기서 우리가 알아야 할 것은 그린란드가 세계 최대의 섬인 것은 분명하지만 필요 이상으로 과장되어 지도에 나타나 있다는 점이다. 그림 17-1A 지도에는 그린란드가 미국보다 크게 표시되어 있지만, 사실은 그림 17-1B 지도에서 보는 것처럼 그 정도로 크지 않다. 이는 메르카토르도법의 특성상 고위도 지방이 실제보다 과장되어 나타난 결과다. 또한 메르카토르 지도에서는 그린란드가 남아메리카 대륙보다 더 크게 보이지만 실제로는 남아메리카 대륙이 그린란드보다 8배나 크다.

메르카토르도법은 1569년 네덜란드 지도학자인 메르카토르Mercator가 고안한 도법이다. 원통도법의 원리를 개량해 개발한 것으로 구형의 지구표면을 평면의 지도로 옮기는 과정에서 거리·면적·방위 등의 왜곡이 발생하게 되는 투영법이다. 그런 까닭에 그림 17-2의 지도에서는 그린란드가 아프리카 대륙과 거의 같은 크기로 표시되는 난센스가 발생한다.

메르카토르도법은 지도상에서 임의의 방향선에 해당하는 등방위선等方位線이 직선으로 표시되기 때문에 항해도로서 가치가 높아 오늘날에도 이용되고 있다. 왜냐하면 이 도법에서는 출발지와 목적지를 연결해 경선과 이루는 각을 측정하고 두 지점 간의 진행 방향을 결정해 계속 동일한 각을 유지해 나아가

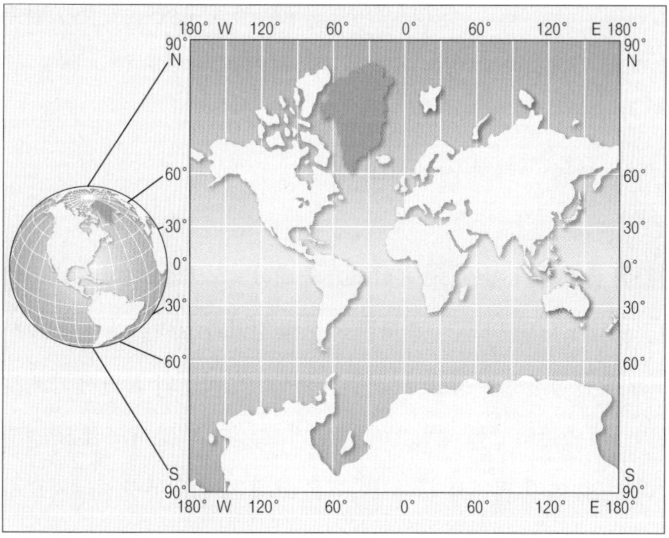

그림 17-2. 메르카토르도법의 원리

면 목적지에 도달할 수 있기 때문이다. 그러나 그 경로는 최단 거리인 대권항로大圈航路는 아니며, 최단 거리는 활 모양의 곡선으로 나타난다.

그린란드는 국제적으로 대륙으로 불릴 만큼 크기 때문에 육지 면적의 기준이 된다. 그린란드보다 큰 육지는 대륙으로, 더 작은 육지는 섬으로 정의된다. 그러므로 그린란드는 세계에서 가장 큰 섬이 분명하다. 그린란드 사람들은 지구상에서 그린란드에 버금가는 두 번째의 뉴기니와 세 번째의 보르네오를 합한 것보다 두 배나 더 큰 땅에서 태어났음에도 소박한 보통의 에스키모인으로 남아 있는 데 만족하며 살아가고 있다. 최근 이 섬의 남서쪽에 희토류가 대량 매장되어 있다는 사실이 알려지면서 큰 주목을 받게 되었다. 지구온난화로 2021년 여름에는 이곳에 눈이 아닌 비가 내렸다. 그린란드의 빙하가 녹는 것은 이제 시간문제다.

한때 메르카토르도법이 유럽중심 세계관을 반영한 것이라는 음모론이 제기된 바 있지만 근거가 빈약하다. 이 음모론이 성립하려면 메르카토르도법 이외의 대안이 있는데도 불구하고 굳이 메르카토르도법을 고수했다는 것을 입증해야 되는데, 이를 뒷받침할 수 있는 근거가 전무하기 때문이다.

18. 바다를 메워 섬을 공략한 알렉산더 대왕

알렉산더 대왕이 등장하기 훨씬 전, 페니키아에 대한 이집트의 영향력이 줄어들면서 정치적으로 독립한 티레는 곧 모든 지중해 지역과 교역관계를 맺어 시돈을 누르고 교역 중심지로 부상했다. 기원전 9세기에 이곳의 식민지 개척자들은 북아프리카에 카르타고를 세웠으며, 카르타고는 그 후 로마의 주요 경쟁 상대가 되었다. 바로 이런 점에서 페니키아인은 고대 세계의 문명 중계자로서 큰 역할을 했다고 볼 수 있다.

레바논의 수도 베이루트 남쪽에 위치한 티레는 기원전 332년 알렉산더 대왕의 침략을 받아 처참하게 유린된 적이 있다. 여기서 티레를 설명할 경우 알렉산더의 동방 원정을 빼놓을 수 없다. 또한 티레에서 벌어진 공성전攻城戰에 대해 설명할 필요를 느낀다. 아버지 필리포스 2세로부터 정치적 수완을 전수받은 알렉산더는 페르시아 제국에 대항하고 그리스 문명의 옹호자라는 아버지의 유지를 계승하기 위해 재차 페르시아에 눈을 돌려 기원전 334년에 그리스 연합군을 이끌고 동방 원정에 나섰다.

알렉산더의 원래 이름은 알렉산드로스Alexandoros인데, 이것은 '인민andros의 영웅Alex'이란 의미를 갖고 있다. 그가 거느린 군대는 마케도니아군과 그리스 여러 나라의 군대를 합친 4~5만 명의 병력이었던 것으로 전해지고 있다. 이 병력이 페르시아를 지나면서 4열 종대로 행군을 하면, 그 길이는 무려 20여 리에 걸친 긴 행렬이었을 것이다. 그는 부하 장병들과 동고동락하면서 끈끈한 유대관계를 맺으며 지도자로서의 리더십을 발휘한 것으로 유명하다.

알렉산더는 기원전 333년 이수스 전투에서 다리우스 3세의 군대를 격파하고 시리아를 거쳐 남쪽으로 내려가면서 기원전 332년 페르시아가 지배하던 티레에 도착했다. 세계 최강 군대였던 몽골군이 강화도로 피신한 조선 왕실을 바라보기만 했던 것처럼 티레인들은 구시가지를 버리고 약 800미터 떨어진 바다 한가운데의 섬으로 피신했다. 알렉산더의 마케도니아군은 공략할 방법을 찾지 못하고 발만 동동 굴렀다. 이에 발상의 전환에 능한 알렉산더는 공략할 방안을 궁리했다.

티레의 저항은 역사적으로 유명하다. 페니키아의 식민도시였던 티레는 섬 전체가 성벽으로 둘러싸여 있는데다가, 해군이 없던 마케도니아군에 비해 해상권을 페르시아가 장악하고 있고 티레인들 자신들의 배가 많았기 때문에 해상 공격에 대한 방어가 유리했다. 섬과 본토 사이는 매우 좁은 해협으로 이루어져 있었는데 본토 쪽으로는 수심이 얕고, 개펄로 되어 있었으나, 섬 쪽으로는 수심이 깊었다.

이에 알렉산더는 본토와 섬 사이에 제방을 쌓으려 했다. 그러나 섬 쪽으로

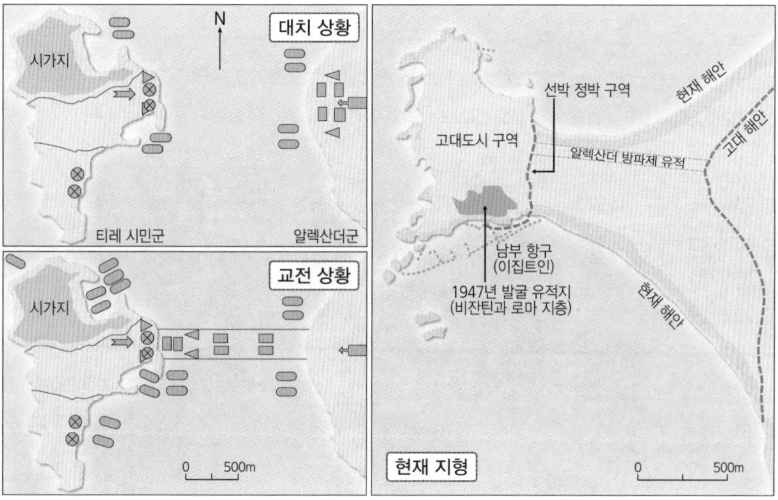

그림 18-1. 티레 공성전 상황과 현재의 지형

가까이 갈수록 날아 오는 화살이나 돌 때문에 마케도니아군은 전투할 때보다 더 든든한 중무장을 했다. 티레인은 갤리선을 타고 방파제의 여러 부분을 공격하거나 공사를 방해했다. 이에 알렉산더는 급히 페르시아의 지배하에 있던 여러 도시에 자신에게 협조하면 안전 보장과 세금 감면 등의 혜택을 베풀겠다며 회유했다. 그들은 페르시아와 마케도니아를 놓고 저울질을 하다가 결국 알렉산더에 협력하기로 했다.

그리하여 키프로스와 페니키아 등의 여러 도시로부터 200여 척의 선박을 빌려 와 티레의 함대를 압도하게 되었다. 알렉산더는 적의 함대와 대응하며 제방 위에 공성탑를 쌓고 그 위에 공성기를 얹어서 방어하거나, 천이나 가죽으로 공사 부분을 둘러싸면서 목재와 석재를 조달해 방파제와 같은 제방을 만들었다(그림 18-1, 18-2). 공성기의 사용은 그의 아버지 필리포스 2세로부터 전

그림 18-2. 제방과 공성탑을 이용한 티레 공성전 상상도

수받은 것이었다.

천신만고 끝에 알렉산더 대왕은 기원전 332년 섬에 접근하기 위해 부유포대浮遊砲臺를 사용하고 제방을 건설하면서 8개월 동안 포위 공격을 한 끝에 간신히 섬까지 방파제를 쌓는 데 성공했다. 알렉산더는 헤라클레스가 나타나 자신을 도와주는 꿈을 꿀 정도로 총력을 기울였다. 섬까지 방파제를 연결하는 데에는 성공했지만, 상륙 후 마케도니아의 팔랑크스 부대는 티레성을 공략해야만 했다. 성벽의 일부를 무너뜨린 마케도니아군은 장장 7개월에 걸친 난전 끝에 바위처럼 견고한 티레의 성곽을 함락할 수 있었다. 무적의 팔랑크스를 필적할 만한 육군은 티레에 없었다. 마케도니아군은 400여 명이 전사했지만, 티레군 전사자는 무려 8,000여 명에 달했다.

작은 섬에 불과했던 티레가 함락되는 데에 오랜 시간이 걸린 이유는 섬이라

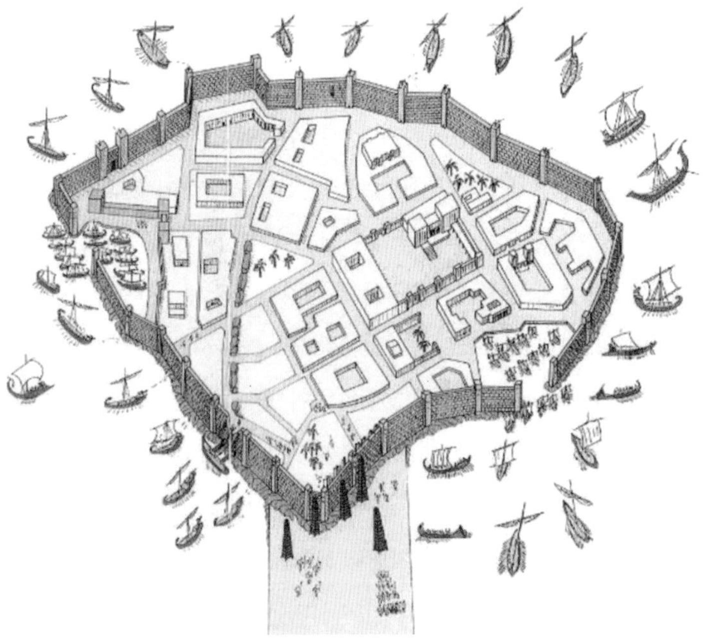

그림 18-3. 마케도니아군의 티레성 공략 상상도

는 이유도 있었지만, 무엇보다 티레인의 강인한 정신력이 작용했던 것으로 역사가들은 평가한다. 티레가 점령된 후 티레성이 초토화되었음은 물론이거니와 1만 명의 주민이 처형되었으며 3만여 명이 노예로 팔려 갔다. 내가 티레를 방문했을 때 유적은 대부분 훨씬 후에 생긴 로마시대의 것들이었다.

7개월간의 격전을 치른 알렉산더는 이집트의 멤피스와 시와로 향했다. 그는 지친 심신을 그곳에서 추슬렀을 것이다. 알렉산더가 이집트에 무혈입성한 것은 티레 전투의 소문이 이집트에 퍼졌기 때문이었을 것이다. 기원전 332년에 그가 이집트의 나일강 삼각주 해변에 건설한, 당시 헬레니즘 세계 최대의 도시가 바로 그의 이름을 딴 알렉산드리아다.

19. 엘바섬에 유배된 나폴레옹이 만난 사람들

엘바섬은 그림 19-1에서 보는 것처럼 이탈리아 토스카나 지방의 서쪽과 프랑스 코르시카섬 사이, 티레니아해와 리구리아해 사이에 위치한 우리나라 광주광역시 광산구만한 크기의 작은 섬이다. 이 섬은 나폴레옹이 첫 번째로 유배된 섬이다. 그리고 이 섬과 나폴레옹은 우리나라와도 관련이 있다.

1810년 이후 프랑스와 러시아의 관계가 어긋나기 시작했다. 이미 1806년에 베를린 칙령을 발표해 영국에 대한 대륙봉쇄령을 내렸던 나폴레옹은 1807년 틸지트조약Treaties of Tilsit으로 동맹관계를 맺은 러시아에게도 협력을 요구했으나 곡물 수출국인 러시아가 이에 협조하지 않자, 두 나라의 우호관계는 1812년에 이르러 깨지고 말았다. 이에 격분한 나폴레옹은 60만 대군을 이끌고 러시아 원정에 나섰다. 나폴레옹의 군대는 러시아군과 싸워 많은 희생자를 냈음에도 불구하고 무리하게 진군해 마침내 모스크바에 입성할 수 있었다.

프랑스군이 모스크바에 들어갔을 때 이미 시내는 텅 비어 있었고 화재까지 일어나 거의 모든 것이 불타 버린 상태였다. 그런 와중에 보급도 끊기고 혹한

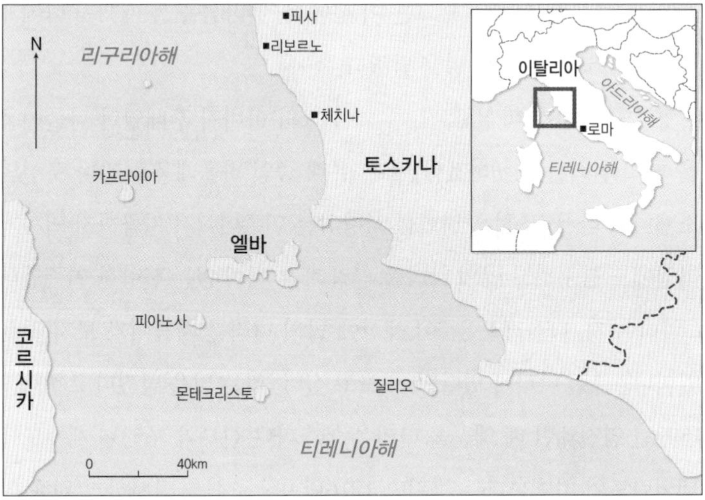

그림 19-1. 엘바섬의 위치

까지 겹쳐 프랑스군은 매우 곤란한 처지가 되어 나폴레옹은 철수를 명령했지만, 후퇴하면서 러시아군과 농민들의 기습 공격을 받아 엄청난 피해를 입게 되었다. 추위와 배고픔은 더욱 많은 사상자를 내어 결국 살아 돌아온 병력은 겨우 1만 명 정도에 불과했다. 지리적 지식이 풍부했던 나폴레옹이 왜 무려 2,500여 킬로미터에 달하는 무리한 원정을 강행하는 실수를 범했는지 궁금하다. 혹시 그의 강한 자존심 때문에 자제력을 상실했거나 지나친 낙관적 성격 때문은 아니었을까? 만약 그에게 영국의 웰링턴 장군과 같은 침착성이 있었더라면 어떠했을까?

나폴레옹의 러시아 원정 실패 소식은 1813년에 프로이센·러시아·영국·오스트리아·스웨덴이 제6차 대프랑스동맹을 결성하는 계기가 되었다. 나폴레옹이 연이어 패하자, 라인동맹을 비롯한 나폴레옹의 지배하에 있던 나라들이 떨어져 나갔다. 승리를 거둔 동맹군은 이듬해 봄 파리에 입성했고, "역사는 승자에 의해 쓰인다."라고 주장한 나폴레옹은 황제의 자리에서 쫓겨나 지중해에 있는 엘바섬으로 귀양을 갔다. 그는 이 섬에서 "엘바섬을 볼 때까지 나에게 불가능은 없었다."라는 유명한 말을 남겼다.

여기서 영국인 탐험가 바실 홀Basil Hall이 그의 아버지 후배였던 나폴레옹을 만났을 때의 일화를 소개하겠다. 홀은 유배 중인 나폴레옹을 만나 조선의 풍물을 소개하고 나서 "조선은 평화를 사랑하는 민족이어서 지금까지 역사가 깊은 나라임에도 불구하고 남의 나라를 침략해 본 적이 없는 선량한 민족입니다."라고 일러 주자, 나폴레옹은 "이 세상에 남의 나라를 쳐들어가 보지 않은 민족도 있더냐? 그런 나라가 있다면 가 보고 싶다."라는 말을 남겼다고 한다.

홀은 1593년 임진왜란 때 왜군을 따라온 에스파냐 신부와 1653년 제주도에 표류한 네덜란드인 하멜보다는 늦지만 1816년 9월 조선을 탐사하기 위해 한반도를 찾은 최초의 서양인이었다. 그는 한반도의 서해안 일대와 제주도를 두루 탐사하는 열흘 동안의 여정에서 만난 조선인들이 낯선 이방인에게 다정하게 대해 주고 극진하게 대접해 준 일화를 그의 『조선 서해안과 일본 류큐섬 탐사기』에서 회고한 바 있다(Hall, 1818).

독서광이었던 나폴레옹은 지리학을 무척 좋아했는데, 그 이유는 지도 때문이었다고 한다. 프랑스는 과학적 측량으로 지도 제작을 선도한 나라였다. 그는 지도 속에서 세계관을 키우고 침략 야욕을 꿈꿨을지도 모른다. 그는 소위 「참모본부 지도」라 불리는 1:8만 축척의 프랑스 최초 지형도를 가장 소중한 자산으로 여겼다. 군대조직에서 참모본부 직제를 편성한 것은 아마 나폴레옹 군대가 효시일 것이다.

나폴레옹과 한국의 인연은 또 있다. 독일의 동양학자 클라프로트Klaproth는 1815년 나폴레옹이 엘바섬을 탈출하던 해에 그를 만나 러시아 민족에 관한 집필을 의뢰받았으나 그가 재기하지 못하는 바람에 실현되지 못했다는 일화가 바로 그것이다. 클라프로트는 일본의 지리학자 하야시 시헤이의 『삼국통람도설三國通覽圖說』을 프랑스어로 번역해 출간했는데, 그 속에는 유명한 「삼국접양지도三國接壤之圖」가 들어 있다. 이 지도는 독도 영유권을 둘러싸고 한일 간에 주목을 받고 있는 귀중한 자료일 뿐만 아니라 일본이 미국으로부터 오가사와라 제도를 돌려받을 때 증거자료가 되기도 했다. 이 지도에는 독도가 한국 영토임이 적시되어 있다(남영우, 2016).

클라프로트는 1783년 10월 11일 19세기 독일의 저명한 화학자이며 광물학자의 아들로 당시 프로이센의 베를린에서 태어나 유년기에 부친의 영향을 받아 화학·광물학·생물학 등의 자연과학 분야에 흥미를 가졌다. 그러나 그는 과학에 흥미가 많았지만 14세가 되어 동양 언어에 더 많은 관심을 갖게 되었는데, 특히 중국어에 능통해 베를린 왕립도서관에 소장된 중국 서적을 독파할 정도의 수준에 이르러 비록 정식으로 출간되지는 않았지만 자력으로 '중국어 휘집中国語彙集'을 편찬하는 등 동양학에 몰두하는 계기를 맞이했다. 그는 드레스덴으로 가서 도서 목록을 정리하는 일을 맡으며 더 많은 중국 서적을 입수했다.

당시는 나폴레옹 전쟁 시대였으므로 그는 폴란드 바름부룬의 작은 마을로 피신해 칩거하며 연구를 계속했다. 그 후 그는 이탈리아를 여행하던 중에 엘바섬에 유배된 나폴레옹을 만날 기회가 있었다. 나폴레옹은 젊은 학자에게 관

그림 19-2. 한국과 인연을 맺은 훌, 나폴레옹, 클라프로트

심을 기울였다. 그때 클라프로트는 프랑스 체류를 희망했기 때문에 그로부터 경제적 도움을 원했으며, 나폴레옹은 그에게 러시아 변방 민족에 관한 저술을 부탁했다. 그러나 나폴레옹은 엘바섬을 탈출한 후에 영국의 웰링턴 장군과 벌인 워털루 전투에서 대패해 나흘 뒤 폐위되어 백일천하로 끝나 버려 다시는 재기하지 못했으므로 그 약속은 실현되지 못했다. 전쟁 속에서 한평생을 보낸 나폴레옹에게 마지막 진혼곡을 들려준 나라가 바로 평화로운 조선이었던 것이다.

地오그래피

제2부

땅이 만든 대륙별 역사

地오그래피

6장 잘생긴 땅 유럽과 축복의 땅 아메리카

20. 유럽인지, 아시아인지 모호한 땅

경계의 변천

어원의 측면에서 보면 구대륙을 지리적 관점에서 유럽, 아시아, 아프리카로 3구분한 것은 고대 그리스 지리학자인 아낙시만드로스Anaximandros나 헤카타이오스Hecataeos 등이 기원전 6세기부터 사용한 방식일 것으로 추정된다.

처음으로 철학적 세계관을 전개한 아낙시만드로스는 캅카스 지역을 아시아와 유럽의 경계로 삼았으며, 기원전 5세기의 역사의 아버지라 불리는 헤로도토스도 이 관례를 따랐다. 캅카스 지역이란 흑해와 카스피해를 동서로 가로막고 뻗은 캅카스산맥 일대의 산악지대를 가리킨다. 헬레니즘시대를 지나면서 지리적 지식이 쌓여 현재의 돈강을 경계로 삼기도 했다. 로마시대의 작가인 포세이도니오스나 지리학자 스트라본과 프톨레마이오스 등도 이 방식을 따랐다.

지리학적으로 본래의 유럽은 그림 20-1에서 보는 것과 같이 리투아니아와

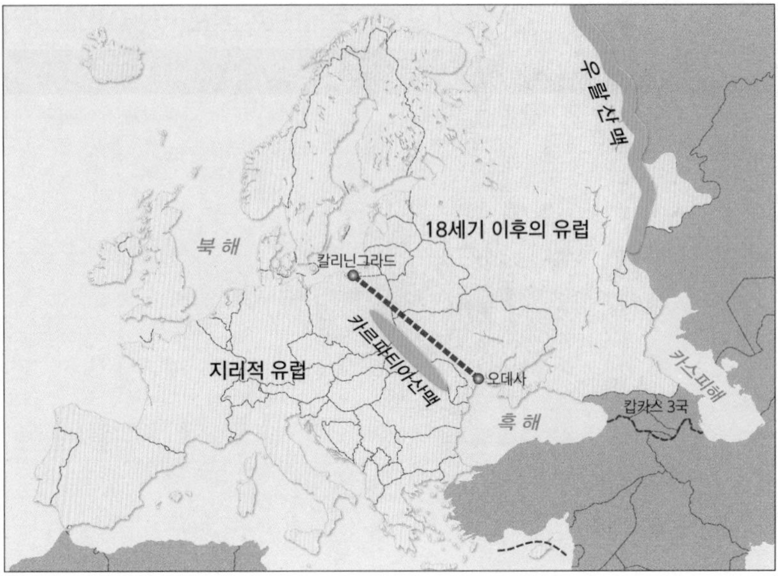

그림 20-1. 유럽과 아시아의 경계

폴란드 사이의 칼리닌그라드와 흑해 연안의 오데사를 연결하는 선의 서쪽 범위를 가리키는 경우가 일반적이다. 왜냐하면 그 경계의 서쪽에 유럽 문화라 할 수 있는 라틴 문화권·게르만 문화권·슬라브 문화권이 모두 포함되기 때문이다.

유럽에서 슬라브인이 가장 오래 살던 땅은 카르파티아산맥 일대였을 것이다. 남쪽으로 간 사람들은 발칸슬라브인이 되었으며, 서쪽으로 간 사람들은 체코인·폴란드인, 동쪽으로 간 사람들은 러시아인의 원류인 동슬라브인이 되었다.

18세기 이후부터 20세기를 걸치는 동안에 출간된 여러 지도를 놓고 보면 아시아와 유럽의 경계가 다양했음을 알 수 있다. 그림 20-2에 표시된 경계들이 바로 그것이다. 오늘날에는 아시아와 유럽의 경계가 보스포루스 해협으로부터 흑해와 캅카스산맥을 거쳐 카스피해와 우랄산맥으로 이어지는 선으로 통용되고 있지만, 1700년대 이후에는 돈강·볼가강·카마강 등을 경계로 삼은 적도 있었다.

유럽인들은 최근까지만 하더라도 러시아가 유럽 국가인가, 아시아 국가인가에 대한 의문을 가지고 있었다. 제1, 2차 세계대전 당시만 하더라도 러시아는 유럽의 일원으로서 부족함이 없었지만, 냉전시대로 접어들면서 유럽 세계는 부정하고 싶은 현실이 되었다. 그러나 유럽인과 달리 러시아인들은 훨씬 전인 16세기부터 우랄산맥을 유럽의 경계로 인식하기 시작했다. 독일의 지리학자 훔볼트와 광물학자 구스타 프로제는 우랄산맥의 서쪽 사면으로부터 동쪽 사면으로 넘어가는 지점을 자연적인 분계선으로 규정했다.

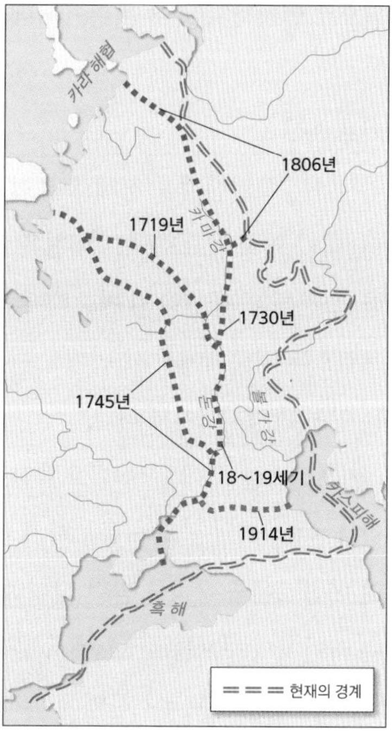

그림 20-2. 1700~1920년에 출판된 지도의 유럽 경계

아시아와 유럽의 양 대륙에 걸쳐 있는 나라는 러시아와 터키라고 볼 수 있다. 동유럽의 수도였던 이스탄불을 터키가 차지함에 따라 생긴 일이다. 우리가 이스탄불에 가면 '아, 유럽이구나!'라고 느끼지만, 유럽인은 이 도시에 오면 '아, 아시아구나!'라고 느낀다.

유럽과 아시아의 경계란 역사적이고 문화적인 것이기 때문에 세계인의 인식 속에서만 존재하는 것이다. 어디가 유럽이고 어디가 아시아인지에 대한 사람들의 생각과 믿음은 역사적으로 변해 왔던 것이지 고정된 실체는 아니었다. 후술하는 조지아·아르메니아·아제르바이잔의 캅카스 3국은 자신들을 유럽권으로 인식하고 있다. 그런 이유로 유럽평의회에서는 이들 3국을 유럽의 일원으로 인정하지만, 유엔 통계국에서는 아시아로 분류하고 있다.

키프로스

러시아는 우랄산맥을 경계로 유럽 러시아와 아시아 러시아로 구분하는 것처럼, 터키 역시 보스포루스 해협을 경계로 유럽 터키와 아시아 터키로 구분한다. 그런데 터키 남쪽의 지중해에 위치한 키프로스 섬이 문제로 대두된다. 키프로스는 지중해에서 세 번째로 큰 섬이며, 해마다 240만여 명의 관광객이 찾는 인기 관광지이기도 하다.

키프로스는 고대 문명의 요람인 퍼타일 크레슨트에 포함되는 중요한 섬이었다. 이 섬에는 구리가 풍부하게 매장되어 있어 청동기시대의 메소포타미아와 이집트에게 각광을 받던 땅이었다. 키프로스Cyprus란 지명은 구리를 뜻하는 라틴어의 쿠프룸cuprum에서 유래되었으며, 구리의 원소기호도 Cu가 되었다. 터키 남부의 토로스산맥에 속하는 키프로스에는 구리 함량이 최대 20%에 달하는 질 좋은 광석이 매장되어 있다. 크레타(미노아) 문명이 발달한 것 역시 키프로스의 구리 덕분이었다고 해도 과언이 아니다.

1570년 오스만 제국의 피얄레 파사Piyale Pasha가 이끄는 6만여 명의 대규모 군대가 니코시아와 파마구스타 주민들의 격렬한 저항을 물리치고 키프로스를 정복했다(그림 20-3). 니코시아 주민 1만여 명이 처형되었으며, 모든 교회와 공공건물, 궁궐이 약탈당했다.

그 후 제1차 세계대전이 발발하고 오스만 제국이 동맹국 편에 서자 영국은 키프로스를 병합했다. 1923년 로잔조약으로 신생 터키공화국은 키프로스에 대한 영유권 주장을 포기하고, 1925년 키프로스는 영국의 왕령 식민지로 선언되었다. 키프로스는 1960년에 독립해 1961년 영국연방에 가입했으나 1963년 내분이 일어났고, 그리스와 터키는 배후에서 이 분쟁에 부분적으로 관여했다. 일부 지역의 터키계 키프로스인들은 보호구역으로 쫓겨났으며, 그리스계

키프로스인들의 지도자 마카리오스 3세 대주교는 양측의 긴장을 완화하기 위해 개헌을 요구했다. 결국 유엔이 개입해 키프로스 유엔군이 파견되었다.

1974년 그리스 군사정권의 지원을 받은 에노시스Enosis 운동파가 키프로스 섬을 그리스에 병합하고자 쿠데타를 일으켰다. 이에 터키는 키프로스를 침공해 섬의 약 36%를 점령했다. 터키는 키프로스에 군사적으로 개입하면서 미국과 북대서양조약기구NATO의 비밀 지원을 받았다. 이 사건으로 인해 수천 명의 난민이 발생했으며, 키프로스섬 북부에 북키프로스 정부가 수립되어 사실상 북부의 북키프로스(북키프로스 터키공화국)와 남키프로스는 분단된 상태로 남아 있다.

남키프로스인 키프로스공화국은 이 지역에서 매우 선진적인 경제 수준을 보이며, 2004년 5월 1일 유럽연합에 가입했다. 그러므로 엄밀한 의미에서 남키프로스는 유럽에 속하지만, 유럽연합에 가입하지 못한 터키계의 북키프로스는 아시아에 속한다. 이에 따라 현재 유엔이 관할하는 완충지대가 곧 유럽과 아시아의 경계에 해당한다고 볼 수 있다. 니코시아는 결국 양측의 수도가

그림 20-3. 남북으로 분단된 키프로스

된 셈이다.

국제적으로 승인된 키프로스섬 유일의 합법 정부인 키프로스공화국은 법적으로 영국에 할당된 군사기지인 아크로티리와 데켈리아를 제외한 키프로스섬 전체 및 모든 해역에 대한 주권을 갖고 있다. 이 섬은 큰 하천이 없어 물 부족이 심한 편이지만 최근 터키와 북키프로스를 잇는 해저 수도관이 건설되었다. 터키 측은 남키프로스와 북키프로스 간의 협상이 진행되면 키프로스공화국에도 이 수도관을 통해 물을 공급할 수 있다고 밝힌 바 있다.

캅카스 3국

흑해와 카스피해 사이를 동서로 가로지르는 캅카스산맥 일대에는 캅카스 3국이 위치해 있다. 캅카스 3국이란 조지아·아제르바이잔·아르메니아를 가리키는 말이다. 자세히 보면 캅카스 산악지대는 대캅카스산맥과 소캅카스산맥으로 나뉘는데, 그 사이에 조지아와 아제르바이잔이 위치해 있다. 소캅카스산맥 남쪽에는 아르메니아, 터키, 이란이 자리하고 있다.

아르메니아는 기원전 1600~기원전 1200년에 자그로스산맥과 메소포타미아 일대를 지배한 바 있다. 그 이전에는 페르시아 제국의 아르메니아 총독령에 속했지만, 이후에 셀레우코스 제국이 쇠퇴하던 기원전 190년 아르타시아스 1세에 의해 창건되었다. 이후 아르메니아는 터키 동쪽으로 영토를 확장했다. 한동안 아르메니아는 동방의 가장 강력한 나라 중의 하나였으며, 기원전 66년부터 로마 제국의 속국이 되었다.

이후 기독교가 전파되었고, 428년에 비잔티움 제국과 페르시아 제국에 합병되어 셀주크 튀르크의 침략도 막아 냈다. 그러나 만지케르트 전투 이후 셀주크 튀르크에 정복되었으며, 십자군 원정 이전인 1080년에 실리시아Cilicia에서 부활해 준準서유럽 국가가 되었다. 실리시아의 아르메니아 왕국은 1375년 맘루크 왕조에 의해 멸망함으로써 이 지역은 이슬람 문화권에 편입되었다.

현 아르메니아 일대는 페르시아 제국과 티무르 제국의 지배를 받다가 19세기 러시아 제국으로 넘어갔고, 1917년 러시아혁명 직후에 아르메니아 민주공화국이 되었다가 소비에트연방의 통치를 받았고 1991년 현재의 아르메니아가 되었다.

아제르바이잔 민족은 고대로부터 이란인 등의 기존 정착민들의 혼혈에 11세기 오구즈족의 한 분파인 셀주크족이 이주해 오면서 튀르크인의 혈통이 혼합되어 형성되었다. 조지아는 아르메니아 왕국과 역사를 함께했지만, 몽골의 침략으로 멸망한 후부터 800년간 다른 민족의 침입을 받았다.

나폴레옹과 만났던 클라프로트는 러시아의 아카데미 정회원으로 추대되어 1807년 캅카스 일대의 언어를 조사한 바 있다. 그가 캅카스 지방에 대해 관심을 가졌던 이유는 이 지역이 서양과 동양의 분기점이라 생각해 언어적 연구에 도움이 될 것이라 판단했기 때문으로 추정된다(김부성·남영우, 2018). 이 지역은 언어뿐만 아니라 인종 혹은 민족적으로도 매우 복잡하지만 대체로 황인종과

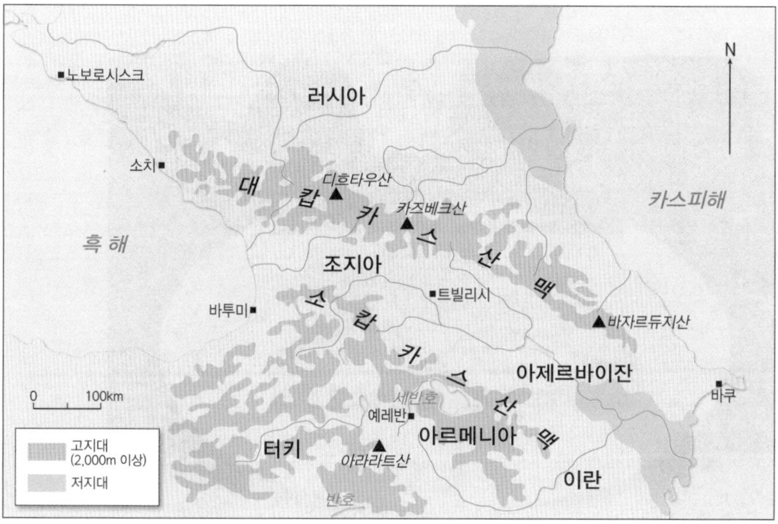

그림 20-4. 캅카스 3국의 지형

백인종의 경계에 해당하므로 캅카스산맥 이남에 백인종이 분포하는 까닭에 백인종을 코카서스 인종Caucasoid이라 명명한다.

캅카스 3국은 모두 아시아와 유럽의 경계인 캅카스산맥에 위치하여 지리상으로는 아시아로 분류되지만, 그들은 아시아보다는 유럽에 속하기를 원한다. 문화적·종교적·역사적으로 볼 때도 서아시아보다는 동유럽에 더 가깝다. 그러므로 동유럽과 문화 교류를 가지기도 하고, 스포츠 제전에서도 유럽 리그에 속하며, 축구 국제 경기에 있어서도 유럽축구연맹에 편성되어 있다. 나는 조지아의 수도 트빌리시 거리에서 이 나라가 유럽권에 속하기를 갈망하는 조형물을 보고, 그들이 유럽에 속한다고 인식하고 있음을 알 수 있었다(그림 20-5).

2014년에는 아제르바이잔의 수도 바쿠에서 유럽축구선수권대회가 개최된 바 있다. 이를 국제축구연맹FIFA이 승인한 것으로 보아 적어도 스포츠계에서는 캅카스 3국이 유럽에 속한다는 사실을 알 수 있다. 캅카스 3국은 땅의 생김새도 잘 생기고 중위도에 위치함에도 불구하고 문명의 중심에서 한 발자국 비켜 있던 땅이었다. 대캅카스산맥과 소캅카스산맥으로 이루어진 이 땅은 이질

그림 20-5. 조지아가 유럽이라는 트빌리시의 조형물

적 문화가 교류해 고대 아르메니아 왕국이 번창하기도 했으나 문명의 중심에 서지 못했다.

카스피해는 내해內海이므로 확장성이 없지만 흑해를 통하면 지중해로 연결될 수 있으며, 페르시아와 소아시아처럼 실크로드의 관문 기능을 차지할 수 있었다. 오늘날에는 조지아·아르메니아·아제르바이잔으로 분할되어 있지만, 나는 비록 종교와 문화가 달라 어렵더라도 조지아와 아제르바이잔이 주도하고 아르메니아가 협력해 이들 3국이 하나의 연방제 국가로 합치면 시너지 효과가 생겨 발전 가능성이 충분해질 것으로 본다.

그럼에도 불구하고 아제르바이잔과 아르메니아는 2020년 9월부터 양국 접경 지역인 나고르노카라바흐에서 전쟁을 벌이고 있다. 구소련이 붕괴한 혼란기에 나고르노카라바흐도 소련의 다른 민족공화국들과 마찬가지로 독립을 선포했으나 국제사회의 인정을 받지 못한 유령국가다. 아무튼 지금까지 설명한 바와 같이 캅카스 3국은 지리적으로는 아시아에 속해 있지만, 사실상 인종적·문화적으로는 유럽의 일원으로 간주해야 할 것 같다.

터키와 러시아를 비롯한 키프로스, 캅카스 3국 등의 국가들은 왜 아시아가 아닌 유럽에 속하길 원하는가. 그들이 유럽의 일부가 된다는 것은 유럽의 경제 및 금융 조직에 접근할 수 있고, 브뤼셀과 스트라스부르에 대표를 파견하고, 상호 안보의 혜택을 받으며, 이웃 나라와의 협력에서 나오는 이점을 누릴 희망이 생긴다는 것을 의미한다. 비가맹국인 영국을 비롯한 노르웨이와 스위스는 드문 예지만, 대부분의 나라가 유럽연합의 가입을 열망하고 있다.

21. 스파르타가 강하면서도 취약했던 이유

산악지대인 아르카디아 남쪽에 비옥한 라코니아평야가 펼쳐져 있다. 그곳은 아테네가 위치한 아티카의 계곡과는 비교할 수 없을 정도로 비옥했지만, 사상의 독립성에 관한 한 척박하기 그지없는 땅이었고 눈앞의 삶을 영위하는 데 필요한 생각 이외의 것에는 매우 인색한 땅이었다. 바로 이 평야에 고대도시 하나가 자리 잡고 있다. 그 도시의 이름은 스파르타Sparta이다(그림 21-1).

고대 그리스를 말할 때에는 항상 아테네의 라이벌 도시국가인 스파르타를 빼놓을 수 없다. 두 도시국가는 필요할 때에는 컬래버를 이루었지만, 어떤 경우에는 적대적이었다. 스파르타는 그리스인이 혐오하는 모든 것에 대해 무조건 찬성표를 던졌다. 아테네가 목숨을 걸고 '예' 하면 스파르타는 '아니오'라 했다. 아테네가 영감에 기초한 번뜩이는 재능을 믿었던 반면에 스파르타는 능률과 쓰임새에 따라 행동했다.

아테네는 개개인의 발군의 재능과 신성한 권리를 설파하는 반면에 스파르타는 모든 사람을 단조롭고 평범한 인간으로 격하시켰다. 그리스는 농사를 지을 수 있는 평야가 적었지만 기후적으로 올리브와 와인을 생산하기에는 양호

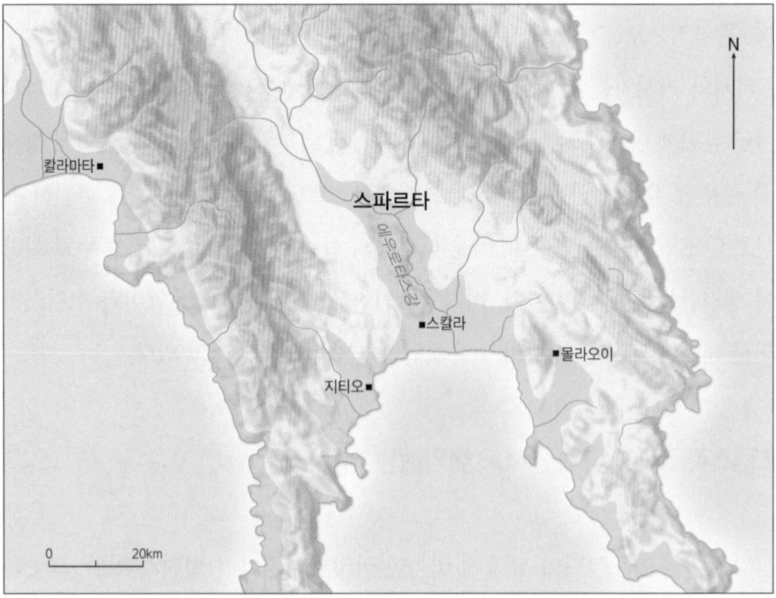

그림 21-1. 라코니아평원에 자리한 스파르타의 지형

했고 염소와 양을 사육하기에도 좋았다. 이것을 다른 나라의 밀과 보리와 교환할 수 있었다. 그리하여 아테네는 이방인들에게 문호를 활짝 열었지만 스파르타는 그들과의 교류를 피하거나 그들을 살해했다. 아테네 시민들이 타고난 상인이라면 스파르타 국민들은 상업으로 손을 더럽히는 짓을 절대 하지 않았다(Van Loon, 1932).

스파르타는 아테네와 달리 제도 개혁이 아니라 변화의 흐름에 저항함으로써 토지 문제에 대응했다. 모든 토지를 환수해 모든 시민에게 균등하게 재분배함으로써 사회의 불안이 될 수 있는 원인을 원천적으로 차단했다. 이는 다른 도시국가에 비해 보수적 해결책을 취했기 때문이다. 스파르타는 라코니아 평야 지역 중앙부의 남쪽 끝자락에 위치했으며 라코니아로 들어가는 적의 침입을 방어하는 군사적 요충지였다.

스파르타는 산지가 많은 그리스의 다른 도시국가와 달리 에우로타스강 유역에 비옥한 평야를 끼고 있어 자급자족할 수 있었으므로 외부 세계와 교류가 적어 폐쇄적인 사회체제가 형성되었다. 그런 까닭에 카틀리지(Cartledge, 2002)는 『스파르타와 라코니아』에서 스파르타는 기원전 4세기 말까지 다른 폴리스와 달리 성벽을 쌓지 않았음을 지적했다. 그리스 도시국가 중 평화 시에도 전쟁에 대비해 군사훈련을 하는 국가는 스파르타뿐이었다. 계몽주의 시대의 이단아였던 루소(2007)는 『학문과 예술에 대하여』에서 학문과 예술의 발달로 명성을 얻은 아테네보다 용기와 절제 등의 미덕으로 칭송받는 스파르타를 본받을 만한 국가로서 높이 평가한 바 있다.

이와 같은 배경에서 스파르타는 내정에서는 엄격한 사회규범을 유지했고, 외교에서는 타국을 정복하는 길을 택했다. 그 결과 스파르타는 곧 시대에 뒤처지는 사회구조가 형성될 수밖에 없었다. 스파르타 시민은 어린이부터 남녀를 불문하고 부모와 헤어져 엄격한 훈련을 받았다. 그들은 안락함을 거부하며 모든 시민이 제복을 입고, 남자들은 공동 식사를 해야만 했다. 이른바 '스파르타식 교육'이란 말이 여기서 유래되었다.

스파르타인은 간결한 표현으로 언어를 구사한 것으로 유명하다. 그들에게 중요한 것은 언어가 아니라 행동이었다. 스파르타 역사에 관한 기록이 비교적 적은 이유 중 하나가 바로 그것 때문이다. 스파르타는 문서 작성을 몹시 싫어했으며 법률도 일부러 성문화하지 않았다. 심지어 묘지 비석에도 전사한 병사의 무덤 이외에는 이름을 새겨 넣지 않았을 정도였다.

고대 그리스의 역사가 헤로도토스(Herodotus, B.C. 440)의 『역사』에 의하면, 기원전 500년 초의 스파르타는 5,000명에 달하는 중무장 보병이 주축을 이룬 사회계층이었던 까닭에 귀족사회라고 설명했다. 기원전 650년경부터 스파르타는 이 지역의 군사적 패권국으로 떠올랐으며, 그리스-페르시아 전쟁 당시 그리스 연합군의 전체 지도자로 인정받기도 했다.

스파르타 사회는 농업에 의존했으며, 상인 계급의 존재를 인정하지 않았다. 기원전 600년에 그리스를 위시한 여러 도시국가가 화폐제도를 도입했을 때에도 스파르타는 자국의 철로 만든 화폐만 허용했다. 그 후 기원전 400년까지 은화나 금화를 소지하는 것도 금지되었고 식민 활동에도 소극적이었다. 스파르타에서는 결혼식을 할 때 신부 머리를 짧게 잘라 소년의 행색을 갖추게 했으며, 부부는 함께 살지 못하게 했다. 신부는 30세가 될 때까지 공동생활을 해야만 했다. 말하자면 스파르타는 일종의 군국주의적 평등사회였다고 볼 수 있으며, 그들은 자신들이 헤라클레스의 후손이라고 믿었다.

스파르타 사회는 시민들이 공포와 불신이 가득한 정신 상태를 갖도록 만들었다. 공포스러운 분위기는 정신병에 걸릴 정도로 심각했으며, 인간이 잔학해지도록 만들었다. 기원전 424년경 스파르타의 어느 도시 장관은 전쟁에서 훌륭하게 임무를 수행한 노예들에게 이름을 부여하는 사성賜姓을 위해 그들을 초대하는 선언문을 발표했다. 2,000여 명의 노예가 운집해 사성을 받았으나 그 후에 비밀리에 처형당했다. 스파르타는 그들이 시민인 것처럼 자존감을 갖거나 권리를 느끼는 것을 허락하지 않았던 것이다.

스파르타가 엄격한 군국주의적 성격을 띠게 된 본질적 원인은 시민 수가 매우 적었던 데에 있다. 스파르타 국민의 다수는 시민이 아니라 '헤일로타이hei-lotai'라 불리는 농노農奴와 같은 존재였다. 아테네의 경우, 자유인 중 시민은 8만 명, 재류 외국인이 4만 명, 노예가 9만 명인데 비해, 스파르타는 시민이 13만 5,000명, 반자유인이 5만 명, 헤일로타이가 17만 명으로 노예가 훨씬 많았다. 아테네의 경우 시민과 노예의 수가 비슷한 정도이며, 『이솝 이야기』의 저자 이솝Aesop도 노예 신분이었던 것을 보면 노예라고 해도 어느 정도의 생활 수준은 누렸던 것 같다. 헤로도토스는 이솝이 기원전 6세기에 살았던 노예였다고 했지만, 실재했던 인물이었는지 불확실하다.

아무튼 스파르타에는 노예의 비중이 너무 컸다. 그들 헤일로타이는 개인의 소유가 아니라 농사일만을 해야 하는 계층이었다. 이들의 비중은 스파르타가 타국과 정복전쟁을 벌여 전사자가 생기면서 상대적으로 더 늘어나게 되었다. 이러한 정책의 결과 스파르타 사회는 헤일로타이가 잠재적 위협으로 남게 되었다. 헤일로타이의 인구가 급증했기 때문에 그들이 언제 반란을 일으킬지 몰라 스파르타 사회는 불안에 휩싸이게 되었다. 스파르타는 그리스의 다른 도시국가들과 합동으로 페르시아 군대와 전투를 벌이기 위해 군사를 파견하기가 두려웠다. 그리하여 스파르타는 더욱 임전체제를 갖춘 군국주의적 사회가 되어 갔다.

스파르타는 기원전 371년 올림피아 인근의 레욱트라Leuctra 전투에서 많은 병력을 상실해 다시는 옛 수준으로 회복하지 못했으며, 헤일로타이 반란이 일어나고 말았다. 그러나 스파르타는 200년 넘게 지역 맹주로 버텼다. 마케도니아 왕국의 필리포스 2세와 알렉산더 대왕도 스파르타를 정복하려 들지 않았는데, 이는 스파르타가 더 이상 큰 위협이 되지 않았던 것도 있지만 스파르타의 무예 실력은 여전해 침략하면 피해를 입을 위험이 컸기 때문이었다. 스파르타는 막강한 장갑보병부대를 거느렸음에도 기원전 379~기원전 371년 테베가 주도하는 보이오티아-아테네 연맹군과 싸워 패했으며, 그 뒤에는 테베가 그리스의 패권을 장악하게 되었다.

스파르타와 아테네는 기원전 500년에 서로 전투를 벌였기 때문에 양국 관계가 적대적이었다고 보기 쉽다. 스파르타의 무력을 두려워 한 아테네는 그들이 몰래 병력을 이동시킬 수 없도록 은폐물이 될 수 있는 모든 섬의 수목을 모조리 불태웠을 정도였다. 당시 그리스에는 아테네의 정치체제만이 모델이 된 것이 아니라 다양한 형태의 정치체제가 존재하고 있었다. 그리고 다양한 정치체제의 도시국가를 형성한 고대 그리스는 정치란 장르에서 인류 역사에 커다란 공헌을 할 수 있는 역량을 키우게 되었다. 역설적이지만 그리스는 서로 상이한 정치체제가 있었기 때문에 어느 민족도 경험하지 못한 풍부한 정치적 경험의 지식을 쌓게 된 것이다. 그리하여 인류는 고대 그리스인들이 만든 용어를 빌려 사회 문제를 해결하기에 이르고, 그리스는 문명 발전에 크게 기여하게 된 것이다(남영우, 2018a).

'투키디데스의 함정'이란 말이 생겨난 것은 바로 이 무렵이었다. 기원전 5세기에 일어난 아테네와 스파르타의 전쟁을 다룬 『펠로폰네소스 전쟁사』의 저자 투키디데스Thucydides는 새로운 강대국이 부상하면서 기존의 강대국이 새로운 강대국을 두려워하게 되고, 이 과정에서 전쟁이 발생한다고 지적했다. 이것을 두고 그의 이름을 따서 투키디데스의 함정이라고 부른다.

아테네 장군으로 펠로폰네소스 전쟁에 참가했던 투키디데스는 자신의 저서에서 두 나라 간의 전쟁은 피할 수 없었다고 주장했지만, 아테네의 급부상으로 그리스 내 힘의 균형이 깨짐에 따라 발생한 전쟁임에는 틀림이 없다. 우리는 이와 같은 투키디데스의 함정을 피하지 못한 역사적 사례들을 고대로부터 근·현대에 이르기까지 여러 차례 목격하게 된다. 미국이 중국의 결기에 강력한 입장을 견지하는 것 역시 투키디데스의 함정에 비유할 수 있을 것이다.

그림 21-2. 고대 스파르타의 유적과 현재의 스파르타 시가지

우리는 스파르타의 사례에서 교훈으로 삼을 것은 잉여 식량이 담보된 땅만으로는 지속가능한 문명을 지켜 낼 수 없다는 것이다. 과유불급過猶不及보다는 부족함을 메울 수 있는 국민들의 극복 능력의 배양과 창의력이 더 중요하다는 것이다. 이것을 경제학자들은 '자원의 저주'라 부른다. 아리스토텔레스에 비견되는 이슬람 석학 이븐 할둔은 사치와 풍요가 도시민을 나약하게 만든다고 주장했지만 인간에게 동기부여 기능을 해 문명 발전에 촉진제가 된다는 사실을 간과했다(이븐 할둔, 2003; 남영우, 2010; 2012b).

아테네와 스파르타의 정책 중 어느 쪽이 최종적으로 승리를 거두었는지를 판단한다면 아무래도 스파르타 쪽이 그릇된 정책을 편 것으로 생각된다. 아테네 정신은 전 세계로 파고든 반면에 스파르타 정신은 결국 역사의 뒤안길로 사라져 버렸다. 아마 말썽꾸러기 자녀를 둔 부모들이나 스파르타식 교육을 선호할 정도다. 진취적인 자세와 개방적 사회구조, 자유로운 영혼이 보장된 사회가 문명 발전에 유리하다는 사실을 명심할 필요가 있다.

22. 독일·프랑스와 영호남의 땅: 풍수지리적 비교

풍수지리에서는 흔히 산과 산 사이를 흐르는 하천이 인간에게 어떤 영향을 끼치는지에 대해 관심을 갖는다. 그 이유는 하천 유역권에 따라 각기 다른 문화가 형성되고 문화 간 교류가 또 다른 문화를 형성하기 때문이다. 여기서는 서로 대비되는 독일과 프랑스를 비교해 보고 아울러 한국의 영호남을 함께 설명하기로 하겠다.

독일과 프랑스의 비교

독일과 프랑스는 인접국가임에도 불구하고 민족성에서 커다란 차이를 보인다. 프랑스의 역사학자이며 정치가인 기조Guizot는 그의 유명한 '프랑스 문명사' 강의에서 유럽 문명사의 중심은 영국이 아니라 프랑스에 있다고 주장했다. 독일은 개인의 발전이 앞서 있으나 사회 발전이 뒤떨어져 있는 데 비해, 프랑스는 사회와 개인의 발전이 동시에 이루어졌기 때문에 프랑스를 유럽 문명사의 중심에 놓아야 한다는 것이다.

프랑스의 지리학자 비달Vidal은 프랑스와 동일한 면적을 가진 어느 나라도 프랑스만큼 커다란 지역 차를 보이는 나라는 없을 것이라고 주장했다. 프랑스는 다양한 땅의 조화로 성립된 국가다. 프랑스 작가이자 비평가인 폴 발레리Paul Valéry 역시 "프랑스는 서로 보완하는 지역적 다양성이 교묘하게 밸런스를 맞추는 국가다."라고 지적한 바 있다.

그런 이유로 프랑스의 역사가들은 기본적으로 지역 구조를 중요한 문제로 생각해 루아르강을 경계로 북부와 남부로 구분해 설명하는 경향이 있다. 프랑스 왕권이 국토의 통일적 지배를 시도함에 있어서는 관습법(게르만법)의 북부와 성문법(로마법)의 남부 간의 통합이 커다란 과제였을 정도였다.

우리는 프랑스인들이 스스로를 세상의 일부가 아닌 것처럼 생각한다거나,

프랑스인들은 대륙에 살고 있음에도 불구하고 영국인들에 비해 훨씬 편협하다는 말을 종종 듣는다. 간단히 말해서 지구상의 일들에 조금이라도 관심 갖는 것을 고집스럽게 고의적으로 거부하는 프랑스인들은 그 어떤 나라의 국민들보다 이기적이고 자기중심적이며, 우리가 당면하고 있는 골칫거리 대다수의 바탕에는 프랑스인들이 있다는 것이다.

이런 험담은 대부분 진실에 기초한 것이라고 반 룬은 주장했다. 이와는 반대로 세계대전 기간 동안 프랑스인들에게 쏟아진 찬사 또한 마찬가지다. 프랑스인의 미덕과 결점은 모두 땅에서 비롯되었으며, 프랑스의 지리적 위치는 그들을 자기중심적이고 자기만족적인 국민으로 만들었다는 것이다. 대서양과 지중해 사이에서 여러 하천이 양쪽으로 흘러드는 땅은 프랑스인들의 수요에 절대적으로 자급자족할 수 있는 땅이기 때문이다(Van Loon, 1932).

흔히 프랑스는 풍토와 문화적 측면에서 독일과 대비해 설명된다. 일반적으로 문화권은 하천유역권과 일치하는 경우가 대부분인데, 프랑스는 그림 22-1에서 보는 것처럼 센강·루아르강·가론강·론강·뫼즈강 등의 여러 하천이 다양한 문화권을 형성하고 있다. 프랑스 최대 도시이며 수도인 파리는 영국 해협으로 흘러드는 센강에 입지해 있고, 제2의 도시 마르세유는 지중해로 유입되는 론강에 위치해 있다.

이에 비해 독일은 그림 22-2에서 보는 것처럼 국토의 대부분이 라인강 유역권에 걸쳐 있다. 라인강이란 이름은 '흐른다'란 뜻의 켈트어 레노스Renos에서 유래했다. 라인강 유역에는 프랑크푸르트를 위시해 도르트문트, 쾰른, 슈투트가르트 등의 대도시가 입지해 있는데 비해, 엘베강 유역에는 함부르크가 입지해 있을 뿐이다. 라인강 유역에 비해 엘베강 유역은 루르 공업지대로부터 벗어나 있는 까닭에 인구의 비중이 상대적으로 적은 편이다.

반 룬은 그의 저서 『반 룬의 지리학』에서 라인강을 가장 문학적인 강이라 했다. 라인강은 실제로 매우 수수하고 작은 하천이다. 아마존강은 이 강보

그림 22-1. 프랑스의 하천망

다 5배 이상 길고 미시시피강과 미주리강은 6배 길다. 심지어 미국에서는 강 취급도 못 받는 오하이오강조차 라인강보다 약 800킬로미터는 더 길다(Van Loon, 1932).

프랑스의 문화적 성격은 화려하고 사치스러우며 조용하고 섬세하지만, 독일의 문화적 기질은 담백하고 검소하며 다이내믹하고 철저하지 않은가. 이러한 독일인의 성격은 '정돈'과 '조직'으로 구현되어 독일이 근대 과학을 발전시킨 원동력이 되었다.

우리는 프랑스가 지리적 환경의 측면에서 유별나게 축복받은 사실을 인정하지 않을 수 없다. 왜냐하면 프랑스는 온갖 형태의 기후가 공존하는 땅이기 때문이다. 온대성기후와 열대성기후를 띠는 땅이 있는가 하면 그 중간 기후대도 있다. 프랑스는 유럽에서 가장 높은 산을 가지고 있다는 사실에 자부심을 느낀다. 동쪽의 알프스산과 남쪽의 중앙 고지에서 발원한 하천들은 평지를 흐르면서 산업 중심지들을 운하로 연결할 수 있다.

지정학적으로 본다면 프랑스는 하나의 국가인 것처럼 보이지만, 지도를 자세히 살펴보면 반드시 그런 것만도 아님을 알 수 있다. 즉 프랑스 영토는 사실상 서로 등을 돌리고 있는 두 지역으로 분리되어 있다는 것이다. 론강 유역의 지중해 유역권과 대서양쪽으로 면한 북부 및 서부의 경사진 평원이 그것이다. 론강은 유감스럽게도 리옹만에 도달하기까지 고도차가 심해 급류를 이루므로 선박이 다니기에 부적합하다. 그럼에도 불구하고 지중해 국가들의 고대 문명이 론강 계곡을 통해 유럽 내륙으로 진입했다. 그리하여 론강 어귀를 끼고 있는 모든 땅은 제1차 포에니 전쟁 이후 로마 제국의 관할 지역이 되었던 것이다.

그림 22-2. 독일의 하천망

나는 리옹만Gulf of Lyon이란 지명의 유래에 의구심을 갖고 있다. 왜 이곳을 마르세유만이라 부르지 않는지 이해가 가지 않는다. 마르세유는 론강 하류에 입지하지만, 리옹은 해안으로부터 약 250킬로미터 내륙에 위치하고 있는데도 말이다.

독일인에 비해 프랑스인이 대체로 섬세한 문화적 성격을 지녔다. 프랑스 요리가 여러 맛의 복합체로 세계인이 선호하는 점은 그와 같은 감정을 가진 그들이 미각을 즐기는 풍습에서 비롯된 것이다. 이러한 음식 문화 역시 환경의 산물이라고 볼 수 있는데, 프랑스는 온유한 사계절의 변화에 따라 형성된 계절적 감정도 매우 섬세하다. 1월부터 12월까지 별개의 월 명칭이 프랑스혁명 이후 생겨난 것은 우연이 아닐 것이다.

프랑스의 경우 음식 문화의 중심은 북부가 아닌 남부 지방에 있다. 남부 프랑스는 품질 좋은 채소와 과일을 생산하며 각종 허브와 올리브의 공급원이다.

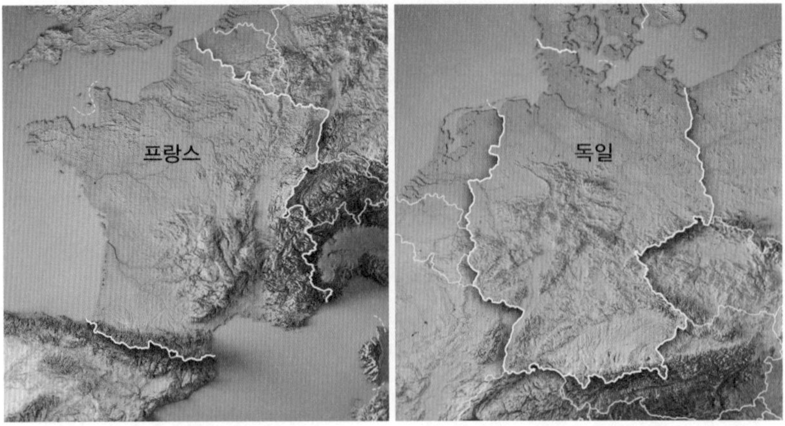

그림 22-3. 프랑스와 독일의 3D기복도

좋은 기후와 음식 문화를 보유한 남부 프랑스는 예술인들의 고향이다. 피카소와 세잔느를 비롯한 수많은 예술인이 남부 프랑스를 근거지로 활동한 바 있다. 남부 프랑스의 과일은 색과 맛이 좋고 비타민 등의 영양소가 풍부하여 풍미가 좋다. 북부 프랑스는 버터를 많이 사용하는 데 비해 남부는 올리브를 많이 사용한다. 북부는 마늘을 사용하지 않는데, 남부는 마늘을 사용해 강한 맛을 낸다.

이에 비해 독일의 음식 문화는 단조로운 특징이 있다. 독일을 대표하는 음식은 브랏부어스트bratwurst와 같은 소시지, 슈니첼, 슈바인스학세 정도인데, 슈니첼은 프랑스로 전파되어 포크커틀릿pork cutlet이란 음식이 되었고, 이것은 일본에 전파되어 돈가스가 되었다. 슈바인스학세는 한국의 족발과 유사한 음식이다.

오늘날에도 북독일 평원을 남북으로 흐르는 엘베강을 경계로 하여 어느 정도 동부와 서부를 구분할 수 있다. 사실 '엘베Elbe'란 단어 자체가 게르만의 고어古語로 '강'이란 뜻이다. 아무튼 서부 지역은 개방된 사회 형태를 향해 서서히 발전을 거둔 나라가 있었지만, 동부 지역은 농노제農奴制에 기초한 권위주의적 사회가 존재했다.

독일인의 얼굴 표정은 서유럽이나 남유럽인에 비해 무표정한 편이지만, 특히 엘베강 동쪽의 사람들 표정은 더 어두워 보인다. 이는 혹독한 자연조건을 극복하기 위해 생겨난 강한 인내심과 용맹성은 물론 불굴의 의지에서 비롯된 것이리라. 고대 로마의 역사가인 타키투스의 『게르마니아』를 보면, 게르만 민족은 발트해 남쪽 연안 지역의 악천후 땅에서 형성된 것이 틀림없다고 설명했다. 그 땅은 여름에는 강우전선 때문에 비가 계속 내리고 겨울은 안개가 많이 끼는 것이 사실이므로 게르만 민족의 얼굴에 밝은 표정이 생길 수 없었을 것이다.

대중가요를 비교해 보아도 두 나라 간에 차이가 드러난다. 가령 프랑스를 대표하는 나나 무스쿠리의 노래는 가사가 슬프지만 기쁘게 들리는 데 비해, 독일의 클루에조의 노래는 무겁고 우울하게 들린다. 내가 좋아하는 「사랑의 기쁨」과 「원하는 게 뭔지 말해 봐」가 그러하다.

영남과 호남 지방의 비교

풍수지리적으로 프랑스와 독일은 한국의 호남 지방과 영남 지방에 비견될 수 있다. 즉 호남은 금강·만경강·영산강·보성강·섬진강 등의 여러 하천 유역의 다양한 문화가 교류하여 분열과 다극화된 데 비해, 영남은 대부분 낙동강을 중심으로 한 통합과 일원화의 단일 문화권을 형성했다는 것이다.

문화란 서로 교류하는 가운데 동질성이 형성되므로, 하천 유역권에 따라 동일한 문화권이 형성되는 것이 일반적이다. 그러나 자세히 살펴보면 하천의 상류와 하류의 문화가 차이가 남을 알 수 있다. 그림 22-4에서 보는 것과 같이 호남 지방은 유역권이 다양한 데 비해 영남 지방은 낙동강 유역권이 전역을 압도함을 알 수 있다. 알기 쉽게 표현하자면, 경상도 사람들은 대부분 낙동강 물을 마시고 살지만, 전라도 사람들은 다양한 강물을 마시고 살아왔다는 것이다. 그러므로 호남인들은 다양성이, 영남인들은 동질성이 생겨났다.

하천의 영향으로 독일 국민은 결속력이 강하지만, 프랑스 국민은 타인과의 차이를 용인해 다양한 민족을 하나로 묶는 이른바 톨러런스tolerance를 자랑한다. 톨러런스는 관용의 미덕을 뜻하는 것이다. 이와 마찬가지로 한국의 영남 지방 주민들은 전통적으로 결속력이 강한 데 비해 호남 지방은 친해질 때까지 상대방에 대한 경계심을 늦추지 않는 편이다.

사람들에게는 어느 강물을 마셨는지가 중요했던 것이다. 이런 유전인자가 영남인을 조직 문화에 익숙하게 만든 반면, 호남인은 조직 문화에 반감을 갖는 경우가 많다. 언어의 경우 호남 방언은 사교적인 데 비해 영남 방언은 무뚝뚝하며 억양에서도 차이를 보인다. 이 역시 프랑스어와 독일어의 차이와 매우 유사하다.

다극화된 문화일수록 섬세하고 화려하며 통합된 문화일수록 굵직하고 담백한 측면이 있다. 음식 문화를 보더라도 호남 지방의 음식은 미각이 섬세해 한 상차림이 20찬을 넘는 경우가 많은 데 비해, 영남 지방의 음식은 멋을 내거나 사치스럽지 않으며 간은 몹시 맵고 자극적인 편이지만 종류는 결코 많지 않다. 경상도 사람들이 음식을 주문할 경우 메뉴판을 보지도 않고 '아무끼나'라고 하는 것은 그만큼 종류가 다양하지 않음을 반증하는 것이리라.

프랑스가 좋은 발효조건을 지닌 탓에 와인과 치즈를 생산할 수 있는 것처럼 호남 지방은 양호한 갯벌을 구비해 질 좋은 천일염을 생산하고 다양한 어패류를 이용해 젓갈을 만든다. 젓갈은 그 자체가 독립된 반찬이며 식재료의 기능도 가진다. 경상도는 방어와 대게를, 전라도는 조기, 홍어, 꽃게, 꼬막을 많이 먹는다. 식재료 생산의 차이는 김장김치에서 보는 것처럼 음식 문화의 차이로 나타나고, 호남 지방의 다양한 식재료는 풍성한 음식 문화를 창출하게 된다.

음악 문화의 경우 전라도 민요는 육자배기토리로 되어 있는데, '토리'라는 말은 한 지역의 민요가 다른 지역과 구별되는 음악적 특징을 가리켜 부르는

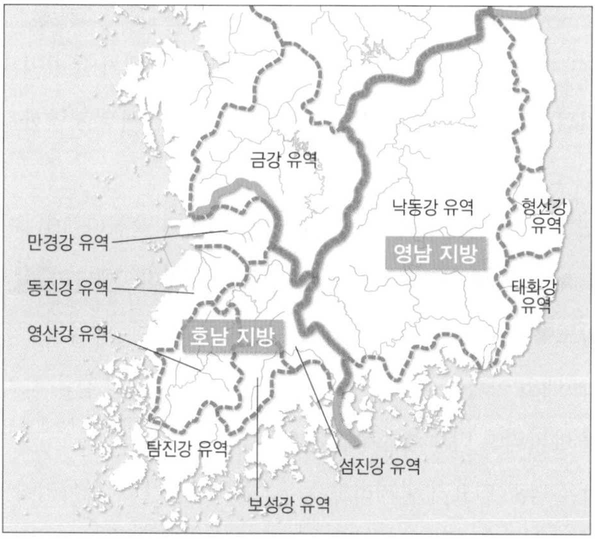

그림 22-4. 영호남 지방의 하천 유역권 비교

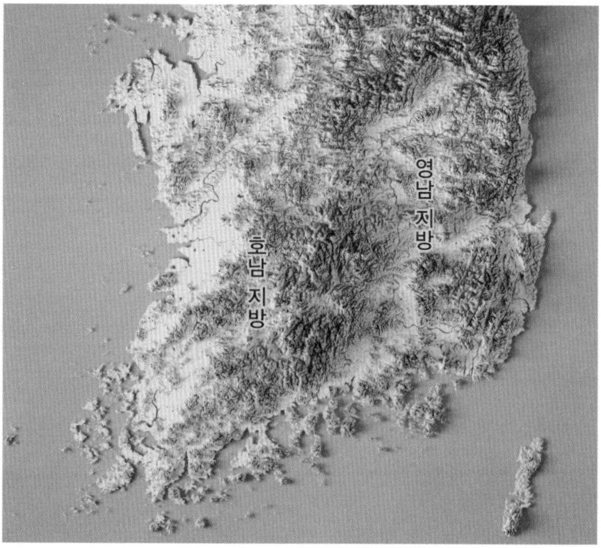

그림 22-5. 영호남 지방의 3D기복도

순수한 우리말이다. 우리나라 민요는 이 토리라는 순수 한국어로 민요권을 구분해 왔는데, 전라도 민요는 육자배기 토리권에 속한다. 육자배기 토리권은 전라도 이외에도 인접한 충청도 서부와 경기도 남부, 경상도 남서부 지역까지 영향을 미쳤다.

이에 비해 경상도 민요는 전라도와 달리 메나리 토리권에 속한다. 메나리 토리권에는 경상도 이외에 강원도 남부 지역에 영향을 미쳤다. '메나리'라는 말은 강원도와 경상도에서 김매기를 할 때 부르는 노래 이름인데, 메나리조라는 명칭은 바로 이 노래의 이름에서 따온 말이다. 즉 메나리 노래와 같은 음악어법으로 된 민요를 메나리조 민요라고 부른다.

전라도 민요는 같은 남도 민요라 할지라도 농부가·육자배기·진도아리랑·새타령 등에서 볼 수 있는 것처럼 느린 가락은 슬픈 느낌을 주고, 빠른 가락은 구성지고 멋스런 느낌을 준다. 이에 비해 경상도 민요는 성주풀이·밀양아리랑·쾌지나 칭칭 나네 등에서 볼 수 있는 것처럼 느린 가락으로 부르면 매우 슬프게 들리지만, 빠른 가락으로 된 것은 꿋꿋하고 씩씩한 느낌을 준다. 경상도 민요의 일반적 특징은 쿡쿡 찌르는 듯한 강한 억양을 갖는다.

여기서는 유럽의 프랑스와 독일을 한국의 영호남 지방과 비교하여 설명했는데, 앞서 1장 2절에서 설명한 바와 같이 개념은 동일하지만 공간적 스케일이나 위치가 다를 경우 적용되는 것이 프랙털이론이다. '프랙털'은 일부 작은 조각이 전체와 비슷한 기하학적 형태를 취하는 것을 가리킨다. 이런 특징을 갖는 기하학적 구조를 프랙털 구조라 하며, 동일한 구조는 동일한 기능을 갖게 된다. 그러므로 우리들이 흔히 이탈리아와 한반도의 반도적 성격과 영국과 일본의 섬나라 성격을 대비해 설명하듯이 프랑스와 독일을 영호남과 대비해 설명하는 것은 프랙털이론에 근거한 것이다. 풍수지리학에서는 이런 이론을 적용하여 땅을 해석하는 것이 보통이다.

팀 마샬은 『지리의 힘』에서 프랑스는 독일을 두려워하고, 독일은 프랑스를 두려워한다고 지적한 것처럼, 한국의 영호남은 서로를 두려워하는 것은 아닐는지. 노파심이라면 다행이다.

23. 아메리카 대륙을 먼저 발견한 사람은 누구일까?

콜럼버스보다 먼저 도착한 사람들

엄밀하게 말하자면 아메리카 대륙은 발견된 것이 아니라 몰랐던 것을 알게 된 것에 다름 아니다. 왜냐하면 아메리카 대륙은 지금으로부터 15,000년~3만 년 전 빙하기에 아시아로부터 베링 해협을 건너 속속 이동한 몽골계 사람들이 먼저 발견했다고 해야 정확한 표현일 것이다. 유럽의 백인들이 아메리카에 첫발을 내디뎠을 당시에 이미 1000만 명 정도의 인디언들이 살고 있었다. 아무튼 그들이 찾아낸 신대륙은 '발견'한 것은 아니었다. 구태여 발견이란 말을 사용하려면 '재발견'이라고 표현해야 옳다.

콜럼버스가 에스파냐의 팔로스곶을 출발해 아메리카 대륙을 '발견'한 지 500년이 넘었다. 과거 우리들은 학교에서 콜럼버스가 아메리카를 발견했다고 배웠지만, 오늘날에는 그것이 사실이 아니라는 것을 누구나 받아들이고 있다. 콜럼버스의 전설적 행적에 얽힌 스토리는 미국의 여행 작가 워싱턴 어빙 Washington Irving이 『콜럼버스』에서 발휘한 상상력에서 비롯된 바 크다. 그러나 그가 정확히 무엇을 발견했는지, 또 그가 오기 전에 누군가가 신대륙을 '발견'했는지를 두고 여전히 논의가 분분하다.

콜럼버스가 아메리카 대륙을 '발견'하기 직전까지만 하더라도 유럽인들은 지구에 대해 잘 알지 못했다. 그림 23-1에서 보는 것처럼 유럽인들은 유라시아 대륙과 아프리카 일부만 알고 있었다. 그로부터 60년 후 아메리카를 인지하기 시작했지만 여전히 미지의 세계는 많았다. 산업혁명 중반만 하더라도 그들이 모르는 세계는 도처에 존재했다.

미국에서는 1992년 콜럼버스의 아메리카 발견 500주년을 기념하기 위해 대대적인 축하행사를 열었다. 아메리카 대륙은 은혜를 가장 많이 받은 땅임이 틀림없지만, 인디언들의 온당한 대접도 소홀히 할 수 없다. 그래서 캘리포니아주 버클리에서는 9월 12일이 더 이상 공식적인 '콜럼버스의 날'이 아니다. 그곳에서는 콜럼버스가 오기 전에 꽃피었던 문명을 기념하는 의미에서 '원주민의 날'로 부르기로 했다. 아메리카 발견의 영예는 몽골 인종이 차지해야 마땅하기 때문이다.

일부 역사가들은 콜럼버스 이전에 누군가가 신대륙을 발견했다고 주장한다. 그들은 캘리포니아 해안에서 발견된 선박의 종류를 근거로 중국 또는 일본 배가 바람과 해류를 타고 아메리카에 닿았을 가능성을 제기하고 있다. 남아메리카에서는 고대 로마의 주화가 발견되었는데, 이 경우 역시 풍랑에 휩쓸려 왔을 가능성이 있다. 노르웨이의 어느 인류학자는 이집트와 페니키아의 선원들이 남아메리카나 멕시코에 도착해 그곳에서 피라미드를 건설했다고 주장한 바 있다(Davis, 2001).

아프리카인이 아메리카를 발견했다는 주장을 편 반 세르티마 교수는 『그들은 콜럼버스에 앞서 왔다』에서 중앙아메리카와 남아메리카의 문명에서 아프리카 문명과 유사한 유물과 조각품이 출토된다는 사실을 근거로 제시했지만 맹점을 안고 있다(Van Sertima, 1976). 서로 다른 문화들이 교류가 전혀 없던 상태에서도 유사한 발전을 이룩하지 않았으리라는 법이 없다.

이상에서 소개한 주장들이 호기심은 당기지만, 우리들은 왜 여러 문화 및 문명 가운데 일부분만이 선택적으로 이전되었는지에 대해 의문을 제기하지 않을 수 없다. 만약 페니키아인들이 아메리카 대륙에 왔다면 왜 자신들의 문자와 바퀴를 가져오지 않았는가? 신대륙에 도착한 에스파냐 사람은 그곳에 문자와 바퀴가 존재했다는 흔적을 찾지 못했다.

아메리카 인디언을 제외한다면 콜럼버스가 최초인가? 중국 또는 일본인이 먼저인가? 아니면 페니키아인이나 이집트인이 먼저인가? 기원후 1000년에 캐나다 동부의 뉴펀들랜드섬 근처에 당도한 바이킹족을 염두에 둔다면 결코 그렇지 않다. 바이킹족은 그곳에 정착했지만 원주민들의 반응이 별로 호의적이지 않았기 때문에 몇 년 뒤 고향으로 되돌아갔다. 분명히 바이킹족은 콜럼버스보다 한발 앞서 아메리카에 왔었다.

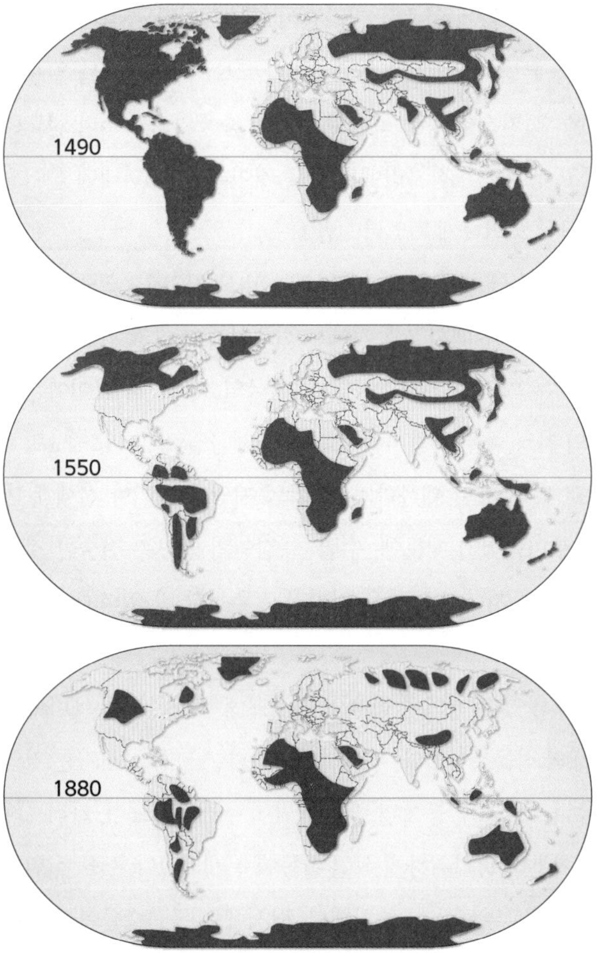

그림 23-1. 15~19세기 유럽인들의 미지의 세계

유럽인들이 아메리카 대륙에 당도했을 당시에 인디언들이 살고 있던 곳은 전혀 개간이 안 된 땅이었다. 노르망디의 고문서에서 콜럼버스가 당도하기 훨씬 전인 1010년대 '북쪽에서 온 사람'이란 뜻을 가진 노르드인Norsemen이 아메리카의 어느 해안에 발을 디딘 적이 있음이 밝혀진 바 있고, 1100년대 뉴펀들랜드의 그랜드뱅크스가 발견된 것을 필두로 1500년대에 들어와서 서인도 제도의 섬들에 콜럼버스가 도착하게 되었다.

15세기 말에도 전설과 신화에 의존한 지리관이 팽배했지만 콜럼버스는 지구가 둥글다는 사실을 분명히 알고 있었을 것이다. 그는 카리브해를 일주해 남아메리카에 도착한 후, 자신이 당초 목표로 삼았던 중국의 변방이나 인도의 어떤 섬에 도착했다고 생각하며 잠자리에 들었을 것이다. 1600년대에 들어오면서 아메리카의 윤곽이 드러나게 되었다(그림 23-2).

1700년까지만 하더라도 에스파냐령 아메리카는 리오그란데강으로부터 북쪽의 캘리포니아와 텍사스, 뉴멕시코 등지에는 선교사들이 살고 있던 몇몇의 성채와 교역소 이외에는 거의 무인지경이었다. 미국의 지리학자 다이아몬드는 수렵·채집 시대의 가장 좋은 수렵지에서조차 2.5제곱킬로미터당 약 1명에 불과했으므로 빙하로 덮여 있던 캐나다와 그 밖의 지역을 제외한 신세계 면적은 2500만 제곱킬로미터였기 때문에, 수렵·채집인의 인구는 전술한 것처럼 기껏해야 1000만 명에 지나지 않았을 것이라고 추정한 바 있다(Diamond, 1997).

18세기 초에 인구가 많았던 지역은 현재의 멕시코에 해당하는 누에바에스파냐, 페루, 카리브해의 섬들뿐이었다. 누에바에스파냐는 가장 앞서가는 지역이었고, 페루는 우유니 소금호수 동쪽의 광산 개발이 추진되었으며, 카리브해에 위치한 섬들은 일찍부터 광범위하게 식민 활동이 전개되었다. 이들 식민지는 중앙 정부에서 파견된 부왕副王이 통치했다. 당시에는 통신수단이 발달하지 못했던 까닭에 실제로는 부왕과 사령관들이 재량권을 쥐고 있었다.

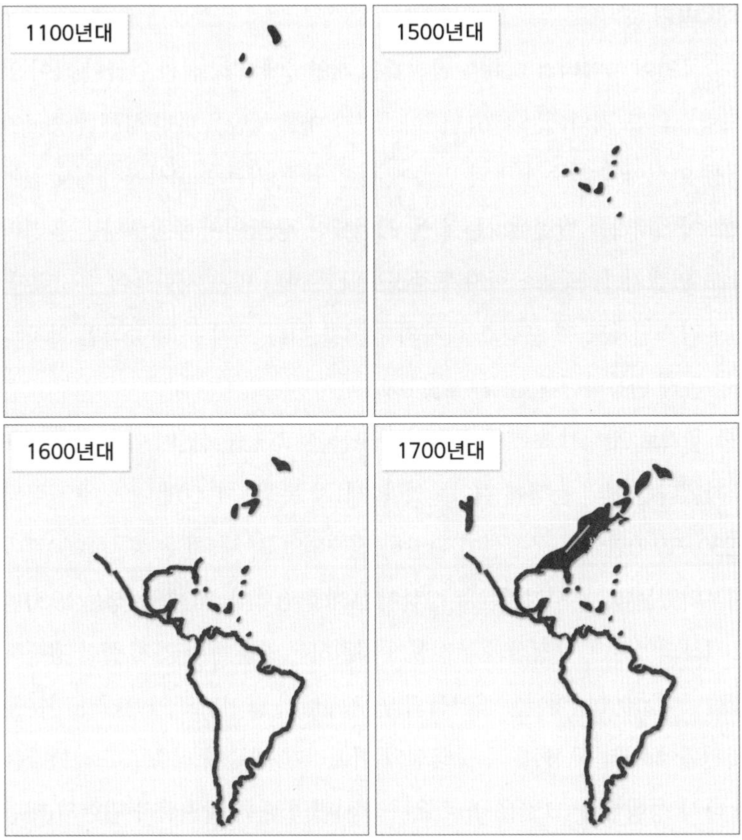

그림 23-2. 유럽이 아메리카 대륙을 인지한 추이

그럼에도 에스파냐와 포르투갈은 아메리카 식민지로부터 막대한 이익을 수중에 넣었다. 그중 에스파냐는 1650년까지 약 180톤의 금괴와 16,000톤의 은을 유럽으로 가져갔다. 에스파냐는 식민지에서 본국과 경합하는 광업과 수공업 이외의 산업을 포기했다. 우리가 에스파냐의 성당을 견학할 경우 금과 은으로 장식된 화려함을 보고 감탄하기에 앞서 당시 그들의 약탈 사실을 떠올려야 할 것이다(남영우, 2018a).

중국인 법현

앞서 중국인이 아메리카 대륙을 발견했을 개연성에 대해 잠깐 언급한 적이 있다. 프랑스의 드 지니에는 1761년 『아메리카 대륙 해안을 따라 항해한 중국인과 극동 아시아에 거주한 몇몇 민족에 관한 연구』라는 보고서에서 중국인이 최초로 아메리카를 발견했다는 설을 제시했다. 중국인이 주장했다면 흘려버릴 수도 있겠지만, 프랑스 학자가 주장했다고 하니 많은 사람들이 솔깃했다. 나는 유감스럽게도 이 프랑스 학자의 저서를 직접 보지 못해 중국인 학자의 저서를 통해 인용하려던다(胡阿祥·彭安玉, 2004).

이를 계기로 20세기 초부터 중국의 학자들은 고대 중국인이 아메리카 대륙에 도착했다는 설의 논쟁에 뛰어들었다. 제1차 논쟁은 1900년대 초에 시작되어 1930~1940년대에 긍정설이 활발히 진행되었고, 제2차 논쟁은 1960년대에 시작되었는데, 이 시기에는 부정설이 우세를 점했다. 제3차 논쟁은 1980년대에 시작되었는데, 긍정설과 부정설이 병존하는 가운데 두 가지 설이 팽팽하게 대립했다. 1990년대에는 학자들의 연구 시야가 넓어지고 아메리카 신문물이 발견됨에 따라 긍정설, 즉 중국인의 아메리카 대륙에 최초로 도착했다는 설이 다시 성행했다. 그것은 바로 은나라 사람의 대륙 발견설과 법현의 태평양 항해설이었다.

롄윈산은 『누가 아메리카 대륙에 먼저 도착했는가』에서 중국 동진東晉의 법현이 아메리카 대륙을 항해해 멕시코에 도착했다는 학설을 상세히 논증하면서, 최초로 아메리카 대륙을 발견한 사람이 콜럼버스가 아니라 그보다 1,000여 년이나 앞선 411년에 중국인 승려 법현法顯임을 천명했다(連雲山, 1992). 이러한 주장을 계기로 중국에서는 각종 매체가 앞다투어 집중적으로 보도함에 따라 아메리카 대륙을 발견한 사람이 중국인 법현이라고 믿게 되었다.

중국의 고승이었던 법현은 "스님마다 읽는 불경이 다르다."라고 할 정도로 당시 혼란스런 현실에 불만을 느끼고, 이를 해결하기 위해 진짜 경전을 구할 생각으로 399년 10명의 일행과 함께 장안을 출발해 사막을 지나 중앙아시아를 경유해 출발한 지 3년 만인 402년 인도에 도착했다. 그는 불교의 발원지인 인도에 긴 세월 동안 문자로 기록된 경문이 없음을 알고 수소문 끝에 인도에 온 지 8년 만에 비교적 오류가 적은 불경을 구해 천축국(인도) 사람이 구술한 내용을 기록하고 이를 다듬었다.

법현은 410년 인도의 콜카타에서 배를 타고 스리랑카로 향했는데, 스리랑카는 당시에 중국과 로마 제국의 해상무역 중계항으로 중국 상선이 오가면서 반드시 거쳐야 하는 곳이었다. 그는 그곳에서 귀국하는 배를 타고 광저우로 갈 계획을 세운 것이다. 스리랑카에서 2년을 체류한 후 그는 412년 9월 로마 제국에서 중국으로 돌아가는 배에 몸을 싣고 귀국길에 올랐다. 이 계절은 인도양과 태평양의 계절풍이 남서풍과 서풍으로 바뀌는 때인데, 스리랑카에서 광저우로 항해하기 좋은 풍향이었다.

하지만 배가 항해를 시작한 뒤 이틀 만에 폭풍을 만나 법현과 일행은 불안에 떨었다. 목숨보다 더 중요한 불경을 지녔기 때문이었다. 부처에게 기도한 보람이 있었는지 파도가 잦아들자 배는 다시 돛을 올려 10여 일을 항해했지만 뜻밖의 비구름이 몰아쳤다. 방위를 잘못 잡았는지 아니면 다른 원인이 있었는지는 알 수 없지만 배는 정상항로를 이탈하고 말았다. 이후 그들은 배를 정박할 섬을 찾지 못해 90일을 항해한 끝에 '야파제耶婆提'라 불리는 나라에 도착했다. 그곳에서 법현 일행은 5개월을 체류했고, 이듬해 봄이 되어서야 배를 타고 중국으로 귀환할 수 있었다. 4개월간을 항해해 413년 9월 17일 칭다오에 무사히 도착했다(그림 23-3).

야파제는 어느 나라인가? 이 지명을 알아야 그것이 중국인이 아메리카 대륙을 발견했는가의 여부를 판단하는 열쇠가 된다. 이에 대해서는 야파제가 자바를 비롯해 수마트라, 보르네오 등일 것이라는 학설이 분분했다. 그러나 모두 확실하지 않다.

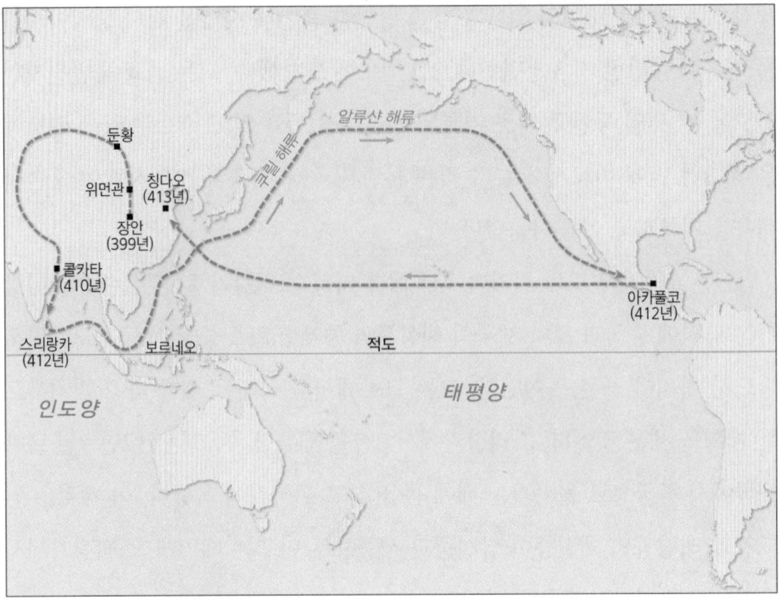

그림 23-3. 법현의 태평양 왕복도

옛말에 "하늘의 풍운은 예측을 불허한다."라고 했듯이 바다 항해는 날씨와 파도 등의 영향을 크게 받는다. 고대의 과학 수준은 상대적으로 낙후하고 해상에서의 방향은 전적으로 천문에 의지해 해가 뜨고 지는 것을 보고 동서 방향을 가리고, 밤에는 별자리를 관찰해 남북을 가렸다. 나침반이 중국에서 발명되었지만 그 당시에는 육지에서만 사용되었고, 항해에 사용된 것은 송나라 시대 이후의 일이었다. 그러므로 법현이 살았던 5세기에는 항해 노선의 정확성을 알 수 없었다. 만약 항해할 때 폭풍우를 만나거나 며칠 동안 계속해 날이 흐리고, 비가 오며, 안개가 끼는 등의 날씨가 궂으면 해와 달은 물론 별을 볼 수 없어 방향을 종잡을 수 없게 된다.

더욱이 당시에는 항해에 반드시 필요한 해류에 무지했다. 다만 유라시아 근해의 해류 정도만 경험적으로 알고 있을 뿐이었다. 고대에는 대륙 연안의 북

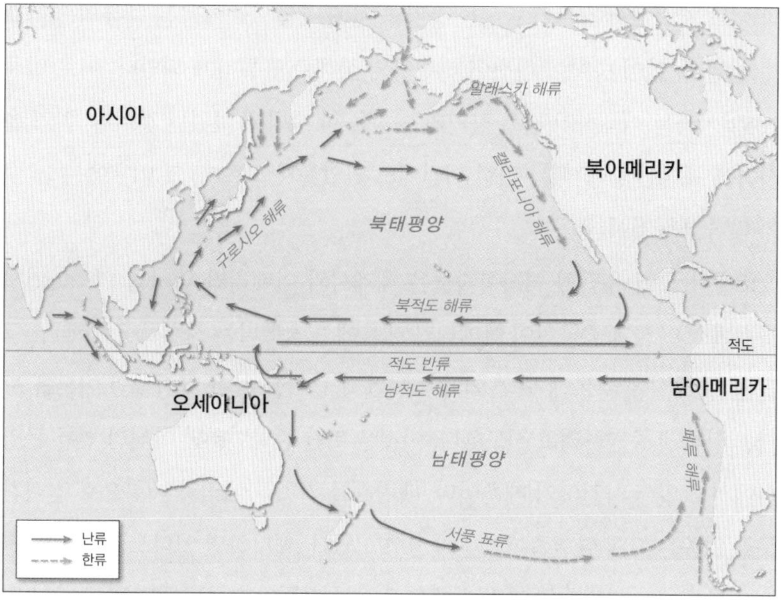

그림 23-4. 태평양의 해류

적도 해류와 구로시오 해류 정도를 경험적으로 알고 있었을 뿐, 태평양 건너편은 알지 못했다. 끝이 없는 망망대해에서 방향과 해류를 알기 어려울 때에는 그저 바람에 배를 맡길 뿐이었다.

항해 방향에 대한 법현의 기록을 보면, "날이 개자 동서를 알 수 있었고 다시 똑바로 전진했다."라는 말은 구로시오 해류를 따라 항해했음을 뜻하는 것이다. 그로부터 100여 일이나 되는 항해 거리를 감안하면 도착한 곳은 아메리카 대륙일 수밖에 없다. 특히 멕시코 해안의 아카풀코일 가능성이 높다. 왜냐하면 이곳은 해류가 완만해서 상륙하기가 비교적 쉽기 때문이다(胡阿祥·彭安玉, 2004).

이러한 이유로 법현 일행은 스리랑카를 떠난 후 말라카 해협을 통과해 싱가포르에서 동북 방향으로 항해하던 오래된 항로를 따라 항해했을 것이다. 그러나 어느 지점에서 갑자기 발생한 풍랑과 서에서 동으로 흐르는 해류의 영향으로 어쩔 수 없이 방향이 바뀌어 태평양의 심해로 표류하게 되었다. 이로 인해 105일이라는 이해하기 힘든 장거리 여정을 할 수밖에 없었던 것이다. 이와 유사하게 표류한 중국 배는 법현 이전에도 있었을지 모르며, 그 이후에는 그 수가 많아졌을 것이다.

18세기 중엽 유럽의 역사학자들은 세계사와 아메리카 역사를 연구하면서 콜럼버스 이전에 중국인이 아메리카 대륙에 도착했다는 사실을 인정했다. 그들은 이 사실에 주목해 중국 역사 기록에서 근거를 찾아 자신들의 이론을 보다 명확하게 증명하려고 시도했다. 이것은 비단 중국인뿐만 아니라 인류 문명사에서도 일대 사건이기 때문이다. 베링해를 거쳐 아메리카 대륙으로 건너간 몽골 인종은 고대 한민족이었을 개연성도 있다. 왜냐하면 인디오의 언어와 민속 가운데에는 한민족의 그것과 매우 흡사한 것들이 오늘날에도 많이 남아 있기 때문이다.

법현을 태운 중국 배가 아메리카 대륙에 도착했다는 사실은 움직일 수 없는 증거를 찾아야 분명해질 수 있다. 나는 그 물증으로 2005년과 2006년 두 차례에 걸친 멕시코 치첸이트사의 답사에서 확인한 유물 하나를 제시하려고 한다. 9세기 가장 부유한 땅이었던 치첸이트사Chichén Itza는 '샘 어귀에 있는 이트사의 도시'라는 뜻에서 유래된 지명으로 1988년 유네스코의 세계유산으로 등재된 바 있는 마야 유적지 중 하나다. 치첸이트사는 마야인들이 살던 곳을 톨텍인Toltec들이 점령한 곳이므로 건축과 미술 작품에서 마야와 톨텍의 문화가 절묘하게 조화를 이루고 있다(Tozzer, 1957).

서쪽 중앙에 건설된 깃털 달린 뱀으로 상징되는 마야 최고의 신 케찰코아틀에게 제사 지내는 엘 카스티요 피라미드를 볼 수 있는데, 이 피라미드 계단은 춘분과 추분에 뱀의 그림자가 나타나는 것으로 유명하다. 또한 이 피라미드 뒤에 있는 그림 23-5의 전사의 신전과 엘 카스티요 피라미드에서 '차크물

그림 23-5. 치첸이트사의 치첸누보 유적지와 차크물 석상

Chacmool'이라 불리는 석상과 그 눈에 박힌 비취가 발견되었는데, 이것이 중국산임이 판명되었다. 차크물은 메소아메리카 전역에서 발굴된 바 있지만, 차크물에서 중국산 비취가 발견된 것은 오직 이곳뿐이다. 유감스럽게도 이에 대한 심층적 연구는 없는데, 나는 이것을 법현 일행이 가져온 것으로 추정하고 싶다. 왜냐하면 메소아메리카 마야의 땅에서 중국산 비취가 어떻게 이곳까지 흘러왔는지 법현을 빼놓고는 달리 설명할 길이 없기 때문이다.

미국의 마야 전문가인 밀러(Miller, 1985)에 의하면, 그림 23-5에서 보는 것처럼 누운 자세에서 상반신을 일으켜 얼굴을 거의 90도 각도로 돌리고 손에 그릇을 들고 있는 차크물은 신에게 바치는 인신공양의식을 행하는 전사이거나 신과 인간의 메신저의 모습으로 해석된다.

이 논쟁은 여전히 현재 진행 중이며, 진실은 아직까지 밝혀지지 않고 있다. 그러므로 법현이 정말 아메리카 대륙에 도착했는지의 여부에 관계없이 시간의 흐름을 따라 1,500여 년 전에 일어났던 족적을 추적해 본 것이다.

아메리카 지명의 유래

아메리카 대륙의 지명에 대해 부연하자면 콜럼버스는 13년 동안 4번에 걸쳐 아메리카에 다녀왔지만, 그는 죽을 때까지 자신이 도착한 곳이 신대륙이란 사실을 몰랐다. 따라서 5개월밖에 머물지 않은 법현 역시 자신이 도착한 곳이 신대륙이란 사실을 몰랐을 것이다. 아메리카라는 지명은 콜럼버스뿐만 아니라 전 세계인도 몰랐다. 아메리카란 지명은 1499년 아메리고 베스푸치라는 탐험가이며 지리학자에 의해 명명되었다.

그는 피렌체 태생으로 1494년부터 2년간 메디치 가문의 사무원으로 에스파냐에 파견되어 세르비아의 주오나토 베라르디 상사에 들어갔다. 이 상사는 콜럼버스가 1, 2차 신대륙 항해를 준비한 곳이다. 그는 1497년 첫 탐험에 나서 1499년 신대륙의 북위 15°지점을 거쳐 브라질에 도착했다. 아메리카라는 이름은 그의 이름 '아메리고'에서 따온 것이다.

독일의 지리학자 발트제뮐러(Waldseemüller, 1507)가 『세계지지 입문』에서 신세계를 발견한 아메리고 베스푸치의 이름인 아메리고를 따서 신대륙을 '아메리카'라고 부를 것을 제안했고, 이에 따라 이 지명이 널리 퍼지게 되었다. 콜럼버스는 탐험가이자 해군 제독 출신인데 비해, 베스푸치는 지리학자였다는 차이가 있었다.

이러한 주장과 달리 프랑스에서는 신대륙의 명칭이 없어 불편함을 없애기 위해 아메리고 베스푸치의 이름을 줄여서 이를 '아메리카'라 명명한 사람이 독일의 발트제뮐러가 아니라 16세기 프랑스의 지리학자 보트린 루드 Vautrin Lud라고 주장하고 있다. 상기한 발트제뮐러(1470~1520)와 보트린 루드(1448~1527)는 동시대를 살았던 사람이지만, 보트린 루드가 22년 먼저 태어나 나중에 사망했으므로 신대륙 지명을 먼저 명명한 것은 프랑스의 보트린 루드일 가능성이 더 높아 보인다.

그런 연유로 프랑스는 1991년부터 '지리학의 노벨상'이라 불리는 '보트린 루드상'을 제정해 매년 그의 출생지에서 시상식을 거행하고 있다. 발트제뮐러는 당시 신대륙에 관해 상세한 정보가 부족했으므로 그림 23-7에서 보는 것처럼 남아메리카만 아메리카라 생각했던 것이다.

그림 23-6. 아메리고 베스푸치의 초상화와 콜럼버스 탑

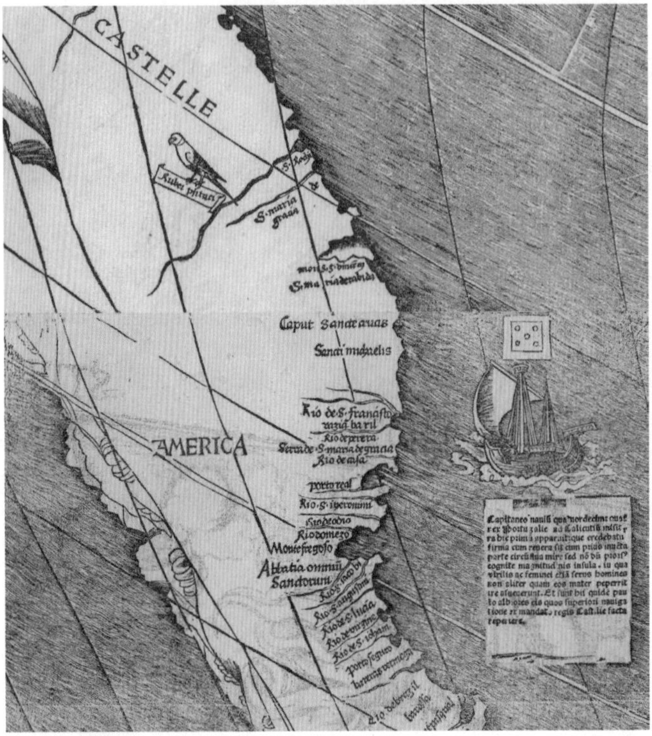

그림 23-7. 발트제뮐러의 세계지도에 묘사된 남아메리카 부분

24. 풍수사상은 메소아메리카 땅에도 적용되었다

메소아메리카라 불리는 중앙아메리카에는 아즈텍 문명 이전에 테오티우아칸 문명이 있었다. 테오티우아칸의 발전 과정에서 주목해야 할 것은 고도의 인구 집중과 도시 계획에 바탕을 둔 거대한 건조물의 건설이 수세기에 걸쳐 형성된 것이 아니라 도시 형성 초기에 한꺼번에 조성되었다는 점이다. 이 땅에는 먼저 진북眞北보다 15°25′ 동쪽으로 틀어진 독특한 방위 개념이 확립되었고, 이것에 따라 바둑판 형태의 격자형 도시 설계가 수립되었다. 이 방위를 아베니와 하르퉁은 『메소아메리카 우주관의 시공간』에서 '테오 북', 즉 '신북神北'이

라 불렀다(Aveni and Hartung, 1982).

이처럼 방향을 틀어 기준 축을 정한 이유는 도시의 주산主山에 해당하는 고르도Gordo산의 정상부 방향에 맞추기 위함이었다. 이 각도를 기준 축으로 설정한 것이 메인스트리트에 해당하는 '죽은 자의 거리Streets of the Dead'이다. 메소포타미아의 우르와 같이 주요 고대도시의 설계에서는 도시의 기본 축이 정해진 후에 도시 골격이 결정된다.

죽은 자의 거리는 '달의 피라미드'에 맞춰 정해졌다. 스기야마에 의하면 테오티우아칸에서 사용된 길이의 기본 단위가 약 83센티미터였으며, 이를 바탕으로 주요 건축물의 길이와 건조물 간의 거리를 정한 것은 테오티우아칸 주민들의 우주관을 반영한 구상이었다(Sugiyama, 1993). 당시의 인간들은 별과 하늘과 관련된 우주 공간에 산을 기준으로 삼았다. 즉 우주 공간에서 도시의 위치를 정하는 중심점 역할을 한 것이 달의 피라미드였는데, 바로 이 세르 고르도산이 동양 풍수의 진산鎭山에 해당하는 기준점이다. 그런 이유에서 유래되었는지 불확실하지만 피라미드의 형태가 고르도산과 매우 흡사하다(그림 24-1). 이 피라미드는 '비의 신'을 상징했다.

메소아메리카인들은 구름과 천둥에 의해 내린 빗물을 모아 주는 산 정상에 '비의 신'이 살고 있다고 믿었다. 이와는 달리 '태양의 피라미드'를 기준으로 음력 5월 19일과 7월 25일의 양일에 그림 24-2에서 보는 것처럼 칼라베라Calavera 방향이 일몰점이란 것에 기준점을 두어 진서眞西와 15°25′ 차이가 나는 신서神西가 정해졌다고 해석할 수도 있다. 실제로 상기한 양일 정오에 태양이 테오티우아칸을 수직으로 통과한다.

에스파냐 식민지 이전에 멕시코에는 비의 신을 딴 지명을 트랄로크Tláloc라 불렀다. 테오티우아칸 문명 이후에 나타난 아즈텍 문명에서도 산정山頂을 수인성 질병과 수해로부터 구원해 주는 파라다이스라 믿는 신앙이 있었다. 파스토리에 의하면 아즈텍의 신비는 비의 신이 하늘에 있지 않고 산에 있다고 여

그림 24-1. 고르도산과 달의 피라미드

겨, 트랄로크로서 산의 위치는 지상 최고의 존재인 듯했다(Pasztory, 1976). 나는 이런 사실을 근거로 테오티우아칸의 도시 계획에 풍수사상이 적용되었다고 생각한다. 그뿐만 아니라 배산임수와 좌청룡 우백호의 풍수적 입지 원리가 그대로 적용되었음을 간과할 수 없다.

테오티우아칸 도시 계획의 축이 된 것은 전술한 바와 같이 도시의 중앙을 남북으로 종단하는 죽은 자의 거리였다. 이 대로를 따라 20여 개의 신전 피라미드가 건설되었다(그림 24-3). 메소아메리카에서 피라미드는 이집트의 그것과 달리 지하세계·여성·권력 등을 상징하는 것으로 알려져 있다. 이들 가운데 태양의 피라미드는 멕시코 분지의 최대 규모일 뿐더러 세계 고대 문명 가운데 가장 큰 피라미드 신전의 하나이며, 지구 혹은 지하세계를 의미하거나 여신의 상징이기도 하다.

테오티우아칸의 도시 계획기법은 마치 중국 당나라의 도성이던 장안성에서 볼 수 있는 것과 동일하다. 즉 장안성의 궁성과 대로 방향을 맞은편의 석별곡을 기준으로 정했다는 것이며(8장 32절을 참고할 것), 이러한 점은 동양의 고대도시에서 흔히 볼 수 있는 특징이기도 하다. 또한 테오티우아칸에는 동양의 풍수지리사상에서 볼 수 있는 배산임수와 좌청룡 우백호의 분지형 형국이 그대로 적용되었음을 알 수 있다. 이런 형국으로는 풍수에서 말하는 장풍득수가 가능하다. 이와 같이 풍수에서는 주어진 산수山水에 대한 파악이 이루어진 후에 좌향坐向을 결정해 그 산수와 좌향의 조합에 따른 기운을 평가한다(최창조, 1984).

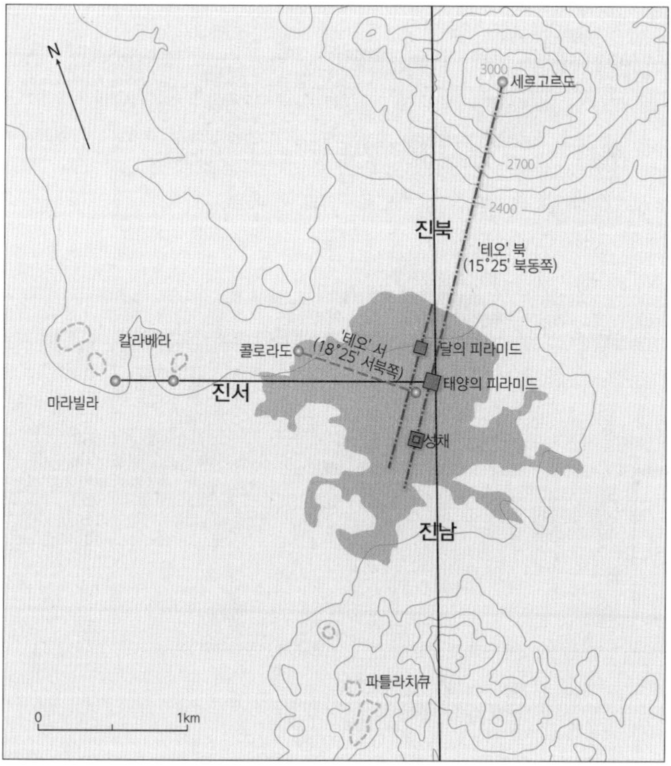

그림 24-2. 테오티우아칸의 우주관을 반영한 풍수 원리

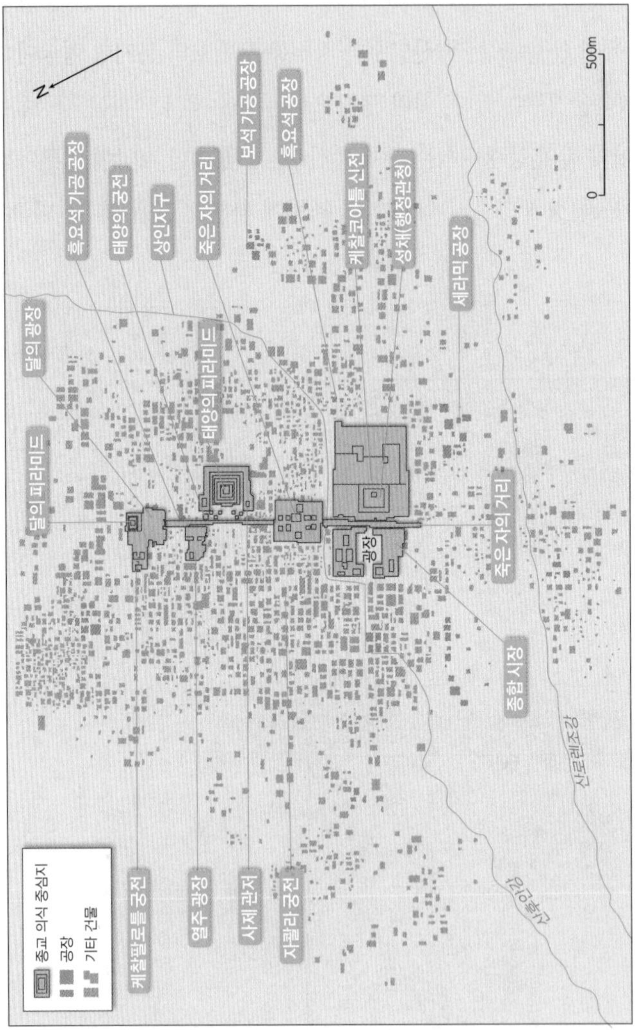

그림 24-3. 테오티우아칸의 도시 구조

그러면 과연 동양에서 생겨난 풍수지리사상이 어떻게 고대에 테오티우아칸이 위치한 메소아메리카까지 전파될 수 있었을까. 이에 대한 답은 그들 역시 동아시아에서 이주한 몽골 인종의 후손들이기 때문이 아닐까 싶다. 풍수지리란 땅과 공간의 해석과 활용에 대한 동아시아의 고유 사상이다. 풍수風水는 "바람을 막고 물을 얻는다."란 뜻인 장풍득수藏風得水에서 유래한 말로, 생명을 불어넣는 지기地氣를 살피는 것이다. 그래서 많은 풍수가들은 이 사상이 중국으로부터 유입된 것으로 생각하기 십상이다.

그렇다면 중국으로부터 '풍수'란 용어가 한반도에 유입되기 전에는 한민족이 아무 땅에나 마을과 도시를 건설했다는 말인가? 그렇지 않을 것이다. 나는 이에 대해 『한국인의 두모사상』에서 한민족이 도시와 마을을 만들 때 '두모'에 해당하는 땅을 골라 입지시켰다는 사실을 밝힌 바 있다(남영우, 2012a). 두모란 위에서 언급한 배산임수와 좌청룡 우백호의 형국을 한 땅을 가리킨다. 두모사상은 한반도뿐만 아니라 동아시아 일대에 확산된 바 있다.

그림 24-4. 테오티우아칸을 둘러싼 산줄기

동아시아로부터 아메리카 대륙으로 이주한 그들은 전혀 새로운 땅에서 우리와 똑같이 땅의 기운을 느끼며 도시를 건설한 것이라고 해석할 수 있을 것이다. 그러므로 풍수사상은 땅의 논리인 동시에 인간의 논리라 간주된다.

25. 미국 영토는 왜 분열되지 않는가?

아메리카 대륙은 은혜를 가장 많이 받은 땅이다. 특히 북아메리카가 그러하다. 지리학적 관점에서 볼 때 북아메리카는 우리가 바라는 거의 모든 것을 갖추고 있다고 할 만하다. 1783년 파리 평화조약이 체결됨에 따라 미국이 성립될 당시 13개의 공화국으로 구성된 아메리카 합중국United States of America은 하나의 연합체이면서도 각국의 주권이 그대로 인정되는 연방 정부였다. 그러나 state를 '주州'라 번역한다면 '아메리카 합주국'이라 불러야 옳다.

우리는 흔히 미국은 연방제를 채택하고 있고 국토가 광활하며 다인종이 혼재하는 합중국이므로 여러 개로 분할된 문화적 영향을 받아 도시 경관이 다양할 것으로 생각하기 쉽다. 그러나 의외로 미국의 도시 문화는 표준화되어 있어 어느 도시를 가더라도 확연한 차이를 느낄 수 없을 정도다. 이는 지역적 특성이 뚜렷하지 않다는 뜻이다. 미국인의 기질과 미국 문화의 형성 및 구조의 복잡성이란 관점에서 생각하면, 미국은 분열적 현상이 강하고 해체의 위험성이 내재되어 있다고 볼 수 있다.

그럼에도 불구하고 미국은 현실적으로 합중국으로서 강하게 묶여 있으며 민족적 다양성을 뛰어넘어 새로운 '아메리카인' 혹은 '양키 기질'로서 커다란 하나의 존재로 뭉쳐 있다. 여기에는 몇몇의 자연적 혹은 역사적 요인이 작용해 분열을 저지하고 통일과 융합을 가능하게 만들었으므로, 미국의 도시 문화가 표준화된 것은 그와 같은 요인이 작용한 결과로 간주되어야 한다. 이에 관해 일본의 지리학자 베쓰기(別技, 1989)는 그의 저서 『세계의 풍토와 민족문화』

에서 미시시피강의 역할을 비롯해 청교도 정신, 프런티어 정신, 지역 분화와 상업주의의 네 가지 요인을 꼽았다.

미시시피강의 역할

이들 요인 중 땅의 생김새에서 볼 때 가장 주목해야 할 것은 미시시피강의 역할일 것이다. 그러므로 여기서는 먼저 미시시피강이 미국 문명에 미친 영향에 대해 설명하겠다. '미시시피'란 원래 '강의 아버지'란 뜻의 인디언어에서 유래되었다. 연장 3,730킬로미터에 달하는 미시시피강은 북미 대륙의 중앙부를 흘러 동서 방향의 크고 작은 지류를 모으면서 남쪽으로 흘러간다. 따라서 이 강은 광대한 지역의 분수계를 보유하며 각지를 수운교통으로 결합시키는 역할을 담당하고 있었다. 미국이 독립 후 서부로 개척해 나아가 이 강에 도착했을 때, 미시시피 동쪽은 프랑스령이었다. 나폴레옹은 이곳을 프랑스 기지로 삼아 신대륙에 커다란 식민 제국을 건설할 꿈을 가지고 있었다.

그러나 유럽에서의 계속되는 전쟁이 프랑스에 재정적 부담이 됨을 간파한 미국의 제퍼슨 대통령은 나폴레옹으로부터 이 지역을 1500만 달러에 불과한 가격으로 사들이는 결단을 내렸다. 이로써 미국은 서부 개척의 장애를 제거함은 물론 미시시피의 본류와 지류를 자유롭게 이용하고 국토 통일로 가는 자연 조건을 마련한 셈이 되었다. 하나의 국가로 영역을 확보하기에는 너무 광활한 영토와 이질적 이민집단이 섞여 있음에도 미국이 분열됨이 없이 하나로 통합되는 데에는 미시시피강의 역할이 절대적이었다. 하천을 중심으로 하는 유역권은 동질성을 담보하기 때문이다. 그런 까닭에 나는 미국 문명을 발전시킨 땅이 동부와 서부였지만 그 중간의 미시시피강을 미국 근대 문명을 탄생시킨 요람으로 평가하고 싶다(남영우, 2018a).

미국 문명은 유럽인들이 들어와 정착하기 시작해 창출한 뉴잉글랜드 문명과 서부 개척의 결과로 얻어진 캘리포니아 문명으로 구성되어 있다고 보아도

그림 25-1. 북미 대륙의 미시시피강

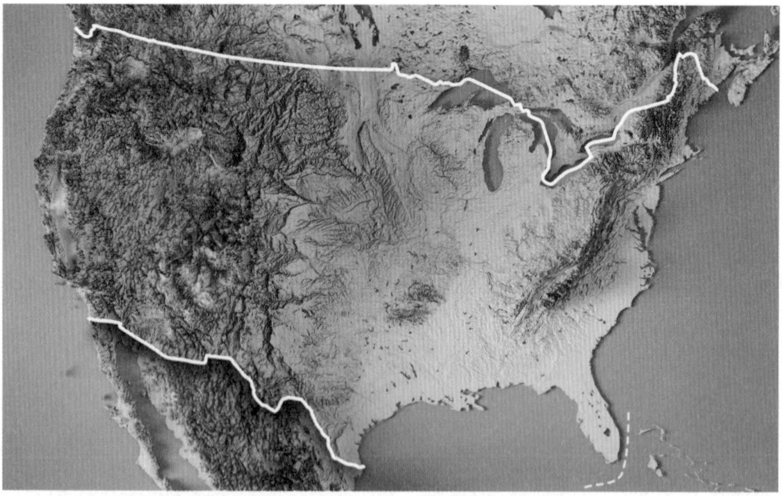

그림 25-2. 북미 대륙의 3D기복도

무리가 없다. 뉴잉글랜드에는 지금도 과거의 자연환경이 잘 남아 있다. 중요한 사실은 빙하가 만들어 낸 토양을 바탕으로 그 북쪽에는 고도의 지식과 기술 없이는 경작할 수 없는 땅이 인간의 손길을 기다리고 있었다는 점이다. 다시 말해서 메인주로부터 매사추세츠주를 거쳐 버지니아주에 이르는 잘생긴 땅은 문명인의 손을 거쳐야만 문명이 꽃필 수 있는 땅이었다.

이에 비해 버지니아 남쪽 땅은 종자 선택만 잘하면 별로 정성을 들이지 않고 기술 없이도 20~30배의 수확을 올릴 수 있는 땅이었다. 그러므로 뉴잉글랜드의 자연환경 속에서는 여러 사람이 지혜를 짜내어 합세해야만 비로소 자연으로부터 문명의 기초가 될 수 있는 것을 얻어 낼 수 있는 엘리트들의 땅이었다고 볼 수 있다. 그런 까닭에 이 땅에서는 상공업이 발달할 수 있었던 것이다. 일본의 평론가 이누카이(犬養, 1966)는 그 땅을 신의 은총으로 구원을 받는다는 칼비니즘Calvinism과 자본주의가 자연스럽게 연계된 땅이라고 평가했다. 나는 이 땅에서 꽃핀 문명을 '뉴잉글랜드 문명'이라 부르고 싶다.

한편 로스앤젤레스·샌프란시스코 등의 태평양 연안도시와 텍사스주를 비롯한 남부 지방의 도시들은 1920년대에 발전하기 시작했으나, 태평양 연안과 남부 지방은 국토의 전체 가운데 여전히 주변부에 위치했으며, 경제 활동이 활발한 동부 지방의 도시들과는 커다란 격차가 있었다. 미국의 국토 가운데 핵심 지역과 주변 지역이 명확해진 것도 이 시기에 발생한 현상이다. 지역 간 교류 역시 핵심 지역의 도시 간에 활발했을 뿐이며 주변 지역의 도시와는 교류가 미미했다.

그러나 실리콘밸리를 중심으로 1950~1980년대에 전자·컴퓨터 산업분야의 기업체와 공장들이 집중되면서 이 지역은 디지털 문명의 메카로 부상했다. 캘리포니아주에는 스탠퍼드대학교를 비롯한 명문 대학이 많아 고급인력이 풍부하며 세계로부터 많은 인재들이 몰려들고 있다. 나는 이 땅에서 꽃핀 문명을 '캘리포니아 문명' 혹은 '실리콘밸리 문명'이라 부르고 싶다(남영우, 2018a).

미국 땅의 구분은 역사·지리적으로 남북차와 동서차로 요약할 수 있다. 남북차는 기후적 차이에서 비롯된 것이며, 동서차는 하천 유역권에서 비롯된 지리적 차이에서 기인한 것이다. 면화 재배에 적합한 남부는 노예제를 택했고,

상공업이 발달한 북부는 노예제를 폐지하려고 했다. 이러한 차이를 극복해 결합시킨 것이 바로 미시시피강의 역할이란 것이다.

청교도 정신

미국은 인종의 용광로라 불리지만, 1790년 최초의 센서스 결과에 의하면 프랑스인이 많은 캐나다와 달리 국민의 과반수인 60%는 앵글로색슨의 영국계 백인이었으므로 '앵글로아메리카'라 불리게 되었다. 따라서 영국의 역사·관습 등은 어느 정도 공통적이고, 미국인들에게 영문학은 결코 외국문학이 아니다. 또한 영어가 국어이며, 원래의 국적이 다양하더라도 공통 언어의 사용은 이윽고 민족 통일의 조건이 되었다. 더욱이 영국인 중에서도 처음 청교도들이 도착한 것은 미국 사회에 커다란 영향을 미쳤으며, 청교도 정신을 이해하지 못하면 미국적인 것을 충분히 파악할 수 없다. 가령 미국적 실용주의가 바로 그것이다.

신에 대한 의무로서 봉사적 노동을 행하고 신이 주는 은혜로서 물질적 보수를 받는다는 청교도 정신은 그들의 아메리카 대륙 상륙 후 16년 만에 설립한 하버드대학교를 보면 알 수 있다. 일류 대학이 많은 미국 사회에서 아직도 하버드대학교가 미국을 대표하는 대학으로 군림하는 것은 청교도 정신의 건재함을 엿볼 수 있는 대목이다. 종교의 자유가 헌법으로 보장된 미국은 아직도 대통령 취임식 때에 당선자가 성경책에 손을 얹고 선서를 한다. 한국에서는 상상도 할 수 없는 일이 미국에서는 아무렇지도 않은 듯이 벌어지고 있는 것이다.

프런티어 정신

'프런티어'라 불리는 개척 정신은 미국의 서부 개척사에서 이민자들이 공통적으로 체험한 것이며 이른바 양키 기질의 형성에 있어 가장 중요한 요소였다.

'양키Yankee'란 원래 미국 북부의 뉴잉글랜드 지방 사람들을 가리키는 말이었으나, 남북 전쟁 당시에는 남부인이 북군 병사에 대한 모멸적 칭호로 사용했다. "양키 고 홈!"이란 말은 남북 전쟁이 발발했을 때 남부가 북군을 향해 외쳤던 구호였다. 그것이 이제는 미국인 전체를 가리키는 말이 되었다.

오늘날에는 미국이 최강국이 되어 세계 경찰로서 지구 곳곳에 미군이 주둔하게 되어 그와 같은 구호가 나오고 있는 실정이다. 그러나 미군이 철수해도 평화가 찾아드는 나라는 별로 없는 것이 아이러니가 아닐 수 없다. 2,000년 전의 팍스 로마나와 800년 전의 팍스 몽골리카, 그리고 제2차 세계대전 전의 팍스 브리태니카에 이어 미국 주도하의 평화가 지속되는 팍스 아메리카나의 시대가 열린 것이다.

미국은 서부 개척의 역사이며, 18세기 말에는 400만 명에 불과했던 인구가 19세기 말에는 7000만 명, 현재는 3억 3000만 명에 달하고 있다. 그 대부분은 서부로 확산되어 나아갔다. 근대 유럽 국가들의 발전은 한정된 공간 속에서 기존의 문화민족 상호간의 접촉에서 이루어졌지만, 미국 문명의 발전은 문명과 야성과의 끊임없는 접촉에서 비롯되었다. 처음 아메리카의 공간은 공허한 것이었으므로 개인의 활동력이 미국만큼 극도로 자극받을 만한 곳도 없었기에 인내와 모험이 충만한 개인 훈련의 기회를 스스로 잡을 수 있었다. 그들은 유럽 타민족과 인디언에 대해 자신의 생명을 지키기 위해서라도 극도의 현실주의를 발전시킬 수밖에 없었다.

아메리카는 오랜 역사를 지닌 국가와 달리 환상적인 신화·전설 시대를 거치지 않았다. 그들의 문학사를 보면 처음부터 개척의 체험을 기술한 '일기문학'부터 시작된다. 그들의 문학은 무미건조한 체험의 기록에 불과하다. 아메리카의 광활한 공간은 지금도 긴장의 끈을 놓지 않는 개척자 정신을 필요로 하고 있다. 이와 같이 미국적인 생각의 기초는 대부분 여기서 비롯된 것이다. 요컨대 프런티어 정신은 미국 문명 발전의 원동력이 된 사회적 환경이며, 이 정신으로 인해 북부의 청교도 정신도 차츰 퇴색되고, 남부의 비평등주의도 그 귀족적 성격이 약화되어 새롭게 일체가 된 미국적인 것으로 거듭나게 만든 요인 중 하나였다.

지역 분화와 상업주의

미국 문명의 발달에는 지역 분화와 상업주의가 미친 영향을 간과할 수 없다. 미국 국토의 기본적 성격은 여러 지역으로 구성되어 있다는 점에 있으며, 그것들은 발달한 교통망으로 연결되어 주민의 생활에 균일화를 부여했다. 일반적으로 지역성은 자연환경과 역사적 배경에 의해 형성되는데, 역사가 짧은 미국은 오히려 그것을 계기로 지역적 분화를 꾀할 수 있었다. 지역 분화는 생산 합리화의 요구에 부응한 것으로, 각 지역은 경제적 자립성을 포기하고 타 지역과의 교류를 전제로 공간적 상호보완성을 강화했다.

미국은 서부 개척 초기부터 서부와 동부 간에 지역차가 발생하기 시작했다. 동부인들은 정주적인데 대하여, 서부는 항상 프런티어의 제1선이 되어 유동적이었다. 동부에는 보수적이며 온건한 풍조가 있었고, 그들은 소규모 농민과 상공업자가 많았다. 이에 비해 서부는 급진적이며 거친 기풍으로 일확천금을 꿈꾸는 모험가나 광산업에 종사하는 사람이 많았다. 그러나 미국은 동서의 대립보다는 남북의 대립이 더 치열했다. 그것은 청교도들과 기사 및 귀족 계급 간의 대립, 또는 퓨리터니즘과 비평등주의 간의 대립에 기인한 것이었다(남영우, 2018).

미국을 이해하기 위해서는 지역 분화의 바탕에 흐르는 것은 상업주의적 정신이며, 건국 초기부터 미국은 공통적 이상으로서 번영의 관념을 높게 추구해 온 국가임을 잊어서는 안 된다. 미국의 각 지역은 각각의 기능을 수행하는 부분으로서의 전체를 구성하고 있다. 미국은 이런 정신으로 일관한 영리적 유기체로서 존재해 온 거대국가다.

26. 지도의 중요성을 보여 준 게티즈버그 전투

미국 역사상 유일한 내전인 게티즈버그 전투는 1863년 7월 1~3일까지 펜실베이니아주 게티즈버그Gettysburg 전역 가운데 가장 중요한 전투이자 남북 전쟁에서 가장 큰 인명 피해를 기록한 참혹한 전투였으며, 흔히 남북 전쟁에서 전환점을 마련한 전투로 평가되고 있다. 수적으로 열세인 남군이 더 풍요하고 인구가 많으며 공업화된 북부의 주들을 상대로 장기전을 펼쳐서는 승산이 희박하다고 판단한 남군의 로버트 리Robert Lee 장군은 전쟁을 북쪽으로 확대하기로 결심했다.

1846년의 멕시코 전쟁에서 탁월한 능력을 보인 리는 자신의 능력, 가문의 명성, 처가의 후광으로 단연 돋보이는 군인으로서 남북 전쟁이 터지자 북군 사령관의 유력한 후보였다. 그러나 링컨의 기대와 달리 노예제도에 대한 반감보다 버지니아에 대한 애정이 강했기 때문에 남부를 택했다. 그가 사랑하는 모든 것은 버지니아에 있었고, 버지니아는 남부의 이해와 일치했다.

한수 아래인 북군 지휘관들에게 잇따라 승리를 거두자 리 장군은 잘 훈련된 75,000명의 군사를 거느리고 버지니아의 비옥한 셰넌도어 계곡을 지나 펜실베이니아로 진군했다. 리는 북군의 옆구리를 우회해 남쪽으로 내달려 워싱턴 DC를 점령함으로써 적군의 사기를 꺾고 유럽으로부터 남부연방을 승인받아 신속하게 전쟁을 끝내려는 의도를 갖고 있었다.

그러나 잃어버린 군화를 찾고 있던 남군의 척후병 일행과 우연히 마주친 북군 순찰대는 그림 26-1에서 보는 것처럼 철로가 관통하고 10여 개의 도로가 사방팔방으로 뻗은 교통의 요충지였던 게티즈버그라는 작은 마을에서 예정되지 않은 교전이 벌어지게 되자, 양군의 지휘관은 이곳으로 병력을 집중해 고지를 선점하려 했다. 병력 면에서 우세한 북군은 먼저 이곳에 도착해 고지를 선점했다.

그림 26-1. 게티즈버그 주변 지도

유능한 리 장군은 고향인 버지니아주가 합중국연방에서 탈퇴하는 바람에 마지못해 합중국군에서 물러나 남군의 지휘관이 되었다. 그는 이곳에서 승리를 거두면 북군의 수도를 점령하는 것은 시간문제라는 사실을 잘 알고 있었다. 그는 북군과 싸우는 족족 승리를 거두었기 때문에 자신에 차 있었다.

북군의 뷰퍼드Buford 장군은 남군이 고지의 통제권을 장악할 경우 게티즈버그 남쪽의 고지대가 갖는 전술적 중요성을 바로 깨달았다. 뷰퍼드는 게티즈버그 서쪽의 3개 능선(헤어·맥퍼슨·신학교 능선)을 지키기로 결심했다. 신학교 능선Seminary Ridge이란 그곳에 루터신학교가 있었기 때문에 명명된 것이다. 이들 능선은 강력한 남군에 대항해 자신의 적은 병력으로 충분히 작전행동을 지연시킬 수 있는 지리적 장애물이었다. 이것은 마을 북쪽의 신사 능선은 포기하고 남쪽의 강력한 방어거점인 묘지 언덕, 묘지 능선, 그리고 컬프스 언덕을 방어하면서 보병부대의 도착을 기다리며 시간을 끌 수 있다는 의미였다. 그의 판단은 현명했다.

북군 방어선은 마을 남동쪽 컬프스 언덕에서 시작해 북서쪽으로 마을에서 남쪽인 묘지 언덕으로, 다시 묘지 능선을 따라 대략 3킬로미터 떨어진 남쪽의 리틀라운드톱 북쪽까지 이어졌다. 12군단의 대부분은 컬프스 언덕에 배치되었고, 제1군단 및 제11군단의 남은 병력은 묘지 언덕에서 방어태세에 들어갔으며, 제2군단은 묘지 능선의 북쪽 절반가량을 담당하고, 제3군단은 제2군단 우익에서 위치를 잡으라는 명령을 받았다.

이러한 배치는 먼 거리를 달려야 하는 남군보다 북군이 병력 집중과 기동에 유리하도록 이점을 제공했을 뿐만 아니라, 단일 거리에서 병력 및 대포의 배치도 북군이 더 집중적으로 배치할 수 있었다. 이 점은 향후 전투 경과에서 북군에 막대한 이점을 제공했다.

전투 셋째 날, 리 장군은 그의 작전 계획을 변경하라는 압력을 받았다. 롱스트리트Longstreet 장군은 묘지 능선의 북군 방어선 우측 중앙에 위치한 북군 제2군단에 대한 공격에서 힐Hill 군단 소속 6개 여단과 자신의 제1군단 예하 피켓Pickett의 버지니아 사단을 지휘하게 되었다. 공격에서 가장 중요한 점은 모든 남군 포병대가 보병대가 도착할 때까지 적 방어선을 공략해 약화시키는 것이었다. 남군이 공격 지점으로 전진할 때 북군 제2군단의 소총 집중사격과 묘지 언덕, 리틀라운드톱에서 쏘아대는 격렬한 포격 때문에 공격대의 거의 절반이 공격개시선으로 돌아오지 못했다. 그림 26-2의 개요도에서 보듯, 첫째 날에는 남군은 은폐와 엄폐물이 없는 탁 트인 평원으로 유인당해 3면에서 포격을 당한 것이다.

남군의 기병 지휘관이었던 스튜어트Stuart는 좌익을 보호하고 묘지 언덕 공

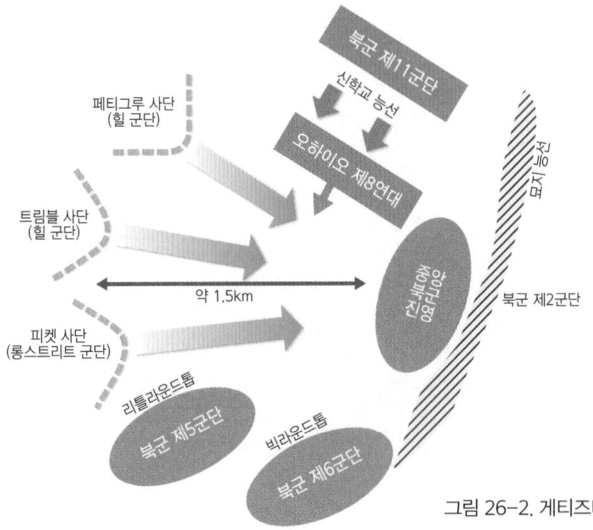

그림 26-2. 게티즈버그 전투 첫째 날 개요도

격에서 보병대가 북군 우익을 강타해 북군의 보급선과 통신선을 차단하는 데 성공을 거두면, 그 성공을 이용할 준비를 하고 있었다. 북군의 커스터Custer는 미시간 제1연대를 이끌고 돌격을 감행해 햄프턴 여단의 공격을 무력화시켜 스튜어트가 북군 지역에서 목적을 달성하지 못하게 막아 냈다.

피켓의 돌격 후 북군의 미드Meade 장군은 킬패트릭Kilpatrick 준장에게 빅라운드톱의 북서쪽에 있는 롱스트리트 군단의 보병진지에 대한 공격을 명령했다. 파른스워스Farnsworth 준장은 그 명령에 저항했으나 명령은 명령이었다. 그 결과 파른스워스는 전사했고, 그의 여단은 심각한 피해를 입었다. 7월 3일까지 리는 오직 정면 공격만을 계속 고집했다. 그러나 신중한 북군 사령관 미드는 위험을 감수할 생각이 없었고, 리의 잔존부대를 추격하지 않았다. 훗날 이 결정 때문에 미드는 많은 비판을 받게 된다.

사흘에 걸쳐 백병전을 방불케 하는 치열한 전투가 벌어졌다. 남군 보병들이 몇 차례에 걸쳐 파상공세를 퍼부었지만 북군은 완강히 고지를 사수했고, 리는 부득이 퇴각해야만 했다. 양측의 전사자는 6,600여 명이 나왔고 포로와 부상

표 26-1. 게티즈버그 전투의 병력과 피해 규모 (단위: 명)

구분(병력)	북군(104,256)	남군(71,000~75,000)
전사	3,155	3,500
부상	14,529	18,000
포로, 실종	5,365	6,500
계	23,049	28,000

자도 많았지만 남군의 피해가 더 컸다. 치명타를 입은 리의 군대는 간신히 버지니아로 되돌아올 수 있었다. 북군 지휘관이 남군 패잔병들을 추적해 궤멸시키지 않은 것은 결과적으로 참혹한 전쟁을 몇 년 더 끌어 남부를 잿더미로 만드는 바람직하지 못한 결과를 낳았다(Busey and David, 2005).

이 전투에서 북부의 미드 장군이 이끄는 포토맥군은 남부의 리 장군이 이끄는 북버지니아군의 공격을 결정적으로 무너뜨렸다. 이로써 리의 두 번째이자 마지막 북부 침입은 실패로 끝났고, 북군의 승리로 워싱턴을 공격해 남부 독립을 승인받고 전쟁을 끝내고자 했던 남부 전략도 실패로 끝났다. 결코 패배하지 않는다던 리 장군의 정예군은 인력과 물자, 전시 생산력 면에서 압도적인 우위를 점하고 있던 북군을 이겨 내지 못했다(Kenneth, 2001). 고지 점령의 중요성은 예나 지금이나 변함없다.

게티즈버그 전투를 소개한 이유를 설명할 때가 된 것 같다. 지도는 전쟁의 승패를 좌우하는 역할을 한다. 우리는 지금까지 미국 역사상 가장 중요했던 전투에서 지도의 중요성을 목도한 것이다. 그림 26-3의 게티스버그 지도는 윌포드의 『지도를 만드는 사람』이란 책에 상세하게 기술되어 있듯이 북군 장군이었던 워런Warren은 탁월한 지리적 안목으로 싸움터를 훑어보고 리틀라운드톱 고지의 전략적 중요성을 알아챘다. 그는 부대를 이끌고 남군보다 한발 앞서 그 고지를 점령한 것이다(Wilford, 2001).

이 전투의 현장이 우리에게는 "국민의, 국민에 의한, 국민을 위한 정부"라는

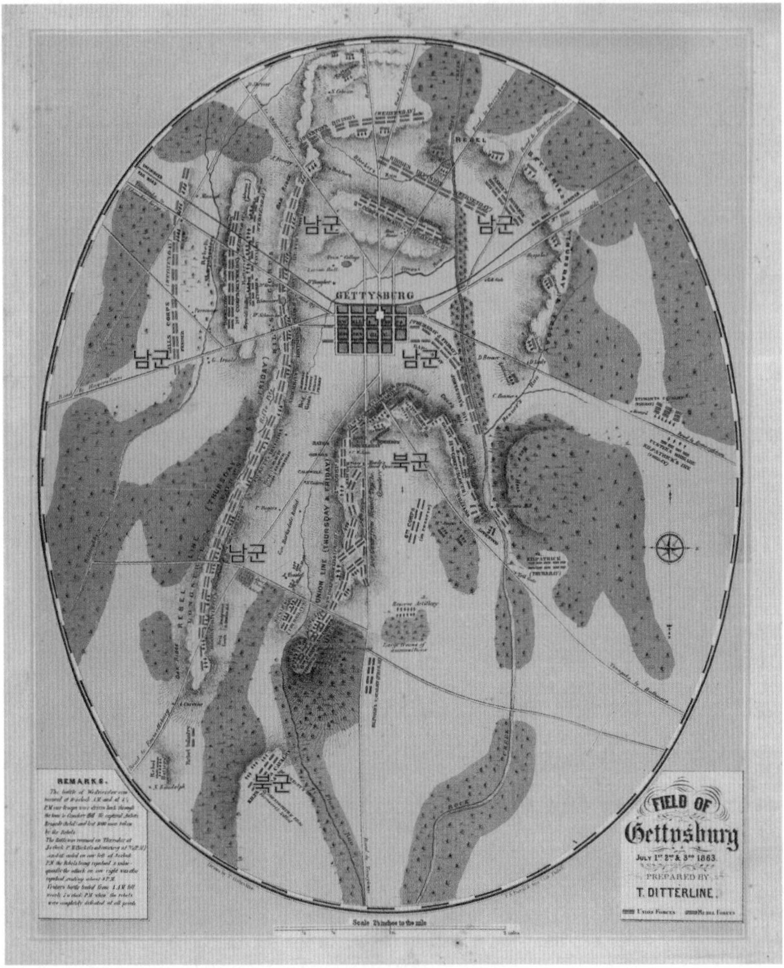

그림 26-3. 게티즈버그 지도에 표시된 3일차 전투 상황(1863년 제작)

링컨의 연설로 기억되고 있다. 게티스버그 유적지의 국립묘지에서는 영원히 잊히지 않을 연설 현장을 기념하는 링컨의 흉상보다는 리틀라운드톱에 세워진 워런 장군의 동상이 눈에 들어온다. 우리는 링컨의 연설보다 군인들이 한 일을 기억하고 있다. 게티스버그 전적지 명판에 불멸의 기록으로 남아 있는 군인이자 지도 제작자의 영웅적 행위는 전투에 미친 지도 제작자들의 사례 중

그림 26-4. 워런 장군과 게티스버그 리틀라운드톱에 세워진 기념 동상

특이한 경우로 해석될 수도 있지만, 한 장의 지도가 전투지의 선정과 전과에 지대한 영향을 미쳤다는 사실은 누구도 부인하지 못할 것이다.

전쟁사를 보면 유능한 지휘관들은 장소를 골라내는 안목이 남달랐던 것이다(Davis, 2001). 나폴레옹의 아우스터리츠 전투가 그러했고 워털루 전투도 마찬가지였다. 한국의 경우에는 16세기 이순신의 3대 대첩과 1950년 맥아더 장군의 인천 상륙 작전이 그러했다.

27. 도시 경관을 좌우한 땅 밑의 지질

19세기에 들어와 고층빌딩이 들어서게 되자 사람들은 발밑의 땅속에 더욱 관심을 갖게 되었다. 영국은 가장 먼저 1815년 지질지도를 만들었다. 특히 산업혁명이 일어나면서 건축양식에 큰 변화가 발생했다. 땅 밑의 암석에 관심을 갖게 된 이유는 지하자원 채굴과 건축재 공급만이 아니라 고층빌딩을 건설하기 위함에 있었다. 무거운 고층빌딩을 연약한 지반 위에 세우는 것은 위험하다고 판단한 것이다. 고층빌딩은 단연 미국의 뉴욕이 돋보였다. 1920년대 미국 대서양 연안의 도시들은 순조로운 발전을 이룩하게 되었는데, 그중 뉴욕은 1920년에 530만 명을 상회하는 대도시로 성장했다.

독자들은 뉴욕의 맨해튼을 방문한 적이 있거나 화면을 통해 본 적이 있을 것이다. 맨해튼의 스카이라인을 보면 두 지역에 유난히 높이 솟은 빌딩이 몰려 있음을 알 수 있다. 하나는 맨해튼섬 남단 월가의 9·11 테러 사건으로 무너진 세계무역센터가 있던 금융가이고, 다른 하나는 클라이슬러 빌딩·엠파이어스테이트 빌딩·록펠러센터가 우뚝 선 미드타운이다. 초고층 건물들이 밀집한 두 중심지 사이에는 상대적으로 낮은 건물들이 늘어서 있다(그림 27-1, 27-2).

맨해튼의 경관이 그와 같은 스카이라인을 보이는 까닭은 땅 밑의 지층을 구성하고 있는 암석 때문이다. 뉴욕은 편암片岩이라는 단단한 변성암 덩어리들이 지표면에 노출되어 있는데, 변성암이란 진흙이나 점토가 지구 내부의 깊숙한 곳에서 열을 받아 변한 암석을 뜻한다. 그래서 뉴요커들은 편암 위에서 생활하고 있는 셈이다. 뉴욕의 편암은 약 10억 년 전에 대륙판이 충돌하면서 서로 붙었다가 다시 쪼개지는 과정에서 형성된 것이다.

뉴욕에서 편암층은 습곡 작용을 받아 오목한 향사向斜와 볼록한 배사背斜를 이루며 휘어졌는데, 맨해튼 남단에서 지표면에 가까워지고 깊이 들어갔다가 미드타운에서 다시 지표면에 가까워진다. 이 견고한 변성암 기반은 초고층 건물들의 엄청난 무게를 떠받치기에 충분한 기초를 제공해 준다. 그 중간에 위치한 오목한 곳에는 연약한 암석들이 분포하고 있으므로 거대한 건물을 떠받치기에는 부적합하다. 고층 건물의 스카이라인이 형성되는 데에는 땅 위의 사회·경제적 요인도 있었겠지만 땅 밑의 지질학적 특징이 반영된 것이다.

인디언들이 살고 있던 뉴욕은 1524년 프랑스와 에스파냐 국왕의 명령을 받은 이탈리아와 포르투갈의 탐험가를 필두로 유럽인들에게 처음 알려졌으며, 1610년 영국의 탐험가 헨리 허드슨이 네덜란드 동인도회사의 선박을 타고 동

그림 27-1. 맨해튼의 스카이라인

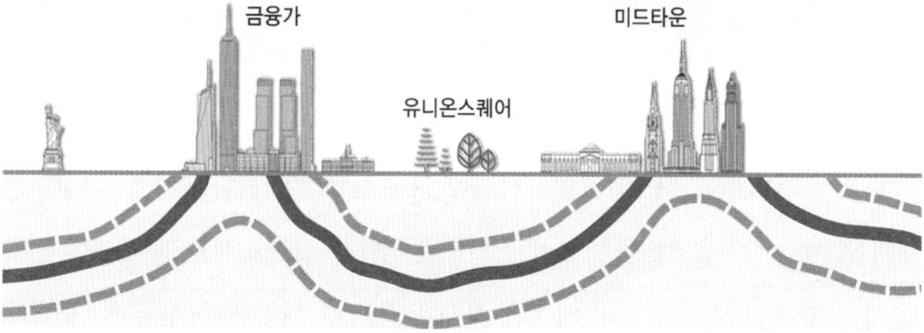

그림 27-2. 맨해튼 편암층과 고층빌딩의 모식도

북 항로 개척을 위해 뉴욕 항구에 도착해 허드슨강을 발견했다. 그 이전의 맨해튼은 그림 27-3에서 보는 것과 같이 아무것도 없는 허허벌판이었다.

네덜란드가 1614년 맨해튼 남단에 모피 무역을 위해 식민지를 세운 이후 본격적인 유럽인의 정착이 시작되었다. 1626년 네덜란드 식민지 총재는 인디언으로부터 맨해튼섬을 현재로는 약 1,000달러 정도에 해당하는 60휠던만큼의 물품과 교환해 저렴하게 구입했다. 이 식민지는 나중에 뉴암스테르담New

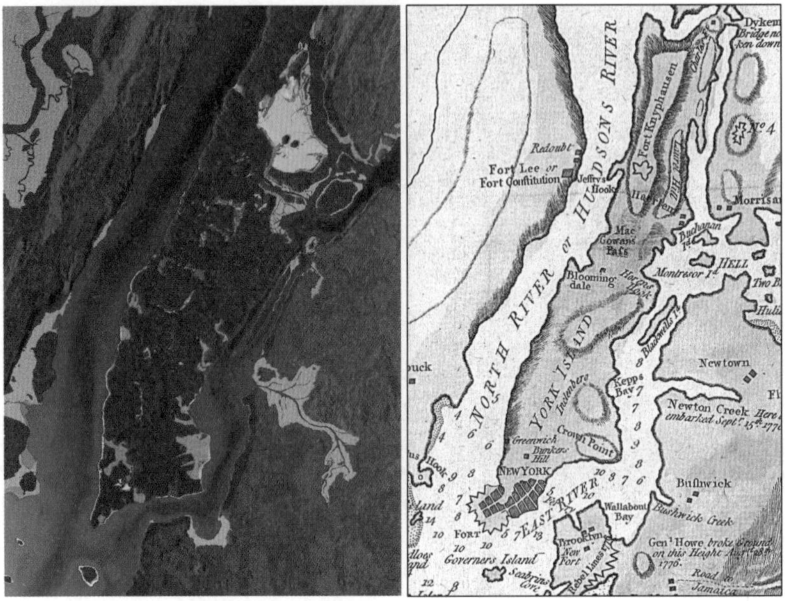

그림 27-3. 15세기의 맨해튼과 17세기의 뉴욕

Amsterdam이라고 불리게 되었다.

그림 27-4의 1662년 지도에는 섬의 남단에 뉴암스테르담성이 묘사되어 있다. 1664년 9월 8일, 영국 함대가 뉴암스테르담을 강제적으로 점령하면서 당시 영국 왕이던 요크 공公의 이름을 따서 뉴욕으로 개칭했다. 뉴욕은 대영 제국의 지배하에 무역항으로서 중요성이 높아져 갔다. 1700년에는 뉴욕에 시청이 생기면서 본격적인 발전을 이루기 시작했다.

미국 독립 전쟁 동안에는 크고 작은 전투가 반복되었다. 1776년 맨해튼에서 일어난 워싱턴 요새 전투에서 미군이 대패한 후, 뉴욕은 영국군의 북아메리카 군사적·정치적 거점이 되었고, 전쟁이 끝날 1783년까지 영국군의 점령은 계속되었다. 종전 후 뉴욕은 미국의 수도가 되었다. 1790년 조지 워싱턴이 초대 대통령으로 취임하면서 미국의 수도로서의 지위는 상실했지만, 뉴욕에서 제1회 연방 의회가 열렸으며, 권리 장전이 제정되었다. 이 모든 것이 월가에서 이

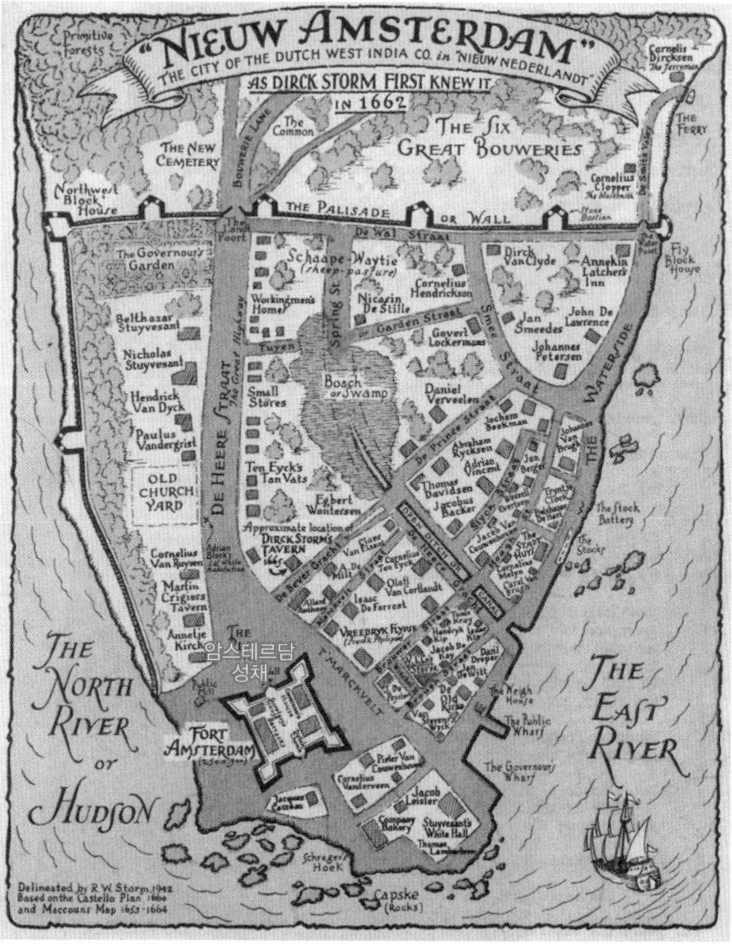

그림 27-4. 1662년의 뉴암스테르담 지도

루어졌다. 1790년에는 뉴욕은 필라델피아를 제치고 미국 최대의 도시로 성장했다.

19세기 뉴욕은 이민자의 유입과 도시 개발에 의해 크게 바뀌었다. 1811년 위원회 계획에 의해 맨해튼 전역은 격자 거리로 바뀌었다. 1819년에 이리운하가 개통되어, 대서양의 항구와 북아메리카 내륙의 광대한 농업 시장이 연결

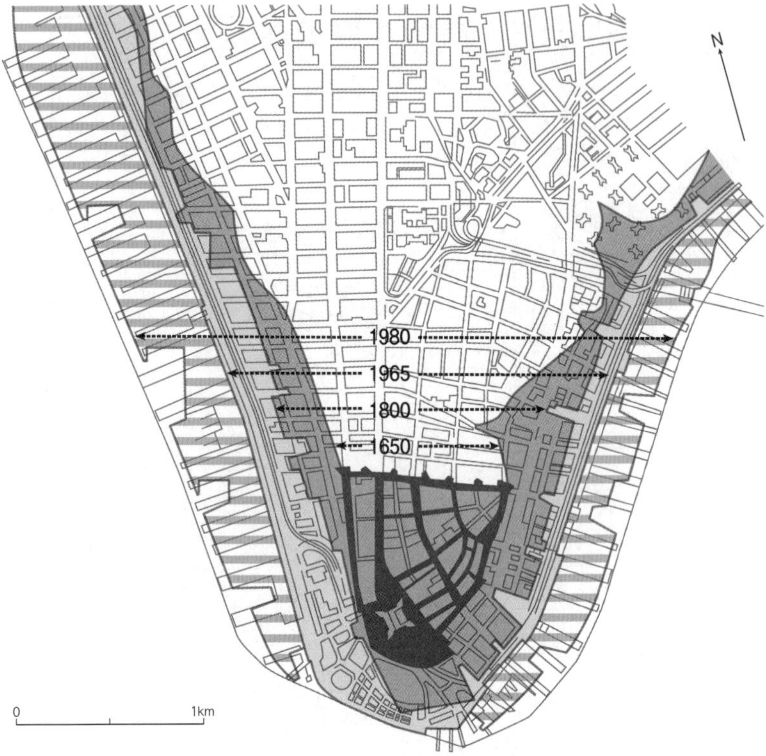

그림 27-5. 맨해튼 남단의 확장 과정

되었다. 1857년에는 미국의 도시 중 최초의 도시 공원인 센트럴파크가 완성되었다. 1904년에는 뉴욕 지하철이 개통되었고, 1920년대에 들어서는 아프리카계 미국인의 대이동으로 남부에서 온 아프리카계 미국인이 뉴욕으로 많이 유입되었다. 1916년까지 뉴욕에 사는 아프리카계 사람은 북아메리카에서 최다가 되었다.

도시의 성장은 당연히 공간에 대한 수요를 폭증시켜 섬 확장 공사가 시작되었다. 섬의 확장은 주로 맨해튼의 남단에서 진행되었는데, 그림 27-5에서 보는 바와 같이 1800년부터 1965년에 걸쳐 남단 페리 터미널 프로젝트란 이름으로 진행되었고 그 이후에는 선박을 접안할 수 있는 항만시설이 1980년까지

지속되었다.

1920년대 말 뉴욕의 최고 부자 중 두 사람인 크라이슬러사의 크라이슬러와 제너럴모터스사의 래스콥은 누가 가장 높은 빌딩을 짓는지를 놓고 경쟁을 벌였다. 1929년 대공황기에 세계에서 가장 상징적인 건축물 두 개가 탄생했다. 건축사를 연구한 스컬리(Scully, 1968)는 특히 102층의 엠파이어스테이트 빌딩은 건축계의 아이콘이자 20세기 공학이 이루어 낸 업적이라 평가하면서 그리스의 파르테논 신전이 그러했듯이 미국의 영광을 과시하기 위해 건축되었다고 술회했다. 이로써 미국은 이 빌딩을 완성하며 세계 최강국이며 20세기 최고의 문명국임을 자부하게 되었다.

뉴욕과 달리 영국의 런던은 맨해튼과 정반대의 상황이었다. 뉴욕은 허드슨강과 이스트강 사이에 건설되었지만, 런던은 템스강을 중심으로 세워진 도시다. 그러나 지질학적 환경은 맨해튼과 비슷하다. 전술한 것처럼 맨해튼의 오목한 향사는 단단한 변성암인 편암이 섬의 남단인 금융가와 그 위쪽의 미드타운 지면 가까이 드러난 반면, 런던과 템스강 하류 전체는 향사의 골 바닥인 배사와 나란히 뻗어 있다. 약 5500만 년 전에 얕은 바다의 따뜻한 바닷물이 함몰 부분으로 유입되어 들어왔을 때, 이곳은 점토층으로 뒤덮여 있었다.

이 점토지대는 현대식 고층빌딩을 건설하기에는 결정적으로 불리한 조건이었다. 런던이 뉴욕에 비해 고층 건물이 적은 이유는 도시의 땅 밑에 연약한 점토층의 지층이 두껍게 자리 잡고 있기 때문이다. 런던 역시 세계의 유수한 금융 중심의 글로벌 도시로 거듭나기 위해 고층빌딩을 필요로 했다. 도심부인 시티city에는 중세와 근세에 건설된 건물이 가득해 역사적 건물을 고려한 스카이라인 보호정책을 취하고 있으므로 재개발이 어려운 실정이다. 미국 도시에서는 도심을 다운타운 혹은 CBDcentral business district라 부르지만 유럽의 영향을 받은 나라에서는 도시 형성 초기의 호칭대로 시티(프랑스는 시테)라 부른다.

그림 27-6. 런던 도크랜즈 카나리 워프의 고층빌딩

그와 같은 이유로 영국 정부는 슬럼화된 곳 중 도크랜즈에 눈을 돌려 재개발사업을 시도했다. 런던 도심 서쪽의 템스강 하류 쪽에 입지한 도크랜즈 카나리 워프Canary Wharf 일대의 고층빌딩은 연약한 지반을 고려해 파일을 땅속에 깊이 박아 넣은 기초 위에 세워야만 했다. '철의 여인'이란 별명을 가진 마거릿 대처 총리는 1981년 많은 반대여론에도 불구하고 폐허화된 도크랜즈를 젠트리피케이션에 의한 재개발에 착수했던 것이다(남영우, 1998).

점토층은 단단하지 않아 구멍을 뚫기에 편리하므로 터널을 파기에 매우 적합하다. 런던은 1863년에 세계 최초로 총연장 400킬로미터의 지하철을 건설한 바 있는데, 점토층은 물을 통과시키지 않는 차단벽이 되어 지하철 공사에 유리했다. 그러나 템스강 남쪽은 상황이 달랐다. 템스강 북쪽의 런던은 지하철망이 잘 발달한 반면, 그 남쪽은 지하철 노선이 훨씬 적은 이유가 지반 때문이었다. 템스강 남쪽은 점토층이 지하철이 지나가는 깊이보다 더 아래로 가라앉아 있으므로 더 단단한 사암층과 자갈층을 뚫고 파야만 했다.

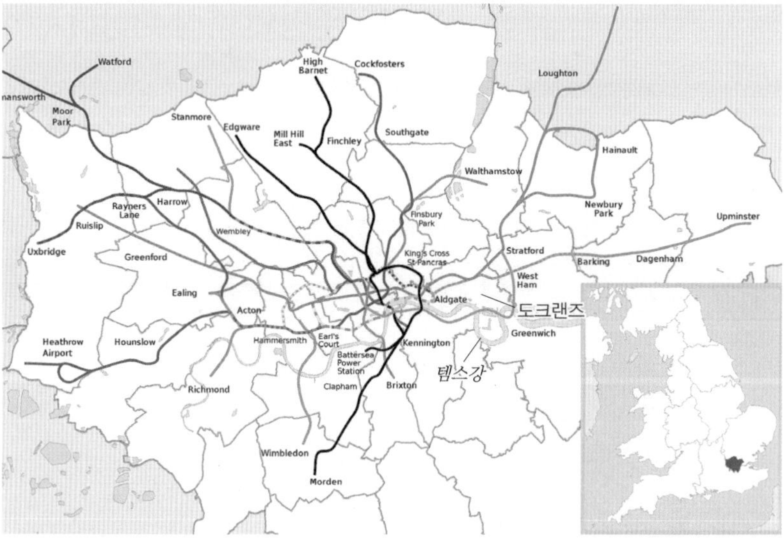

그림 27-7. 런던의 지하철망

런던의 여름철 지하철 내부가 견디기 힘들 정도로 더운 이유가 이 점토층 때문이다. 초창기에는 지하철이 시원했지만 100년이 넘는 세월이 흐르면서 전동기와 브레이크에서 방출된 열에 승객의 체온이 합쳐져 터널 벽에 흡수되었다. 점토는 훌륭한 단열재 역할을 하므로 열이 빠져나가지 못하고 계속해서 지하에 머물게 된 것이다.

이처럼 우리 발밑의 지질학적 특징이 문명과 도시를 건설하는 기본 골격을 어떻게 제공하는지 알아낸 영국의 다트넬은 메소포타미아의 섬토평원에 세워진 인류 최초의 고대도시가 햇볕에 말린 벽돌로 지은 것처럼 점토가 오늘날에도 인간과 밀접한 관련이 있음을 지적했다(Dartnell, 2018).

7장 문명의 중심 서남아시아

28. 영원한 방랑민족이 된 쿠르드족

쿠르드족은 대부분 이란·이라크·터키의 인접 지역에 거주하는 민족이다. 쿠르드족은 파르시어 및 파슈토어와 관련이 있는 인도·유럽어족 가운데 서부 이란어에 속하는 쿠르드어를 사용한다. 쿠르드어는 표기하는 문자도 제각각이어서 터키에서는 라틴문자를 사용하고, 이란·이라크·시리아의 쿠르드인들은 아랍-페르시아문자를 사용하며, 아르메니아·아제르바이잔의 쿠르드인들은 키릴문자를 사용한다.

인구는 아르메니아·레바논·시리아에 사는 부족들까지 포함해 약 3000~4000만 명 이상으로 추정되지만 종족적 특징이나 종교, 언어 등의 서로 다른 기준을 적용할 때마다 숫자가 달라지기 때문에 정치적인 목적을 위해 통계 결과가 조작되기도 한다. 구체적으로 약 3300만 명 정도로 추산되며, 단일 민족으로 국가를 형성하지 못한 가장 큰 종족이다. 그 밖에 그리스·불가리아·조지아·아르메니아·아제르바이잔·아프가니스탄·러시아 등에도 소규모로 거

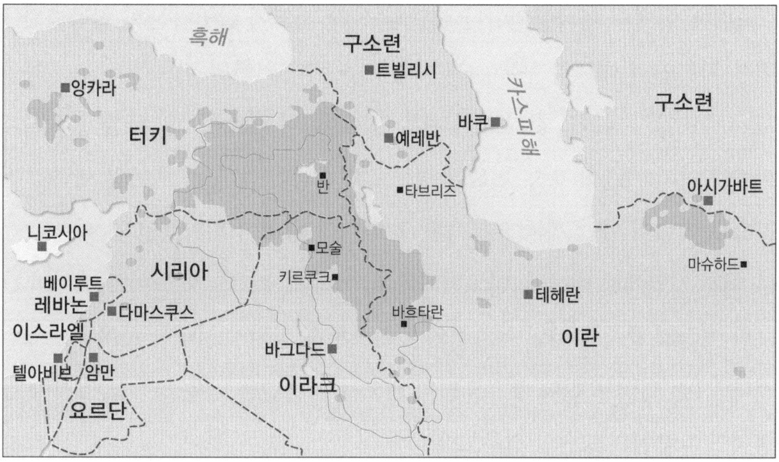

그림 28-1. 쿠르드족의 분포

주하며 서방국가에 망명해 거주하는 쿠르드족도 있다.

쿠르드어나 고대 이란계 언어를 연구하는 학자 중에는 쿠르드어가 과거 메디아인이 쓰던 이란계 언어의 서부 방언에서 유래했다고 주장하는 경우가 있는데, 중세 쿠르드인의 발흥지가 구 메디아 왕국의 중심이었던 서부 이란의 산악지대이므로 쿠르드인을 메디아인의 후손으로 보기도 한다. 만약 그들이 메디아의 후손들이라면 바빌론에 세계 7대 불가사의의 하나로 꼽히는 공중정원을 건설케 한 주인공은 바로 쿠르드족이다.

바빌론에 공중정원이 건설된 이유는 네부카드네자르 2세가 메디아 왕국 출신의 공주를 아내로 맞아들인 것에 연유한다. 그녀는 자그로스산맥에 위치한 산악지대 출신이었던 까닭에 초록빛의 꽃과 초목이 우거진 산이 그리워 향수에 젖어 있는 것을 안타깝게 여기던 네부카드네자르 2세가 산을 볼 수 없는 평지의 바빌론에 공중정원을 건설한 것이다. 이에 관해서는 사담 후세인 정권이 무너진 이후 이라크의 국내 상황, 아랍족과 쿠르드족 간의 갈등을 소재로 하여 2011년 개봉된 영화 「바빌론의 아들」에 잘 묘사되어 있다.

고대 문헌에서 아나톨리아나 이란의 산악 지역에 살았다는 수렵목축민에 대한 기록인 수메르의 구투Gutu나 그리스-로마 기록의 퀴르트Cyrtians 등에서 쿠르드인의 기원을 찾기도 하는데, 파르티아나 페르시아의 사산 왕조 시대까지는 여러 이란계 부족 중 하나 정도로 간주되어 왔다. 중세 아랍 세력의 침공으로 이란이 아랍 제국에 복속된 후 메디아 왕국이 위치했던 옛 이란의 서부 변경 지역에서 이란계, 아르메니아계, 아랍계, 튀르크계 등이 뒤섞이며 단순한 이란계 종족이 아닌 독자적인 종족으로 형성되기 시작한 것이 쿠르드인이다. 그런 까닭에 현대 쿠르드인의 외모는 이란인을 닮은 경우도 있지만 전형적인 아랍인의 모습인 경우도 있다.

쿠르드족은 오랜 기간 터키인과 공존하면서 살았기 때문에, 사실상 문화적으로는 터키인과 전혀 구분할 수 없을 만큼 닮았다. 물론 이 지역으로 이주한 터키인이 더 이전부터 거주하고 있던 쿠르드족의 영향을 받은 것이다. 쿠르드족이 많이 거주하는 남동부 아나톨리아의 터키어 방언에도 쿠르드어의 영향이 짙게 남아 있다.

쿠르드족의 거주지는 중세부터 근대에 걸쳐 광대한 영토를 유지한 오스만 제국의 자치구인 쿠르디스탄이었다. 영국은 제1차 세계대전이 발발하면서 오스만 제국을 쓰러트리기 위해 독립국가를 세워 준다는 약속을 하고 쿠르드족을 끌어들였다. 문제는 1920년 세브르조약에는 쿠르드족이 사는 이라크 북부 쿠르디스탄에 쿠르드 국가를 만든다는 구상이 들어 있었지만, 이를 대체한 1923년의 로잔조약에는 이런 내용이 빠졌다. 결국 쿠르드족은 영국과 프랑스에 의해서 만들어진 자의적인 국경선에 의해 터키, 이라크, 이란, 시리아, 아르메니아 등에 분산되고 말았다.

이후 분리 독립을 외치는 목소리는 지속적으로 나왔지만, 민족주의 세력이 단합하지 못하고 서로 반목하면서 독립에 실패한 채 각 국가의 소수민족으로서 생활하고 있으며, 20세기에 들어서면서 문화적인 압력으로 정치세력이 탄생해 큰 인구를 거느리는 터키, 이라크, 이란에서는 분리 독립을 요구하게 되었기 때문에 자주 박해를 받게 되었다. 특히 터키, 이라크, 이란에서 쿠르드족의 독립을 절대로 인정하려 들지 않는 것은 쿠르드족의 규모가 너무 크고 쿠르드족이 독립할 경우 타 민족들도 분리 독립을 요구할 가능성이 크며, 그들의 거주지가 석유산지와 겹치는 곳이 많다는 이유도 컸다.

서남아시아의 요충지에 위치하고 있으며 자신의 영토가 없는 거대민족이라는 점 때문에 강대국에게 여러 번 이용당한 후 버려지길 반복했다. 쿠르드족은 지난 100년간 적어도 8차례 미국과 영국 등 강대국을 돕거나 믿다가 배신당했다. 제1차 세계대전 당시 독립국가를 건설해 주겠다는 영국을 믿고 오스만 제국을 무너뜨리는 데 일조했으나 결국 뿔뿔이 분단되었으며, 1972년 냉전 시절 친미국가인 이란과 친소국가인 이라크 간의 국경분쟁이 일어났을 때 미국이 이라크 내 쿠르드인을 이용하고 막상 분쟁이 종료되자 철저히 외면했다. 이스라엘이 이란을 견제하기 위해 쿠르드인 일부 단체와 교섭을 했으나 이걸 알아차린 이란 정부가 아주 끔찍하리만큼 이들 단체를 탄압했다.

미국 정보국은 보고서에서 2030년까지 이라크와 시리아의 쿠르드족이 독립해 나라를 세울 가능성이 높다고 예측했다. 이라크와 시리아는 정치가 불안정한 국가이기 때문이다. 그러나 시리아에서 민주화 운동에 이어 내전이 일어나자 그 여파로 수니파는 터키 접경 지역 및 동남부 사막지대를, 시아파 정부군이 수도를 비롯한 남부 지역을 장악하는 과정 속에서 쿠르드족이 북동부의 사막지대를 점령하고 자치권을 확립하면서 상황이 달라졌다.

이렇게 되면 쿠르드족에게 이라크, 터키, 이란 등의 쿠르드족 접경 지역을 아우르는 쿠르디스탄Kurdistan이라는 나라가 생기는 것이다. 그 위치가 그림 28-2에서 보는 것처럼 서남쪽이 시리아, 북쪽이 터키이며, 동쪽이 이란, 남쪽이 이라크가 된다. 이렇게 되면 영토의 크고 작음을 떠나 국제사회에서 발언권이 생기는 상황이 빚어지는 결과를 초래하며, 터키·이라크·이란 등에 흩

그림 28-2. 쿠르디스탄

어져 사는 쿠르드족이 어느 정도의 비율을 차지하면서도 좋지 못한 관계를 맺은 나라에서는 뜨거운 감자가 새롭게 생기는 상황이 벌어진다. 이에 따라서 주변 국가들도 촉각을 곤두세우고 있고, 터키는 적극적인 개입마저도 고려하는 중이지만, 쿠르드족의 통일국가의 수립은 요원해 보인다.

그러나 이미 누구도 인정할 수 없는 수니파 반군인 IS가 이라크의 수니파 지역으로 진격해 들어와 이라크 정부군이 패퇴하고 말았다. 이에 그들은 점령지를 자기들의 영토라고 주장하기에 이르렀다. 그러나 이라크에 거주하는 쿠르드족이 군대를 결성해 그들의 영역을 지키게 됨에 따라 경우에 따라서는 시리아의 쿠르드족과 이라크의 쿠르드족이 통일국가를 세울 가능성이 높아졌다.

이와 별개로 만약 쿠르드인이 그들만의 나라인 쿠르디스탄을 건국한다고 하더라도 과연 정상적으로 나라가 운영될 수 있을까라는 시각도 존재한다. 왜냐하면 시리아와 이라크의 쿠르드 자치정부가 좋은 예이다. 자치정부들은 세

속주의를 추구하여 광신적이지 않지만, 문제는 입으로만 민주주의를 한다고 하며 실제로는 비민주적이다. 특히 자치정부의 집권당은 야권을 탄압하며 집권당과 정부에 대한 비판을 허용하지 않고 비판만 하면 가차 없이 처벌해 인권 침해와 언론 탄압이 심각하다.

한편 터키와의 대립은 IS 박멸 전쟁 내내 지속되고 터키군이 시리아 접경지를 월경해서 장악하는 '유프라테스 방패 작전'을 수행하는 도중 쿠르드 무장단체와 충돌해 미국이 중재를 하기도 했다. 이라크와도 유전지대를 인질삼아 협상에 나서는 등 입지 확보를 위해 노력했으나 끝내 자신들이 원하는 독립국가는커녕 자치권 확보조차 쉽지 않은 상황이다.

결국 2018년 말에 미국 트럼프 행정부는 시리아에서의 미군 철수를 결정하면서 경색국면이 끝나게 될 것으로 보인다. 당연히 주변 국가들은 쿠르드족을 제압하고 있다. 일단은 미국이 철군 시한을 좀 지연하고, 터키가 쿠르드족을 건드리면 터키 경제를 무너뜨리겠다고 엄포를 놓긴 했으나, 이번에도 쿠르드족 민족국가의 설립은 무산될 것이 거의 확실하다. 한편으로는 미국이 쿠르드족을 토사구팽하는 사태는 예견되었던 일이었다. 냉정하게 보면 터키가 보스포루스 해협을 갖고 있는 이상 과연 미국이 터키를 버릴 수 있을까? 그러나 최근 터키의 에르도안 정부는 러시아와 가까워지고 있다.

우리나라는 정책적으로 쿠르드족 문제에 직접 관여하지는 않고 있다. 쿠르드 문제는 우리나라와 밀접한 외교 문제는 아니기 때문이다. 이라크 전쟁 당시 이라크 쿠르드 자치구에 자이툰 부대를 파병한 적은 있으나 현지 쿠르드와는 비교적 우호관계를 유지한 채 별다른 교전 없이 조용히 주둔하다가 철군했다. 그러나 우리나라는 간접적으로 쿠르드족에게 불리한 영향을 끼치고 있다. 왜냐하면 우리나라는 쿠르드족을 강경하게 진압하고 있는 터키와 외교적으로 상당히 가까운 관계이기 때문이다. 한국은 특히 군사적으로 터키와 교류가 활발하며, 터키에게 군수 물자를 수출하고 있다.

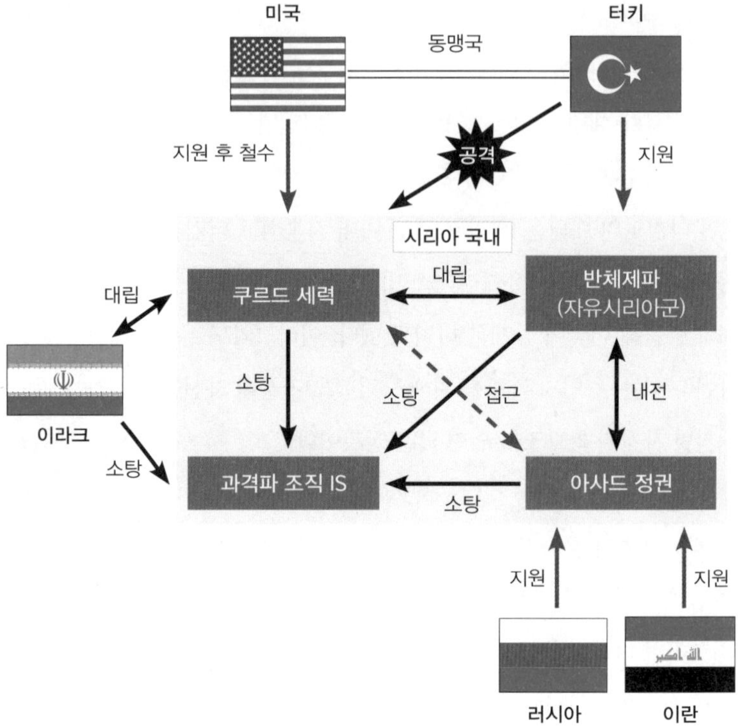

그림 28-3. 쿠르드족을 둘러싼 주변 정세

2019년 10월 6일 시리아 동북부에 주둔했던 미군이 철수하면서, 시리아 쿠르드족이 보호막을 잃고 터키의 공격에 노출되었다. 쿠르드족은 2014년부터 미국의 동맹으로 IS를 물리치면서 11,000명 이상이 희생되었는데, 이를 트럼프 미국 대통령이 배신한 것이다.

국가의 3요소는 주권·영토·국민인데, 쿠르디스탄은 영토가 없으니 국가를 이룰 수 없다. 이스라엘 민족이 오랫동안 디아스포라를 겪었지만, 이들은 그보다 더 긴 세월을 겪고 있다. 땅이 없는 민족이 무슨 소용이며, 단합하지 못하는 민족에게 내일이 없는 것이다.

29. 이스라엘이 요르단강 서안을 중요시하는 이유

요르단강 서쪽 땅을 국제사회에서는 흔히 '요르단강 서안West Bank'이라 부른다. 이 땅은 가자지구Gaza Strip와 더불어 팔레스타인 자치구에 속한다. 요르단강 서안은 가자지구에 비하면 7배는 넓지만 암석지대로 이루어져 있고, 대부분은 북쪽에서 남쪽으로 이어지는 능선이 깔려 있다.

이스라엘에게 평원지대인 가자지구는 세계의 여론 때문에 어느 정도 양보해도 요르단강 서안만큼은 자치구로 인정하면서도 절대 양보할 수 없는 땅이다. 가자지구는 1993년 오슬로협정에 따라 오늘날 팔레스타인 정부가 통치하는 땅이 되었다. 오늘날에는 가자지구에 이스라엘 정부가 총 길이 750킬로미터, 높이 8미터에 달하는 거대한 높은 장벽을 쳐 놓고 있다.

1993년 8월 이스라엘과 팔레스타인 해방기구가 노르웨이 오슬로에서 팔레스타인 자치안에 합의한 것을 시작으로, 1993년 9월 13일 워싱턴에서 이스라엘의 라빈 총리와 팔레스타인 해방기구의 아라파트 의장이 합의안에 서명했다. 이 협정으로 팔레스타인 해방기구와 이스라엘 정부가 서로 존재를 인정하고 팔레스타인 자치안에 합의했다(그림 29-1). 그리고 예루살렘의 구시가지에 해당하는 동예루살렘은 제3차 중동 전쟁 이후 이스라엘이 실효적 지배를 하고 있지만 팔레스타인 정부가 잠정적 수도로 정한 곳이기도 하다. 한국대사관을 비롯한 대부분의 외교 공관이 예루살렘이 아닌 텔아비브에 소재하고 있다.

그렇다면 왜 이스라엘 정부는 요르단강 서안지대를 중요시할까? 그 이유는 군사적 시각에서 전략적 가치가 있기 때문이다. 구체적으로 이 지형은 능선의 서쪽 편에 있는 요르단강 연안의 고지대와 요르단 지구대를 지배하는 측에게 유리하다는 것이다. 요르단강이 흘러드는 사해는 지각변동으로 함몰되어 지구대를 이루므로 해수면보다 고도가 낮다. 유대와 사마리아로 불리는 곳에서 『구약 성경』 속의 권리를 주장하는 유대 정착민들의 이념은 차치하고라도 전

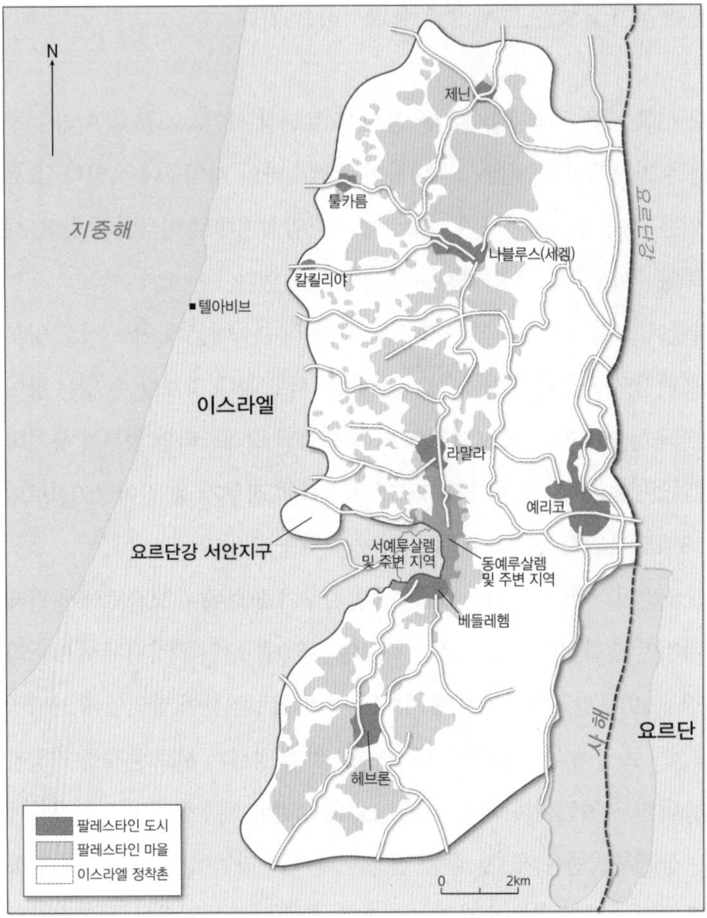

그림 29-1. 오슬로협정에 의거한 요르단강 서안 지역의 정착지 분할

략적 측면에서 이스라엘은 인구의 70%가 거주하는 지중해 연안의 평야지대와 최대 도시 텔아비브에 중화기가 발사될 가능성이 상존하는 한 반反이스라엘 세력에게 고지대의 지배권을 허락할 수는 없는 입장이다. 특히 가장 중요한 교통망뿐 아니라 최첨단 기업들과 국제 공항, 중공업의 대부분이 이 평야지대에 집중되어 있다.

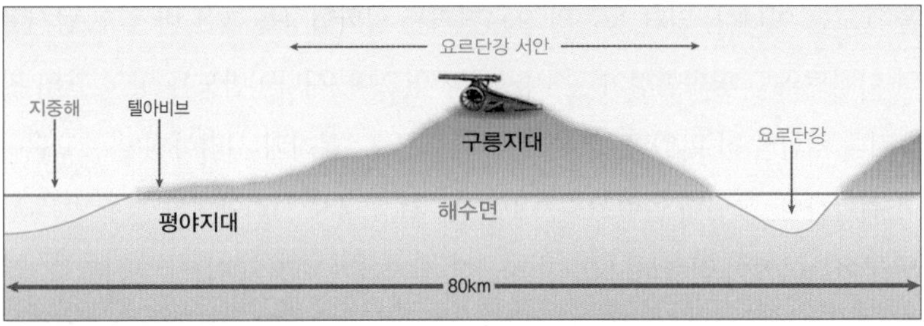

그림 29-2. 요르단강 서안의 단면도

이러한 사실은 그림 29-2의 요르단강 서안의 단면도를 보면 이해가 갈 것이다. 만약 요르단강 서안에서 중화기를 발사한다면 좋은 표적이 된다. 지대가 높은 서안지대에서 대포나 미사일과 같은 중화기를 발사한다면 이스라엘의 핵심부는 치명적인 타격을 입을 것이다.

이스라엘 정부가 시종일관 안정을 내세우면서 팔레스타인 자치국가가 수립되더라도 중화기로 무장한 군대의 능선 배치를 염두에 두고 요르단과의 국경 통제권의 보유를 지속적으로 주장하는 이유도 바로 여기에 있다. 사실 이스라엘은 작은 나라인 까닭에 딱히 전략적 깊이라고 할 만한 것이 없는 형편이며, 방어선이 무너졌을 때 마땅히 후퇴할 만한 곳도 없는 실정이다. 따라서 군사적으로 할 수 있는 것은 누구도 가까이 접근하지 못하게끔 총력을 기울이는 것이 최선의 방책일 것이다.

더욱이 요르단강 서안에서 텔아비브까지는 그림 29-2에서 보는 것처럼 최단거리가 고작 80킬로미터에도 미치지 못한다. 웬만한 군대라면 요르단강 서안의 능선에서 이스라엘을 두 개로 쪼개는 것은 식은 죽 먹기나 다름없을 것이다. 이스라엘은 요르단강 서안의 팔레스타인인들은 물론이고 그 어떤 집단도 자국의 안보와 존립을 위협할 만큼 강력해지는 것을 막으려 한다.

오늘날에도 이스라엘은 테러리스트의 공격과 날아오는 로켓포와 미사일 공격으로 주민들의 삶과 안전이 위협받고 있지만 국가의 존립 자체가 위협을 받을 정도는 아니다. 일단 동쪽의 요르단과는 평화협정을 맺은 바 있고 남서쪽의 이집트와도 평화협정이 잘 지켜지고 있으며, 시나이반도는 양국 간의 완충지대 역할을 하고 있다. 오히려 레바논의 헤즈볼라와 시리아의 골란고원이 더 위험하다. 그런데 골란고원은 1973년 전쟁 당시 시리아의 공격을 받은 뒤부터 이스라엘이 점령하고 있다. 지금은 시리아가 내전 중이므로 당분간 그런 염려는 없을 것 같다(Marshall, 2015).

이집트가 이스라엘에 의외로 고분고분 협상에 응한 이유에 대해 사족을 단다면, 이집트 인구의 대부분이 나일강 연안에 집중되어 있는데, 상류의 아스완 댐이 무너지면 불과 사흘 안에 이집트 인구의 95% 정도가 물에 빠져 죽게 된다. 1982년 이집트가 이스라엘과의 협상을 서둘러 체결한 데에는 이스라엘 측의 위협이 주효했다는 후문이다. 그런데 이는 확인된 바 없으므로 믿거나 말거나에 속하는 이야기다.

30. 페니키아 문명의 식량 공급지가 된 베카 분지

베카Beqaa 계곡은 레바논에 있는 계곡으로 레바논의 수도 베이루트에서 동쪽으로 30킬로미터 정도 떨어진 곳에 위치하며, 남북으로 나란히 뻗은 서쪽의 레바논산맥과 동쪽의 안티레바논산맥 사이에 위치한다. 레바논Lebanon이란 고대 엘람어로 '하얀 산맥'이란 뜻에서 유래된 지명이다. 겨울에는 눈이 내려 하얗고, 여름에는 석회암 때문에 희게 보여 붙여진 지명이다.

산맥 명칭이 국가 명칭이 된 나라는 레바논밖에 없을 것이다. 아랍의 기독교도와 오랫동안 동맹관계를 맺어 온 프랑스가 1920년대 레바논에 등장했을 때 이곳을 특징지을 만한 확실한 지명이 없었다. 그래서 프랑스인들은 근처에 있는 산맥 이름을 가져다 붙였다. 레바논 땅에서는 어디서라도 레바논산맥이 보인다. 프랑스는 여전히 레바논에 공을 들이고 있다. 2020년 8월 베이루트

도심에서 폭발사고가 발생했을 때 프랑스 대통령 마크롱이 가장 먼저 달려가 피해 주민을 위무한 것 역시 그런 이유에서였다. 만약 미국이 지중해에서 발을 빼면 지중해의 패권은 프랑스로 넘어갈 것이다.

고대사를 통해 문명의 회랑으로 알려진 베카 계곡은 시리아의 다마스쿠스를 거쳐 아카바만으로 연결해 아리비아반도를 잇는 주요 통상로의 교차점에 해당한다. 베카 계곡의 인상적인 고고학적 유적지들은 문명의 십자로에 위치하여 그에 걸맞는 역사적인 역할을 하게 된 것이다. 레바논에서 가장 많은 여행자들이 찾고 있는 이 계곡에는 세계에서 가장 거대하고 잘 보존된 로마 유적지가 바알베크Baalbek에 있고, 안자르Anjar에는 8세기경 이슬람교를 계승한 최초의 왕조라 할 수 있는 우마이야Umayyad 왕조의 칼리프에 의해 안티레바논산맥 기슭에 세워진 도시가 있다. 우마이야 왕조는 안자르를 사냥별장이자 여름의 가장 더운 몇 달을 보내기 위한 휴양지로 이용한 것 같다. 안자르란 지명은 아랍어로 '바위에서 샘솟는 물'이란 의미를 갖는 '아인알리잔Aynalizan'에서 유래되었다.

지중해에 면한 이 일대를 레반트Levant라 부르는데, 여기서 페니키아 문명이 창출되었다. 고대사에는 페니키아 문명이 기원전 1200~기원전 900년경에 걸쳐 지중해를 가로질러 퍼져 나가 진취적인 해상무역 문명을 꽃피웠다고 수록되어 있다. 그러나 최근의 고고학 발굴조사에서는 페니키아 문명은 그보다 훨씬 오래전인 기원전 40세기에 지중해 문명과 메소포타미아를 연계하는 기시Gish 문명이 존재했던 것으로 밝혀지고 있다.

고대 오리엔트 문명은 '비옥한 초승달지대'라 알려진 퍼타일 크레슨트에서 발생했는데, 페니키아 문명은 그 중간지대에 해당한다. 나는 퍼타일 크레슨트가 메소포타미아로부터 레반트를 지나 나일강 유역의 이집트로 연결되는 지대로 생각했지만, 그림 30-1에서 보는 것처럼 레바논에서 농업지대가 끊기지 않고 연속적으로 이어져 있는지의 여부가 불확실하다고 생각했다. 나는 이

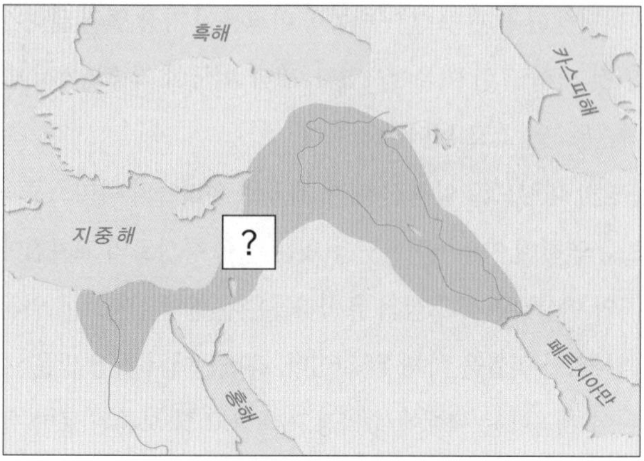

그림 30-1. 퍼타일 크레슨트의 베카 계곡 위치

에 대한 조사를 하고 내 눈으로 확인하고 싶어 2013년 현지답사를 해 보았다.

페니키아 문명이 성립되기 위해서는 반드시 잉여 식량이 확보되어야 한다는 생각에서 실시한 답사였다. 베카 계곡에서 해답이 나왔다. 베이루트에서 레바논산맥을 넘으니 베카 계곡이 시야에 들어왔다. 이 계곡은 내가 상상했던 것보다 훨씬 드넓은 평야가 펼쳐져 있었다.

페니키아는 최초로 알파벳을 사용한 것으로 널리 알려져 있다. 그들이 사용한 페니키안 알파벳으로부터 후대의 여러 알파벳이 나왔다. 페니키아인들은 아프리카·아시아어족의 셈어족에 속하는 페니키아어를 사용했다. 페니키아는 해양무역을 통해 자신들의 알파벳을 북아프리카와 유럽에 전파했고, 이로부터 그리스어의 알파벳이 만들어졌다는 사실은 널리 알려져 있다.

페니키아라는 말의 어원은 불분명하지만 라틴어 푸니쿠스punicus에서 생겨난 것으로, 이는 고대 이집트의 '시리아인'을 뜻하는 단어를 그리스어의 포이니케Phoiníkē라 부른 데에서 유래한 것이다.

오늘날에는 고대의 국경이 변하긴 했지만, 페니키아 최남단 도시의 문화 중심지는 티레로 여겨진다. 토인비는 페니키아가 바다를 이용해 성립한 최초의 해양 문명이라고 지적하면서 크레타 문명과 그리스 문명의 모체라 설명했다(Toynbee, 1957).

페니키아는 최초로 갤리선을 사용한 문명으로 이들은 레바논 삼나무로 만든 당시로서는 최첨단 선박을 이용한 독점무역을 통해 번성했다. 갤리선은 고대 지중해를 중심으로 사용된 대형 범선 가운데 하나로, 바람보다는 주로 노를 이용해 많은 짐을 싣고 항해했다. 페니키아 문명이 단일한 민족에 의한 것이었는지는 분명하지 않지만, 그들은 고대 그리스와 같이 도시국가를 이루었으며, 각각의 도시국가들은 정치적으로 독립되어 있었다.

그림 30-2. 베카 계곡의 위치와 지형

페니키아의 도시국가들은 서로 동맹을 맺고 협력하기도 했지만 도시 간에 갈등이 있는 경우도 있었다. 레반트 땅의 티레와 시돈은 페니키아의 가장 강력한 항구도시였다. 페니키아 문명은 메소포타미아 문명과 이집트 문명을 연결하는 고리 역할을 하는 해양 문명이었다.

페니키아 문명의 중심에는 문자가 있었다. 페니키아 문자는 기원전 10세기경에 만들어진 것으로 원시 가나안문자에서 비롯된 음소문자다. 표음문자는 음소문자와 음절문자로 구분되는데, 음소란 한글이나 알파벳처럼 더 이상 작게 나눌 수 없는 최소 단위의 말소리를 뜻한다. 셈어족 계통의 해양민족이었던 그들은 고대 지중해 세계를 중심으로 활동하던 상업민족으로서 무엇인가를 페니키아어로 기록하기 위해 만들었을 것이다. 이 문자는 알파벳은 물론 히브리문자, 아랍문자, 그리스문자, 로마문자, 키릴문자의 조상에 해당한다.

이처럼 페니키아 문명이 번성하기 위해서는 아무리 해외무역에 의존하는 경제라 할지라도 최소한의 잉여 식량이 뒷받침해 주지 않으면 성립되기 어렵다. 잉여 식량을 제공해 준 땅이 바로 베카 계곡이었던 것이다. 이 계곡의 북쪽에 있는 오론테스강과 남쪽에 있는 리타니강은 베카 계곡에서 발원해 지중해로 흘러든다. 레바논의 대표적인 풍요로운 농업지대로 손꼽히며 북쪽에 있는 오론테스강과 남쪽에 있는 리타니강은 이곳을 거쳐 흐르며 농업용수를 공급해 준다. 북쪽으로 흐르는 오론테스강은 바알베크가 입지하고, 남쪽으로 흐르는 리타니강 인근에는 안자르가 입지해 있다. 이 계곡의 평균 기온은 8월이 25.1도, 1월이 4.4도이며, 평균 강수량은 444밀리미터에 불과하지만 하천이 연중 흐르고 있어 농사에 문제가 되지 않는다.

이곳은 전략적으로도 중요해 1975년 레바논 내전 발발 때부터 2005년까지 이스라엘과 시리아, 팔레스타인 해방기구 사이에 큰 전투가 벌어지기도 한 곳이다. 물론 베이루트 북부의 트리폴리와 남부의 티레 부근에도 해안가에 협소한 평야지대의 경작지가 있지만, 그것만으로는 잉여 식량에 기반한 도시 문명

그림 30-3. 레바논산맥에서 바라본 베카 계곡의 경관

이 발생하기에는 부족하다.

1984년 유네스코 세계유산으로 등재된 바알베크Baalbek는 '베카고원의 주신主神'을 의미하는데, 제섭(Jessup, 1881)의 연구에 의하면 페니키아인을 비롯한 셈어족의 신이었던 바알Baal을 섬기는 것에서 유래한 것으로 전해지고 있다. 따라서 이 도시는 원래 페니키아계 신들의 성지였던 곳으로 생각된다.

풍요의 신이었던 바알을 숭배한 사람들은 바알에게 풍요를 기원하기 위해 집단적 성 행위를 하며 제사를 지냈다. 이런 관행은 메소포타미아에서 유래한 것이다. 그들은 바알을 추모하는 신전의 창기娼妓들과 성교를 함으로써 바알에게 풍요를 빌었다. 이는 단순한 성교를 넘어 난교로 이어졌으며, 이들은 이러한 성 행위를 통해 자신들이 더욱 풍요로워질 것이라 믿었다. 이는 씨를 뿌려 농작물을 키우는 농사와, 씨를 뿌려 아이를 가지는 성교를 동일시했기에 성교를 풍요로워지는 행위로 인식한 것이다. 그런 까닭에 『구약 성경』에는 바알이 이민족의 신으로 등장해 바알을 섬기는 것을 타락의 상징으로 묘사하고 있다.

그러나 그 후 1세기경부터 3세기에 걸쳐 바알베크에는 그리스·로마계의 신들과 결합해 주피터·비너스·바카스의 신전이 들어서게 되었다(Jidejian, 1975). 바알베크의 유적은 주로 이들 세 신을 섬기는 3개 신전으로 구성되어 있으며 로마 제국의 건축미의 진수를 보여 주고 있다. 나는 팬데믹이 종료되고 레바논의 정치 상황이 안정되면 독자들에게도 이곳에 가 볼 것을 추천하고 싶다.

8장 한민족과 주변의 동아시아

31. 고구려가 수·당 군대를 무찌른 진짜 이유

땅의 생김새는 군주들에게 자신의 영토를 지킬 수 있는 여지를 조금은 제공해 준다. 그리스 제국을 비롯해 페르시아 제국, 바빌로니아, 혹은 그 밖의 나라들도 사정은 마찬가지였다. 자신의 백성을 보호하는 군주의 사명은 전술적으로 사막과 하천을 이용하기도 했지만 무엇보다 고지대를 찾아내는 일이었다. 평지로 이루어진 메소포타미아의 수메르와 중국의 중원은 항상 외세의 침입에 시달려야만 했다.

축성의 역사 고구려

고구려는 본래 산이 많은 땅에 자리 잡았다. 첫 수도였던 졸본이나 두 번째 수도였던 국내성 모두 공통적으로 산이 많은 지역에 위치했다. 산에 성을 쌓으면 적은 병력으로도 수적으로나 기술적으로 우세한 적으로부터 쉽게 방어가 가능하다는 장점이 있다. 즉 고구려의 산성은 산악전에 능한 고구려인 자신들의 장점을 적극 활용해 평지전을 위주로 하는 적의 약점을 이용한 것이다. 산성 중심의 고구려 전술은 전투에서 큰 성과를 나타냈는데, 645년 당 태종이 고구려와의 전투에서 패해 돌아와 재침공에 관한 회의를 했을 때도 신하들은 고구려 산성의 위력을 우려해 반대했다고 한다.

6~7세기 고구려는 자신보다 더 크고 강력한 수와 당의 침입을 물리칠 수 있었는데, 그 이유는 무엇이었을까? 고구려는 한민족의 활동 무대를 만주 일대와 중원 대륙으로 확대한 동북아의 강대국이었던 것은 사실이지만, 수나라와 당나라는 고구려보다 더 많은 영토와 인구를 보유한 아시아 최대의 강대국이었다.

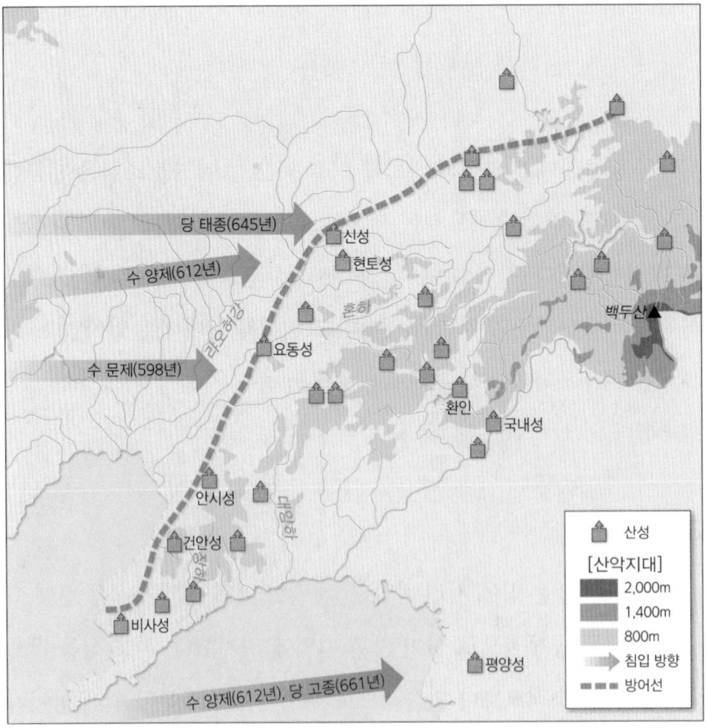

그림 31-1. 수·당의 침입과 고구려의 산성 분포

그러나 백만 대군에 달하는 수·당의 공격을 막아 낸 고구려는 건국 이후 주변 이민족들과 치열한 전쟁을 통해 다져진 불굴의 정신과 상무 정신을 바탕으로 고구려 700년의 역사를 만들어 냈다. 한민족 역사상 가장 광대한 영토를 개척하고 자주적인 영역을 구축한 대제국 고구려를 뒷받침한 전략은 무엇이었을까?

흔히 고구려가 수·당의 침략을 막을 수 있었던 이유를 강력한 통치체제, 기병군단을 보유한 강력한 군사강국, 상무 정신, 우수한 철 생산과 광개토대왕의 존재 등을 그 이유로 꼽지만, 지리적으로 볼 때 고구려의 방어 전략은 산성에 있었다. 고구려는 수·당의 주요 침공 루트에 방어용 산성을 구축했다. 고구려의 성장은 곧 중국 세력과의 충돌과 승리의 과정이었다고 해도 과언이 아니다. 이러한 충돌 과정에서 고구려는 험한 산세를 이용해 성을 쌓았고, 이 성을 통해 백만 대군을 몰고 공격해 오는 중국 세력을 막을 수 있었다.

고구려의 역사는 '축성築城의 역사'였으며, 그 성의 보존과 활용이었다. 이러한 사실은 당 태종도 고구려는 산을 이용해 산성을 만들었기 때문에 쉽게 정벌할 수 없다는 점을 인정할 정도로 견고한 산성을 갖고 있었다. 특히 국경선 부근인 요동에 여러 겹의 방어성을 쌓았으며, 수도로 접근하는 통로에 차단성을 두었고, 효과적인 수도 방어를 위해 산성과 평지성으로 이루어진 도성체제를 두었다.

고구려가 광개토대왕 이후 요동을 장악하고 북방의 강자로 군림하던 6세기 후반, 동북아에 긴장이 고조되었다. 남북으로 갈라져 있던 중국이 589년 수나라로 통일되었다. 중국의 통일 제국 수나라와 만주의 지배자 고구려 사이에 한판의 충돌은 불가피했다.

598년 6월 수 문제가 수륙군 30만 명을 동원해 요동 방면으로 공격해 왔다. 수나라의 제1차 침공이었다. 이러한 수의 침공을 예상하고 있던 고구려는 요동방어선을 중심으로 강력하게 대응했고, 결국 자신만만하던 수의 문제를 물

그림 31-2. 3D 기복도로 본 고구려 방어선

리쳤다. 중국 대륙의 강자 수나라에 북방의 지배자 고구려가 한판승을 거둔 것이다. 그림 32-2를 보면 고구려가 왜 이 지점에 방어선을 구축했는지 이해가 갈 것이다. 고구려 방어선 서쪽의 랴오허강 일대는 대규모 군대가 이동하기 곤란한 습지대였다.

지형을 이용한 고구려의 방어 전략

수 문제의 뒤를 이어 왕위에 오른 수의 양제는 재침의 기회를 노리며 전력을 강화했다. 수나라가 고구려를 침공하는 통로는 육로로 요동을 거쳐 오는 길과 산둥반도에서 바다로 공격하는 두 가지 통로가 있다. 수 양제도 이 통로를 이용하되 먼저 백만 대군으로 요동 지역을 장악한 후, 다음 단계로 수군과 합류해 평양성을 공격한다는 계획을 세웠다.

그러나 랴오허강과 훈허강 유역의 하천과 늪지대 그리고 고구려의 험한 산성, 장거리 원정 등은 큰 장애 요소였다. 따라서 수는 대병력으로 공격해 전쟁을 속히 끝내는 속전속결이 중요했다. 만약 전쟁을 오래 끌게 되면 겨울이 다가오고 식량 조달도 어렵게 된다. 그래서 113만여 명의 대병력이 동원되고, 수많은 군량 수송 인원이 징발되었으며, 300여 척의 배가 건조되었다.

수의 침략에 대비해 고구려도 총력적으로 전쟁을 준비했다. 고구려는 병력은 적지만 요동 지역의 험준한 산세를 이용한 성곽방어체제가 장점이었다. 군사조직도 행정조직과 일치되어 성의 성주가 행정조직과 군대를 통솔해 방어할 수 있었다. 이러한 성은 전국에 200여 개나 구축되어 있었는데, 성은 견고하게 축성된 군사거점으로서 일단 유사시에는 식량과 적이 이용할 수 있는 모든 물자를 가지고 성 안으로 들어가서 수비하도록 준비되어 있었다. 그리고 고구려군에는 을지문덕이라는 뛰어난 장수가 버티고 있었다.

수나라 백만 대군의 공격은 요동성이 버텨 주었고, 당 태종의 30만 대군의 공격은 안시성이 막아 주었다. 고구려의 천리장성도 요동반도로부터 랴오허강을 따라 북으로 구축되었다. 요동은 고구려 방어의 핵심 지역이었다. 고구려의 산성들은 요동 지역에 집중되어 방어선을 구축하는 핵심시설이었으며, 수나라 침공 이후에는 수군 공격에 대비해 해양방어용 성이 추가로 건설되었다.

대규모 병력으로 결정적인 승리를 통해 신속히 전쟁을 끝내려는 수 양제의 전략을 꿰뚫고 험한 지형과 하천, 기상을 이용해 수나라의 약점을 집요하게 파고드는 고구려식 지구전 전략이 주효했다. 고구려는 113만 명의 수나라를 30만 명의 열세한 전력으로 산성을 이용한 지연전과 유인격멸이 효과적인 대응 전략으로 작용해 수의 군대를 물리칠 수 있었다.

수나라의 뒤를 이어 중국을 통일한 당나라는 수나라가 고구려를 4번이나 침공했다가 패배한 것을 치욕으로 여기며 재침의 기회를 노렸다. 연개소문이 정권을 잡자 이를 빌미로 고구려 침공을 시도했고, 이에 고구려도 강력한 대응태세를 구축하고, 당나라의 침공에 맞섰다. 당나라는 수나라의 실패 원인을 철저히 연구하고 이를 교훈으로 삼았다.

당 태종은 641년 고구려의 내정과 지형을 탐색하게 했고, 644년 랴오허강 주변의 정보를 입수했다. 당 태종은 수나라의 전철을 밟지 않기 위해 새로운 전법을 구사했다. 수나라가 백만 대군을 편성함으로써 군량 수송에 어려움을 겪었던 실패를 거울삼아 육군을 6만 명의 정예부대로 편성하고, 수군도 43,000명과 500척으로 편성했다. 특히 육군은 산악 전투에 뛰어난 지역 출신을 선발했다. 과거 수나라가 백만 대군을 편성함으로써 나타났던 보급상의 문제점을 보완했고, 고구려가 산성을 이용한 전략에 대비해 공성 장비를 충분히 준비했다.

그러나 전략의 큰 틀은 수나라 전략에서 크게 벗어나지 않았다. 즉 수나라와 마찬가지로 평양성을 최종 목표로 설정하되, 육군은 요동을 먼저 점령한 후 평양을 공격하는 전략이었다. 다만 보급로를 확보하지 못한 수나라가 평양까지 깊숙이 쳐들어갔다가 실패했던 것을 교훈 삼아 무모한 진격보다는 요동 지방 공략에 전념하기로 했다. 또한 수군도 단독으로 공격하다가 패배한 것을 되풀이하지 않기 위해, 먼저 요동 공략에 참가하도록 했다.

645년 3월 당 태종은 랴오허강를 건너 신성과 현토성을 먼저 공격하고, 랴오허강 하류를 건넌 병력은 건안성을 공격했다. 한편 장량이 이끄는 수군도 산둥반도를 떠나 요동반도의 비사성을 공격했다. 드디어 요동방어체계의 중심인 요동성에 적의 공격이 개시되어 함락되고 말았다. 연이은 승리에 고무된 당 태종은 7월에 요동의 마지막 버팀목인 안시성을 공격하기 시작했다. 안시성 성주인 양만춘은 백전노장으로서 강한 정신과 용기를 지닌 고구려의 맹장이었다.

양만춘은 증원군이 무너지고 수십 겹으로 포위된 고립무원의 상태에서도 당 태종의 공격을 끝까지 막아 냈다. 당군은 안시성을 두고 평양으로 진격할 수도 없었다. 더욱이 요동의 겨울 추위가 다가오고 있었다. 겨울에 대한 준비가 없던 당군은 군량마저 바닥이 나고 있었다. 요동의 다른 성에서는 고구려군이 당군의 보급로를 위협하며 물고 늘어졌다. 9월 중순 당 태종은 드디어 총퇴각을 명령했다. 랴오허강의 습지대 요택遼澤으로 급히 퇴각하던 당나라군은 고구려군의 공격과 습지대에 빠져 또다시 엄청난 피해를 당했다(동북아역사재단, 2009).

지리적 특성을 이용한 고구려의 산성

고구려는 외세의 침략에 대비해 수도권은 물론 요동 지방의 방어에 주력하기 위해 육로와 수로의 교통 요충지와 전술적으로 중요한 지점에 산성을 축성했다. 고구려는 북방의 유목민족 및 한족과 항상 군사적으로 충돌했으므로 군사적 기능을 가진 성들을 필요로 했다. 성은 평상시에는 성주와 군인, 일부 백성들이 거주하면서 행정 공간, 문화 공간의 기능, 즉 그리스의 폴리스에 상당하는 도시의 역할을 했다. 그러나 전쟁이 벌어지는 유사시에는 주위의 모든 사람들이 성안으로 대피해 전면전을 폈다. 고구려 성은 방어하는 공간일 뿐 아니라 전진을 위한 거점이었다. 『구당서舊唐書』에는 고구려가 60여 개의 성에 행정기관인 주州와 현縣을 두어 정치를 했다고 기록되어 있다. 이는 성이 정치 단위이며 도시 기능을 수행했음을 시사하는 것이다.

고구려 성은 종류가 일정하지는 않지만 역할과 기능에 따라 대체로 도성과 읍성 외에도 산성·장성·차단성 등 여러 가지로 구분되는데, 산성은 대부분 포곡형 혹은 고로봉형으로 축성되었다. 포곡형包谷形 산성이란 골짜기를 가운데 두고 자연스럽게 이어진 산 능선과 골짜기 그리고 때때로 절벽들을 이용해

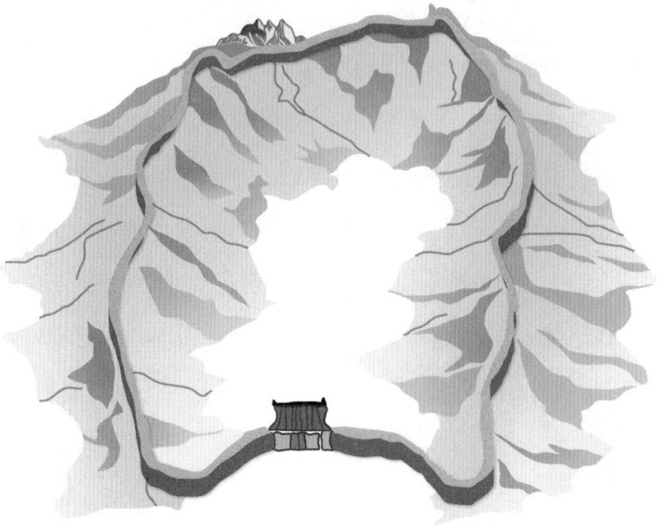

그림 31-3. 포곡형 산성의 모식도

허약한 곳은 돌을 다듬어 쌓고, 경사가 급한 곳은 흙을 돋아 올려 보축한 것을 의미한다. 곳곳에 문을 만들어 놓았고, 대체로 정문에 해당하는 골짜기들이 모인 곳에는 견고하게 방어시설을 갖추어 놓았다. 이러한 곳은 물이 풍부해 장기간 농성전을 펼칠 수가 있기 때문이다.

이상에서 살펴본 바와 같이 땅을 연구하는 지리학은 '무엇' 못지않게 '왜'라는 질문의 근간을 이룬다고 마샬은 지적한 바 있다(Marshall, 2015). 독자들은 고구려 성의 85%가 산성인 이유를 알았을 것이다. 인류의 삶과 문명은 항상 우리가 살아가고 있는 땅에 의해 형성되어 왔다. 전쟁·권력·정치는 물론이고 인간이 거둔 사회적 발전은 지리적 특성에 따라 이루어졌다. 그만큼 땅이 중요하다는 사실을 지적하고 싶은 것이다. 한민족은 산에 의지해 살아온 민족이기 때문에 산이 보이지 않는 땅에 살면 마치 허공에 발을 딛고 사는 것처럼 허전하게 느낀다. 그러므로 한민족의 지리사상 속에는 항상 산이 있었다. 또한 우리 민족의 저항 정신은 수·당의 침입 때부터 생겨난 것이다.

32. 장안의 화제가 된 관중 평원의 지리적 중요성

시안西安은 황하 최대 지류인 웨이허渭河의 남쪽 언덕에 위치한 산시성의 성도省都이며 중국 6대 고대도시 중 하나다. 시안은 강력한 봉건국가를 건국한 진나라 때에 웨이허 북쪽에 셴양성이 위치했고 한대와 수·당 시대에는 그 남쪽에 장안성이 건설되어 실크로드의 번영을 배경으로 당시 국제적 도시로 서양의 로마와 함께 그 명성을 떨친 바 있다. 중국의 고대 왕조는 우리나라 고대국가인 고구려·백제·신라와 발해는 물론 일본의 고대도시에도 다방면에 걸쳐 많은 영향을 주었으며, 특히 당나라 시대의 글로벌 도시였던 장안성은 신라의 도시 구조에 큰 영향을 미친 바 있다. 그곳에서 일어나는 모든 것은 '장안의 화제'였다.

중국 역사의 발원지라 할 수 있는 관중 평원關中平原이 중요한 이유는 무엇일까? 여기에는 그만한 이유가 있었다. 유라시아 대륙 동부에서는 후한後漢이

그림 32-1. 중국의 지형과 장안의 위치

붕괴되면서 불안한 정세가 지속되었다. 4세기 초에 많은 유목민이 한꺼번에 중국 화베이 지방으로 남하하기 시작했다. 유목민의 쟁탈지였던 관중 지방에 선비계와 흉노계 등 비한족非漢族의 혈통을 지닌 수나라 왕조가 중국 대륙의 재통일을 눈앞에 두고 있었다. 남북조시대의 남조 선비들은 당시 북조의 선비들과는 시공간적 사상事象에 차이가 있었다. 구체적으로 북조에 속한 한나라 선비들의 작품 세계에는 통상적으로 공간이 산악과 하천으로 표현되어 인식되고 있을 만큼 남조 선비들의 사상과 달랐다(남영우, 2011b).

중국 대륙은 589년 수나라를 건국한 문제에 의해 통일되었다. 문제文帝는 통일의 기초를 튼튼히 하려고 시도했으나 2대 30여 년에 불과한 단명 국가로 멸망하고 말았다. 그 통일의 기반은 당에 계승되어 완성되기에 이르렀다. 수 문제는 582년 한나라의 장안성 동남쪽 약 10킬로미터의 위치에 새로운 도성인 대흥성 건설에 착수했다. 그러나 당나라는 "아주 오래 천하를 편안하게 한다."는 의미로 장안長安이라고 개명했다.

콘스탄티노플이 유럽과 아시아의 접점에서 발달하고 바그다드가 아랍 문명권과 페르시아 문명권의 접점에 세워진 것처럼, 수의 대흥성과 당의 장안성은

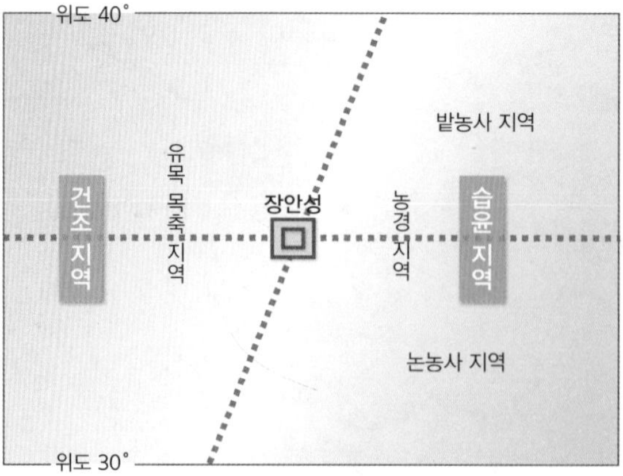

그림 32-2. 장안성 입지의 모식적 원리

유목·목축지대와 농경지대의 접점에 건설되었다. 이러한 현상은 이미 프랑스의 지리학자 비달이 지적한 바 있으며(Vidal, 1922), 지절률로도 설명이 가능하다. 즉 도시 문명은 이질적 문명 간에 발달하거나 지절이 다양하고 복잡한 지리적 환경하에서 발달하기 때문이다. 문명이 지닌 속성인 자생성은 문명의 개별성과 보편성에 의해 교류가 보장되며, 모방성은 문명의 전파성과 수용성에 의해 교류가 불가피해지기 때문이다.

전술한 바와 같이 장안성이 위치한 관중 지방은 북위 34~40도선을 따라 펼쳐진 유목·목축지대와 농경지대의 접점에 해당하는 지역이므로 교역과 정보교환이 이루어지는 중심지인 동시에 정치와 문화의 핵심부라 할 수 있다(그림 32-2). 거대한 분지형 지형 속에 배산임수의 지형조건과 광활하고 비옥한 토지, 동서로 횡단하는 교통로와 풍부한 수자원 역시 도시 형성에 중요한 요소가 되었다. 특히 관중평야는 중앙아시아의 오아시스도시와 연결되어 있다.

이러한 위치적 특성에 기인하여 관중 평원은 농업과 목축의 복합에 기반을 둔 중국 고전 문명의 발상지가 되었다. 이러한 까닭에 이 지역에는 주나라의 펑징豊京과 하오징鎬京부터 진대의 셴양성을 거쳐 한대의 장안성에 이르기까지 왕도가 지속적으로 입지한 것이다. 당나라의 장안성 주민들은 공리주의가 성행하고 불교와 도교의 색채가 농후했으나 부녀자의 생활이 비교적 개방적이었고 사치스러운 생활을 영위했다.

한의 장안성은 웨이허에 가까워 저습지였던 까닭에 도시 입지에 부적당했고 규모도 비교적 작았다. 먼저 궁성을 필두로 황성이 정비되고 613년 대흥성이 건설되었다. 대흥성의 입지는 군사적 목적이나 방어상의 편리성은 물론 자연환경, 성곽의 규모 등을 고려해 구릉지로 정해졌다. 즉 토질·식생·지하수·배수 등의 상황과 성곽이 들어서기에 충분한 동서 9.7킬로미터에 남북 8.6킬로미터의 광활한 부지가 고려되었다.

이 구릉지에는 친링산맥 북쪽의 산록완사면에 위치해 계곡에서 흘러내리는 지표수와 지하수가 풍부했다. 이 관중 지방은 그림 32-3에서 알 수 있는 것처럼 크고 작은 하천이 많아 징하(경하)·웨이허(위하)·뤄하(낙하)를 '관중 3수'라 하고 그 밖의 하천을 합쳐 '관중 8수'라 불렀을 정도로 수자원이 풍부했다(賀次君, 1980).

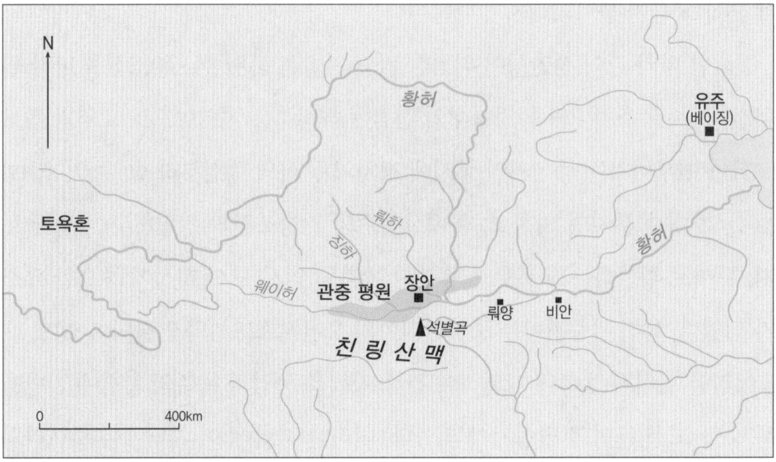

그림 32-3. 관중 평원과 주변 지역

그림 32-4. 중국지형의 3D 기복도

아들 하천 중 경하와 위하는 '경우에 맞는다' 혹은 '경우에 밝다'라는 말의 어원이 되었다. 중국에서는 흐린 강물의 경하와 언제나 맑은 강물 위하를 일컫는 말로부터 유래되었다. 서로 가까이에서 흐르는 두 강물 중 경하는 위하로 흘러들고 위하는 다시 황허로 흘러드는데, 그 두 강물이 경수는 항상 흐리고 위수는 항상 맑아, 서로가 분명히 구별된다는 의미에서 '경위涇渭에 밝다'라는 말이 생기게 났으며, 사리의 옳고 그름이나 시비를 분간하는 말이 된 것이다. 경위가 발음하기에 편하도록 바뀐 말이 경우다. 오늘날에는 한자가 바뀌어 경위涇渭가 아닌 경위經緯로도 쓰이고 있다.

한나라와 수·당의 장안성은 서로 인접해 있으며 진秦의 셴양성 역시 관중 평원에 위치해 있다. 수 문제는 583년 장안성이 완공되지 않았음에도 불구하고 새롭게 건설된 도성으로 옮겼다. 그러나 615~617년에 발생한 동란으로 도성 정비를 비롯한 건설공사는 중단되었다. 수의 멸망과 당의 건국으로 618년에 공사가 재개됨에 따라 대흥성은 전술한 것처럼 장안성으로 개칭되었다.

수·당대 장안성의 도시 계획에는 당시의 다양한 전통적 사상이 함축적으로 반영되어 있다. 그것은 지상에 있는 우주의 거울로 왕도를 건설한다는 천문사상의 우주론, 왕조의례의 무대로 왕도를 건설한다는 예禮사상, 고대 중국 고래로 『주례周禮』가 제시한 이상도시의 모델, 그리고 음양오행사상과 역경사상 등을 가리킨다. 장안성은 이들 전통적 사상을 격자형 도시 공간에 유연하게 반영함으로써 오랜 분열 시대를 마감한 정통 왕조의 수도로서 자격을 얻고자 했다(그림 32-5).

장안성은 당시 세계를 인식하는 우주론에 근거해 천명天命을 받은 우주의 왕도로 건설되었다. 우주론이란 넓은 의미로 세계를 인식하는 방법이었다. 이것으로 왕도를 신성시함으로써 지배의 정통성을 확립하고자 한 것이다.

장안에는 둥근 하늘의 중심과 네모난 땅의 중심이 교차하는 곳에 장안이 입지하고 있다는 관념이 담겨 있다. 당 장안성의 궁전을 태극전이라 부른 것은

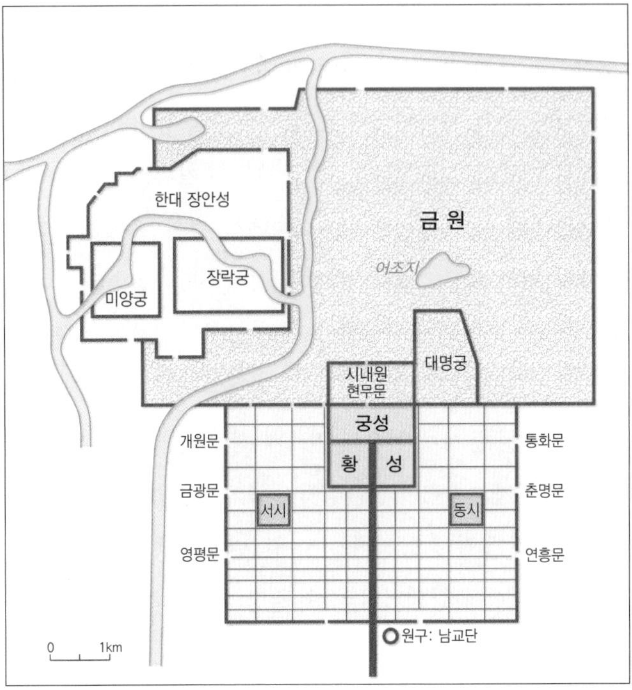

그림 32-5. 장안성의 도시 구조

『역경易經』에 의하면 천제의 대행자로 천하에 군림하는 천자의 거처이며 우주의 중심에 직결된 장소이기 때문이다. 또한 우주의 최고신인 천제는 도교의 최고신이기도 하여 663년에 완공된 대명궁을 봉래궁이라 칭했듯이 천상의 신선계를 모방해 만든 것이다(若山滋, 1990).

우리나라 삼국시대에 사신들이나 상인들이 장안성을 보고는 그 규모와 호화로움에 적이 놀랐을 것이다. 특히 신라의 사신들은 세계적인 도시 장안성의 위용을 보고는 당나라와 협력관계를 맺어 나당연합군으로 고구려와 백제에 대항하려는 생각을 품게 되었을는지도 모를 일이다.

오늘날 현존하는 시안의 경관은 당대의 장안성이 아니라 명·청대에 건설된 것들이 대부분이다. 당시의 건조물은 당의 멸망과 더불어 군벌에 의해 철저하게 파괴되었다. 현존하는 당대의 유적은 자은사의 불탑인 대안탑과 천복사의 소안탑 정도에 불과하다. 현존하는 성곽은 명·청대에 개수한 것이며, 이는 당대 장안성의 궁성 및 황성의 내곽 성에 해당한다. 650년대에 축성된 당대의 나성인 외곽성은 대부분 파괴되었고 그 일부분만 토성의 형태로 남아 있을 뿐이다.

33. 조선의 땅을 훔친 일본의 비밀군사지도

일본 개화기의 참모본부 간첩대

일본은 에도막부江戶幕府가 폐지되고 1868년 메이지 유신을 단행하며 세계 및 아시아 정세가 긴박하게 돌아가고 국내 정세가 혼탁해지면서 주변국에 대해 강경책을 취하기 시작했다. 즉 메이지明治 정부는 정한론을 주장한 사이고 다카모리西鄕隆盛의 퇴진으로 야기된 무사 계급과 국민 감정을 무마하고 그 관심을 해외로 돌리기 위해 국민개병제로 징병제를 바꾸면서 1874년의 타이완 침략에 이어 1875년 9월 20일에는 군함 운요호雲揚號를 동원해 조선의 강화해협에서 무력시위를 단행했다.

그때부터 육군성의 참모본부 전신인 '제6국'은 처음으로 해외 첩보 활동을 개시했다. 사이고는 우키요에浮世繪라 불리던 그림 33-1에서 보는 것처럼 좌중을 둘러보면서 한국 정벌의 필요성을 역설한 바 있다. 니시키에綿繪라고도 불리는 우키요에는 일본 에도시대에 당대 사람들의 일상생활이나 풍경 등을 그린 풍속화를 가리킨다. 비록 사이고는 퇴진했지만, 일본에서는 에도막부부터 하야시 시헤이를 중심으로 한 지식인에 의해 조선을 일본의 수중에 넣어야 일본이 안심할 수 있다는 주장을 펴 온 터라 정한론은 수그러들지 않았다.

일본은 임진왜란 중 조선의 수많은 도공陶工을 일본으로 납치해 갔다. 그런 이유로 임진왜란을 '도자기 전쟁'이라 부르기도 한다. 그 후 일본은 엄청난 양

그림 33-1. 우키요에: 정한의론도(征韓議論圖, 1877년)

의 도자기를 유럽에 수출하면서 돈을 벌어들였다. 도자기를 굽는 기술과 그것으로 벌어들인 돈은 무기 제작에 쓰여 일본의 부국강병의 기회를 마련해 주었다. 이것이 조선 도공들로부터 비롯된 것이니 역사의 아이러니가 아니겠는가.

1873년 정한론이 대두된 이후, 일본은 1877년 육군 대장이던 사이고가 규슈 일대에서 거병한 세이난西南 전쟁을 치르면서 군국주의의 기반을 다져 나아갔다. 그 전쟁을 치르면서 그들은 과거의 전통적 지도로 전쟁을 치르는 데 많은 문제가 있었음을 간파하고 근대식 지도 제작의 필요성을 느꼈다. 정밀한 지도가 없던 탓에 정부군이 반란군과의 전투에서 곤란을 겪었던 것이다.

이에 앞서 중앙 정부는 1871년 병무성 관제를 고쳐 참모국을 신설했다(佐藤, 1988). 참모본부가 편찬한 『참모연혁지』에 따르면, 참모국의 하부기구로 간첩대를 두어 평상시에는 지리 정탐지도의 편찬을 관장하는 기관을 설치한다고 기록되어 있다. 간첩대는 주로 장교와 화공畫工들로 구성되었고 1872년 3월 15일부터 활동을 개시했다. 그들 중 순검참모巡檢參謀는 해외를 정찰하기 위한 장교를 지칭한다. 그들 중 조선조와 만주조는 각각 2~3명이 한 조가 되어 밀정을 시작한 것이다. 당시 간첩대의 임무는 측량이 유일한 것이었고, 측량

이외의 업무는 문서 내용에 밝히지 않아 의도적으로 생략한 것으로 생각된다(佐藤, 1988).

일본이 조선을 침략하려면 한반도 땅에 관한 정보가 필요했다. 위에서 언급한 세이난 전쟁에서 군사용 작전지도가 필요함을 절감했던 군부는 당연히 참모국의 간첩대를 조선에 파견해야만 했다. 그리하여 군부는 1872년에 이미 조직된 참모국 간첩대를 활용하기에 이르렀다.

외무대승 하나부사花房義質를 수행한 기타무라 중좌와 벳부 소좌가 1872년 9월에 한반도에서 첩보 활동을 개시했다(陸軍參謀本部, 1888). 여기서 대승大丞이란 메이지 정부에서 외무성의 네 번째 지위에 해당하는 관직을 가리킨다. 그들 장교는 한복으로 갈아입고 조선인으로 위장해 주로 삼남 지방을 정찰했다. 그 이유는 우선 일본과 한반도를 연결할 수 있는 항구 입지의 물색에 있었기 때문인 것으로 생각된다. 청국의 만주에 대한 첩보가 1877년부터 개시되었으므로 한반도에 비해 5년이나 뒤늦었다(李進熙, 1990).

참모국은 지형의 표현 방법인 도식圖式을 확정하기도 전에 한반도 지도 제작을 서둘렀다. 1877년 참모국 소속의 카이즈海津 소위는 개항장 교섭차 조선으로 파견된 하나부사 대리공사를 수행한다는 명목으로 외교관으로 위장하고 몰래 측량해 1878년 「조선국 장포강구약도」를 작성했다. 이 지도는 일제가 한반도를 측량한 최초의 지도일 것이다(남영우, 2011a).

참모본부의 『역사초안』에는 카이즈 소위의 비밀측량이 한반도에 대한 최초의 첩보명령의 시작이라 기록되어 있다. 이 지도는 천수만과 옥구만 일대의 해안 만입상태를 등고선이 아닌 깃털 모양의 우모식羽毛式으로 표현한 것이었다. 그 이듬해인 1879년에는 「아산강약도」가 간행되었다. 이 지도에는 아산만 일대의 갯벌 상태와 수심 및 조수간만의 차이가 주기되어 있는데, 그들은 이미 15년 후에 일어날 청일 전쟁을 예상하고 있었던 것이다.

육군성 산하의 제6국을 폐지하고 참모국을 설치한 육군성은 1874년 측량기구와 유럽의 측량 서적을 구입해 일본어로 번역하는 작업을 서둘렀다. 특히 프랑스와 독일의 측량기법을 전수받기 위해 1875년부터 유학생을 해외에 파견하기도 했다. 참모국이 참모본부로 개편된 것은 1878년의 일이다.

조선 백성의 저항

얼마 전 국내 언론들이 일본국립박물관에 고종 황제의 투구와 갑옷이 전시되어 있음을 확인하고 이것들을 반환받아야 한다는 보도를 했다. 이들 유물은 일제강점기 오구라小倉武之助가 수집해 소장하고 있었던 것으로 보도되었지만, 언제 누구에 의해서 약탈되었는지는 정확히 설명하지 못했다. 내가 조사한 바에 따르면 그 실상은 이렇다.

1882년 임오군란이 일어나자 일본과 청나라는 자국의 이권을 지키기 위해 한반도에 군대를 파견해 국내 문제에 개입했다. 하나부사 공사는 이소바야시磯林眞三 등의 장교를 대동하고 서울에 들어왔는데, 그들이 고도의 정탐과 측량 훈련을 받은 참모본부소속 간첩들이었음을 누가 알았으랴.

1884년 12월 갑신정변이 발생하자 급거 서울로 향하던 이소바야시 일행이 어느 조선인에 의해 살해되는 사건이 발생했다. 일본 「근세인물지」의 기록에 의하면, 이소바야시는 일본 고치현 출신으로 1878년 근위병들의 폭동이 발생하자 그들을 진압하는 데 혁혁한 공을 세워 주위 사람들을 놀라게 한 바 있다. 그는 임오군란 발생 후 공사를 따라 서울에 들어와 일본공사관에 근무하게 되었다. 충청도(일본 측 기록에는 강원도) 요충지에서 스파이 활동을 하던 중 공사로부터 일본군이 청나라 군대의 공격을 받는다는 급보를 전해 듣고 귀경하던 중 그는 서울 근교의 청파 갈오리에서 수백 명의 성난 군중으로부터 돌에 맞아 수행원 두 명과 함께 살해되었다.

이소바야시를 살해한 조선인은 22세의 김대흥(1863~1884)이란 혈기왕성한 조선의 청년이었다. 그의 이름은 김대흥이라 알려져 있지만 『조선왕조실록』

등에는 김태흥으로 기록되어 있다. 그는 천안 출신으로 유기상인을 따라 상경해 남대문 밖 객점에 머물던 중 갑신정변의 주도세력이 일본군과 함께 궁궐에 난입해서 대신들을 살육했다는 소식에 접하고 격분해 그들을 살해할 것을 결심했다. 마침 말을 타고 지나가던 이소바야시 일행이 한강을 건너 도성에 진입하기 전 땔감장수 원한갑을 비롯한 다른 조선인들과 합세해 돌을 던지며 칼로 찔러 살해했다. 갑신정변 사후처리를 위해 체결된 한성조약 3조에는 범인을 체포해 처벌하도록 결정이 내려졌다.

굴욕적인 조약은 국력이 쇠약해진 약소국의 비극이었다. 조선 조정은 분노한 백성들을 위무하지는 못할지언정 애국청년을 벌한 것이다. 주범격인 김대흥은 황해도 금천으로 피신했다가 16일 후 서울로 되돌아와 남대문 밖에서 체포되었고, 원한갑은 3일 전 이미 체포되어 있었다. 갑신정변 와중에 반일감정이 극에 달한 것은 이들 두 청년만이 아니라 조선의 모든 백성들도 마찬가지였다. 흥분한 백성들은 일본공사관을 불태우고 관원들을 위협했던 것이다.

이소바야시 일행의 유골은 인천 일본군 묘지에 매장되었다가 도쿄의 A급 전범이 합사되는 야스쿠니신사로 옮겨져 일본 육군의 영웅이 되었다. 여기서 주목해야 할 점은 이소바야시 대위가 죽기 전 우리의 국보급 유물들을 일본으로 빼돌렸다는 사실이다. 그중 하나가 바로 모두에 언급한 고종의 투구와 갑옷이다. 이 약탈 문화재는 그가 죽기 전 1884년 11월에 탈취하여 그 이듬해 1월 야스쿠니 신사에 봉납되었다. 일본은 개인 소장품이라 반환을 거부했지만 실상은 그렇지 않다.

고종은 일본의 압력에 굴해 일본군의 입회하에 김대흥 등을 처형하기로 결정했다. 일본 대리공사는 좌의정 김홍집에게 "일본 국민에게 만족감을 주기 위해 처형하는 것이니 반드시 일본 관원의 입회하에 사형집행할 것"을 강력 주장한 것이다. 그리하여 애국청년은 1884년 12월 14일 일본군이 지켜보는 가운데 꽃다운 나이에 무참하게 처형되었다. 그들은 칼로 참수되었는데, 칼날

이 무려 무려 63회를 내리쳐서야 숨을 거두었다고 하니 그 고통이 어땠는지 상상하기 어려울 정도다. 우리의 조정은 일본 참모본부 간첩들이 침략 준비를 위해 몰래 측량침략을 자행하고 국보가 도둑맞는 것도 까맣게 모르고 있었다(남영우, 2011a; 2014). 서글픈 우리의 역사다. 일본 정부는 약탈 문화재를 우리에게 돌려주어야 마땅하다.

참모본부 간첩대의 측량침략

일본은 1894년 청일 전쟁이 발발하면서 한반도에 대한 측량을 본격화했다. 당시의 한반도 정세는 청일 전쟁과 1904년의 러일 전쟁의 와중에서 일본을 위시한 청·러시아 군대가 주둔하는 등의 혼란한 상태였다. 이런 상황에서 일제는 근대적인 군사용 한국 지도를 서둘러 제작할 필요를 느꼈다.

육지측량부는 1896년 10월경 10명의 간첩대를 재차 한반도에 침투시켰다. 그들의 임무는 제1차 임시측도부의 측량사업을 계승하는 일이었다. 충청도에 침투한 간첩대는 3개 조로 흩어져 여행객·의사·상업시찰단으로 위장해 약 1개월 동안에 걸쳐 비밀측량을 실시했다. 1897년 귀국한 그들의 업적은 성환·평양의 1:2만 지형도와 의주·순안의 1:5만 지형도를 제작한 일이었다. 그들은 뒤이어 1898년 2~7월에는 전라남도와 경상남도를 측량했고, 그중 남부 지방에 파견된 간첩대는 4개 조로 나뉘어 목포와 부산부터 측량을 시작했다. 그러나 측량 작업은 당시 대한 제국의 정세불안과 명성황후 시해 사건으로 촉발된 반일감정으로 여의치 않았다.

1898~1899년에 걸쳐 함경북도에 대한 측량이 2개 조로 나뉘어 행해졌는데, 그들은 농림학자·교수 등의 신분으로 위장해 측량을 완료했다. 1898년 이후 측량을 완료한 지역은 함경북도, 함경남도의 북부, 충청도, 전라도, 경상남도 서부이며, 이것들은 주로 1:5만 지형도에 반영되었다. 이 지형도는 1911년 3~12월에 걸쳐 발행한 것으로 기재되어 있지만, 실제 제작 시기는 이보다

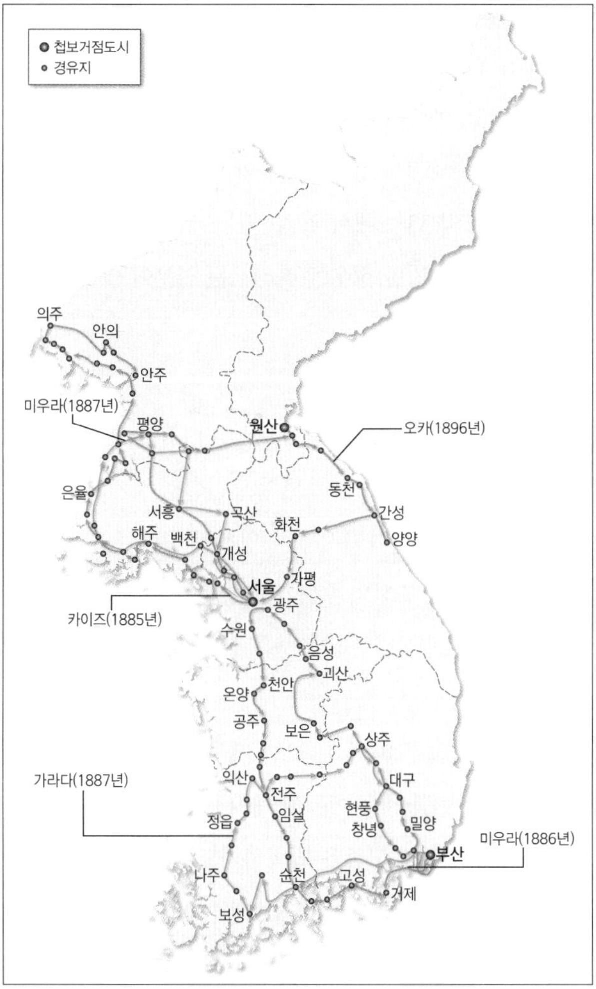

그림 33-2. 참모본부 간첩대의 정찰 루트(1886~1887년)

훨씬 빠른 시기에 제작되었다. 이 지형도를 보통 「약도略圖」 또는 「조선약도」라 부르는데, 가장 뒤늦게 측량된 도엽은 1905~1906년으로 추정된다(谷屋, 2004). 나는 이 지형도가 군사적 목적으로 비밀리에 제작된 것이므로 '군용비도軍用秘圖'라 부르고 있다.

제1차 임시측도부가 한반도에 잠입한 것은 1895년 9월 24일부터의 일이었다. 총 200여 명으로 구성된 간첩들이 원산 일대, 서울 일대, 평양 일대, 대구 일대를 비밀리에 측량했다(小林, 2009). 그들은 신분을 여행자로 위장했다. 그들의 측량 임무에는 이미 1870년대부터 첩보장교들이 축적해 놓은 정보가 도움이 되었을 것이다. 그들은 그림 33-2에서 알 수 있는 것처럼 이미 1886년부터 전국에 걸쳐 은밀하게 측량했지만 경우에 따라서는 신분이 발각되어 조선 백성들의 강력한 저항을 받기도 했다.

한편 군부와 별도로 철도부설을 위한 준비 작업으로도 측량이 개시되었다. 부산에 주재하던 총영사 무로다의 행적이 주목을 끌었다. 그는 본국의 외무대신에게 훗날 필연코 한반도를 종단하는 경부선 철도건설의 시기가 올 것이니 사전에 그 코스를 답사할 필요가 있다고 역설해 양해를 구했다. 그것은 침략의 전초기지가 부산이 될 것이고, 조선의 수도가 한성부이니 누구나 예상할 수 있는 코스였다. 측량반은 1892년 8월부터 조사를 실시해 2개월 후에 작업을 끝냈다.

무로다 총영사는 하나부사 공사를 따라 1882년 제물포조약에 참여했고, 1884년에는 한성조약을 체결한 인물이다. 이듬해 대리공사로 승진한 그는 두 척의 군함을 이끌고 인천항에 도착해 고종을 압박하기도 했다. 한국통인 이노우에井上馨 참모가 조선시찰이라는 명분으로 1891년 여름에 조선에 입국해 무로다와 철도부설을 위한 측량사업에 대해 숙의했다. 그들은 조선의 외무특판 민종묵을 만나 새를 사냥한다고 속여 금줄을 치고 깃발을 꽂아 놓겠다고 했다. 대부분의 무지한 조선 관리들은 그들의 교활한 술책에 넘어가 새를 사냥하는 곳에 현지 확인조사도 하지 않아 측량 사실을 모르고 있었다. 일본인들이 어떤 음모를 꾸미고 있는지 민종묵이 확인해 보았다는 기록은 어디에서도 찾을 수 없다.

다시 「조선약도」 이야기로 되돌아간다. 이 약도에는 측도 시기가 기재되어

그림 33-3. 불법 측량의 증거가 된 삼가 도엽

있지 않고 단지 "메이지 28년식의 지형도 도식에 따른다."라고만 밝혀 놓았다. '메이지 28년식'이란 '메이지 13년식'의 프랑스 도식과 '메이지 18년식'의 독일식 도식을 일본에 맞게 변형한 도식을 말하는데, 이 도식은 후에 여러 차례 개선되어 나아갔다.

나는 이 지형도가 일반에 공개되기 직전에 참모본부가 고의적으로 측도 연대를 원판에서 삭제했다는 사실을 규명해 국내외에 연구 결과를 발표한 바 있다(남영우, 1992; Nam, 1997). 이런 사실은 한국 방송 3사의 주요뉴스로 보도되었음은 물론이고, 미국 하버드대학교에 초청되어 일본의 측량침략 사실을 전 세계에 알린 바 있다.

나는 이 지형도의 측도 시기가 1889~1895년 사이라는 증거를 그림 33-3의 경상남도 삼가三嘉 도엽에만 유일하게 측도 시기를 삭제하지 않은 점에서 찾을 수 있었다. 참모본부는 측도 시기의 삭제 작업에서 결정적인 실수를 범한 것이다. 거꾸로 나는 그와 같은 실수를 실마리로 군용비도의 측량 시기를 밝혀내어 일제의 불법행위를 세상에 고발할 수 있었다.

일본의 역사 조작은 고고학계에서 발각된 적이 있지만, 지도 분야에서도 그와 같은 역사적 사실의 은폐가 자행되었던 것이다. 물론 1905년의 을사늑약 이후부터 일제는 공공연하게 한반도를 측량하기 시작했다. 그때부터는 정탐용이나 군사적 목적이 아니라 통치 목적으로 지도가 간행되었다.

역사의 아이러니

그 후 군용비도를 비롯한 참모본부가 제작한 지도들은 어찌 되었을까? 일본의 패전이 임박해 오자 육지측량부는 본토 결전을 예상해 미군의 상륙작전에 대비한 지도를 보완하는 작업을 서둘렀다. 1944년 전황이 일본에 불리하게 돌아가고 주요 도시에 대한 미국 공군의 공습이 시작되자 도쿄소개령東京疏開令을 내려 도쿄 중심부에 있던 육지측량부는 4월에 메이지대학 캠퍼스로 옮겼다. 미군의 공습이 더욱 치열해지자 5월에는 육지측량부가 본부를 비롯한 각 조직을 모두 분산시켰다.

1945년 5월 나가노현의 마츠모토시松本市 근교로 제2차 소개가 결정되었지만, 5월 24일 밤에 단행된 B29 폭격기의 공습으로 도쿄 신주쿠역이 화염에 휩싸여 육지측량부가 보관하고 있던 다량의 지도가 소실되었다. 도심의 육지측량부 청사도 화염에 휩싸임에 따라 막대한 분량의 지도가 소실되었다.

1945년 8월 6일 히로시마에, 3일 후인 9일 나가사키에 원자폭탄이 투하됨에 따라 일본은 전의를 완전히 상실했다. 옥쇄를 다짐하던 일본은 무조건 항복할 수밖에 없었다. 연합국에 대해 무조건 항복이 결정되자 다이혼에이大本營는 엄청난 혼란에 빠졌다. 즉 무조건 항복 용인파와 본토 결전파 간의 첨예

한 갈등으로 말미암아 쿠데타 계획을 음모할 정도였다.

일본이 포츠담선언을 수락하고 전쟁이 종료되자 참모총장의 명령에 따라 육군 기밀서류들을 소각했다. 8월 19일부로 '작전용지도처리요령'이 전군에 하달되었다. 그러나 지도의 원본과 초쇄본 그리고 삼각점 성과표는 가능한 보존하기로 했다. 8월 15일부로 일본국왕의 항복방송 직후부터 소각을 실시했다. 이 작업은 3일간 철야 작업으로 이루어졌다.

10월 12일 연합국총사령부GHQ가 전쟁 기록 조사를 지시함에 따라 육군과 해군에 작전 관련 자료수집위원회가 설치되었다. 전쟁 기록과 역사적 사실조사를 위해 미 육군 직할기관인 워싱턴 문서센터WDC가 일본에 도착해 철저한 접수작전을 전개했다. 5개월간에 걸친 작전에서 7,000톤에 달하는 각종 문서를 몰수했다. 이들 가운데 총 2만 장을 상회할 것으로 추정되는 지도들이 미국의 육군성 군사지도국AMS으로 옮겨진 후, 다시 워싱턴 문서센터로부터 1948년 의회도서관 지리지도부LC와 미국 지리학회 지도실AGSL로 분산 보관되었다(남영우, 2011a).

1950년 6월 25일 한반도에서 6·25 전쟁이 발발해 미국과 유엔군이 참전하기로 결정됨에 따라 작전지도가 필요하게 되었다. 미국 지리학회에 보관 중이던 1:5만 지형도를 『내셔널 지오그래픽』을 발간하는 회사에 위탁해 급히 영어로 번역하여 군사용 작전지도로 사용했다. 이 잡지는 제2차 세계대전 중에는 정부에 도움이 될 만한 사진들을 제공해 전쟁을 도왔기 때문에 미군 정보부에 실질적 가치를 제공하는 진정한 보고라고 인정받기도 했다.

여기서 우리는 역사의 아이러니를 목격하게 된다. 그것은 일제가 한반도를 침략하기 위해 참모본부 장교들로 구성된 간첩대를 앞세워 비밀리에 땅의 정보가 담긴 지도를 삼각측량으로 수정한 지형도가 대한민국을 구하는 데 커다란 역할을 했다는 점이다. 유엔군과 한국군은 그 지형도로 군사작전을 전개했지만, 북한군과 중공군은 어떤 지형도로 전투를 벌였는지 궁금했는데, 군사편찬연구원에 따르면 그들 역시 일본이 간행한 지형도를 사용했음을 알았다. 남한과 북한 모두 일제강점기에 제작된 지형도를 사용했다는 것이다. 차이가 있다면 유엔군은 영어로, 북한군은 한글로 번역된 지형도를 사용했다는 점뿐이다.

나는 조선 말부터 대한 제국에 이르는 기간에 일제가 자행한 측량침략 사실을 1990년부터 연구하기 시작해 1992년 학술지에 논문으로 발표한 바 있다(남영우, 1992). 뒤늦게 이 사실을 알게 된 일본학자로부터 초청을 받아 일본 외방도연구회에서 논문을 발표했다(南縈佑, 2006). 일본에서는 오늘날에도 타국 지도를 외국도라 부르지 않고 '외방도外邦圖'라 부른다. 나는 2009년에 일본학자들로부터 공동연구를 제안받아 미국 의회도서관에 소장중인 외방도를 연구해 『대한지리학회지』에 발표한 바 있다(남영우 외, 2009).

일본학자와의 공동연구에서 처음에는 서로 의기투합해 지도 분석에 들어갔지만 의견일치를 보지 못하는 일이 생겼다. 총론에서는 의견일치를 보았지만, 각론에서 의견을 다투는 일이 발생했다. 일본의 참모본부가 스스로 '간첩대'라 명명했으므로 나는 이를 영어로 'spy'라고 표기한 데 대해 일본학자는 정보원이란 의미의 'intelligence agent'라 표기해야 한다고 집요하게 주장했다. 결국 내가 양보했지만, 양심적이어야 할 일본 지성의 민낯을 발견할 수 있었다.

일련의 연구들은 『일제의 한반도 측량침략사』란 제목의 단행본으로 출간되었다(남영우, 2011a). 이 책을 본 KBS 방송국 PD가 「역사스페셜: 30년간의 도둑측량」이란 다큐멘터리를 제작해 방영한 바 있다. 이 책은 내게 큰 영광을 안겨주었다. 출판단지가 조성된 파주시가 2013년 지금까지 출판된 책 중에서 읽을 만한 서문만 골라 『冊 이제 서문을 이야기하다』란 제목으로 출간했는데, 이 중에는 양주동 · 김구 · 최현배 · 조지훈 · 이어령 · 장준하 · 안호상 · 법정 · 김형석 · 김준엽 · 함석헌 등의 기라성 같은 훌륭한 분들의 서문이 실려 있다(파주시, 2013). 이들과 동일한 반열에 선정된 내가 부끄러울 따름이지만, 내게는 개인적으로 큰 영광이 아닐 수 없어 사족을 달았으니 독자들의 양해를 바란다.

34. 러시아와 일본의 뤼순항 전투가 벌어진 땅

일본은 1853년 미국의 페리Perry 제독이 도쿄만에 도착하기 전까지 서양에 대해 문을 닫는 쇄국정책을 펴고 있었으므로 유럽과 미국에서 벌어지는 사건들에 관해 전혀 무지했다. 그러나 19세기 후반 서양에 문호를 개방한 뒤 빠른 속도로 근대화되었다. 이에 따라 일본은 광대한 아시아를 둘러싼 유럽과 미국의 식민지 쟁탈전에 뛰어들 야심을 품게 되었다.

19세기 말에 폐쇄적이었던 일본도 세계 열강으로 등장할 채비를 갖추고 있었던 것이다. 한때는 막강했던 청나라를 유럽 열강들이 제각각 나누어 먹고 그 지배권을 주장하는 그들에 의해 중국 땅이 무단 점거되기에 이르자 일본은 먼저 조선과 만주에 눈독을 들였다. 결국 러시아와 정면 충돌이 불가피해지자 1904~1905년에 걸쳐 러일 전쟁이 발발하고 말았다.

일본의 1차적인 군사 목표는 러시아가 점유한 중국 요동반도의 끝자락에 위치한 뤼순旅順이었다. 뤼순항은 당시 러시아가 태평양에 확보하고 있던 유일한 부동항이었기 때문에 이 항구를 점령한다는 것은 이 일대의 해상을 장악한다는 의미를 갖고 있었다(Kenneth, 2001). 나는 당시 일본군이 보유하고 있었던 뤼순항 전투의 상황이 묘사된 일본 참모본부 지도를 연구하던 중에 관련 지도를 입수해 이를 토대로 당시의 상황을 설명하기로 하겠다.

「뤼순항 침몰선측도」는 1905년 3월 임시측도부 제1지형 측도반 제1분반이 제작한 축척 1:1만 지도인데, 이 지도에는 중국 요동반도에 위치한 뤼순만 서항과 동항의 침몰된 러시아 함선과 일본 함선이 나타나 있으며, 침몰선은 밀물과 썰물 때의 선체 노출 여부가 주기되어 있다. 이 지도는 1904년 2~5월에 걸친 러일 전쟁 중기부터 후기까지 일어난 해상전으로 침몰된 러시아 전함을

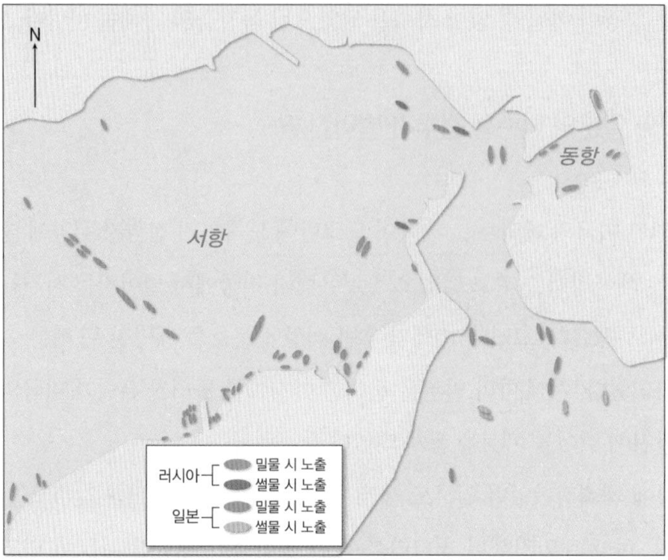

그림 34-1. 뤼순만 해상전으로 침몰된 전함의 분포(「뤼순항 침몰선측도」 참고)

파악하기 위해 측량된 지도였다. 뤼순항 전투는 동아시아에서 벌어진 최대의 전투로 전략적 요충지이던 뤼순항을 둘러싸고 벌어진 혈전이었다.

뤼순항 해전은 러일 전쟁의 초기 첫 전투로 1904년 2월 8일 만주 뤼순항에 정박하고 있던 러시아 제1 태평양 함대를 일본의 구축함 편대가 공격하면서 시작되었다. 전투는 다음 날 2월 9일에도 계속되어 7척의 러시아 전함이 피해를 입었고 뒤이어 뤼순항 봉쇄로 이어져 5월까지 계속되었다.

1904년 러일 전쟁이 발발하자 당시 러시아군이 주둔하던 남만주 일대는 전쟁터가 되었다. 그중 한 곳이 바로 뤼순항으로, 그곳은 러시아의 태평양 함대가 주둔한 유일한 극동의 부동항으로 전략적 요충지이기도 했다. 러시아군은 아나톨리Anatoly 총장이 이끄는 5만 명의 러시아군과 약 16척 정도의 함대와 승무원들을 갖추고 있었고, 뤼순항의 요새 주변에는 언덕을 요새화해 방어를 더욱 강력하게 구축했으며, 1.5킬로미터에 달하는 방어 라인에 콘크리트 요

그림 34-2. 뤼순항만에 침몰된 러시아 군함

새와 참호 연결망이 구축되어 있었다(그림 34-3). 이에 일본군은 1904년 7월 30일 노기乃木希典 대장이 지휘하는 일본군 육군 제3군 9만 명과 포병의 지원을 받아 뤼순항으로 진격했다.

1904년 8월 7~19일 일본군은 120밀리미터의 대포로 포격을 시작했다. 일본군 함대는 해안 포격에 참여하며 북동부 지역에 있는 2개 군대가 고립된 약 604미터의 고지를 공격했다. 그 고지는 완벽한 방어태세를 갖추진 않았지만 급경사였고 러시아군이 설치한 여러 장애물이 있어 일본군이 진격하는 데 많은 어려움이 있었다. 10월에는 일본군이 간절히 원하던 280밀리미터의 대포 6문이 도착해 공격에 가세했다. 이 대포는 기존의 대포와는 차원이 다른 폭발력이 있었다. 고고도에서 내리꽂히는 225킬로그램의 포탄은 러시아 함선의 갑판이나 선체를 뚫고 안으로 들어가 큰 피해를 입혔다.

12월 28일 공병과 포병의 긴밀한 협조하에 그동안 숱한 일본군을 살상한 이룡산과 12월 31일에는 송수산의 보루와 포대들이 일본군에게 함락되었고, 끝

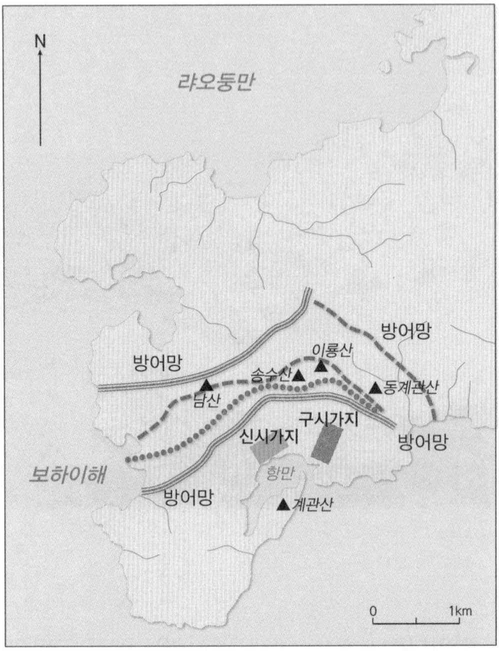

120밀리미터 대포

280밀리미터 대포

그림 34-3. 뤼순 일대의 러시아군 방어망 구축 상황도

내 1905년 1월 1일 15시를 기해 스테셀Stessel 중장은 항복을 결심했다. 마침내 1905년 1월 2일, 16시 35분 항복 협상이 마무리 지어졌다.

러시아군은 총 35,000명의 병력으로 전투를 시작해 12,000명의 사상자를 냈지만, 이 중 전사자는 3,000여 명에 불과했다. 반면 일본군은 최초 10만 명의 병력으로 시작해 속속 보충된 병력까지 합쳐 총 13만 명에 이르는 대군을 투입해 155일간의 전투를 치렀으나 전술적인 변화 없이 무모한 공세를 반복한 결과 총 60,212명이라는 엄청난 수의 사상자를 냈다. 이는 전군의 절반에 가까운 수치로 러시아군의 5배가 넘는 막대한 손실이었고 특히 일본군 장교의 손실이 엄청나 전투 종료 시까지 온전히 살아남은 병력이 겨우 10명에 불과했다는 점은 일본에게는 크나큰 충격을 안겨 주었다.

여기에 한국과 직접적 관련이 없는 뤼순의 지도인 「뤼순항 침몰선측도」를 설명한 이유는 이 지도를 작성한 일본군이 후술하는 바와 같이 한반도에서 암약한 요코야마橫山正三 측도수測度手에 의해 측량되었기 때문이다. 「포대砲臺」 지도는 요코야마가 일본군이 뤼순항을 함락한 후 측량한 러시아 포대를 축척 평면 1:500, 단면 1:100으로 측량한 지도인데(參謀本部編, 1904~1907), 그는 1877년 출생으로 1896년 공병 제3방면 구레지서吳支署에 고용되었다가 8년 후 1904년에 육군성 측도수로 발탁되었다. 그는 그 이듬해인 1905년 2월 16일부터 동년 9월 31일의 9개월여 간에 걸쳐 뤼순 보루포대의 측량을 위해 종사했고, 2년 후인 1907년 측량수로 승격했다.

측량수는 육지측량부에 소속된 정식 기술원을 뜻하며 '판임관判任官'이라 불린다. 이에 비해 측도수는 측량수의 하위직으로 육지측량부에서 고용한 임시 고용원을 가리킨다. 그러므로 이 지도의 제작 시기는 요코야마가 측량수로 승격하기 전에 제작된 지도일 것이다.

뤼순항 봉쇄는 러일 전쟁 중기부터 후기까지 전략적 요충지였던 만주의 뤼순항을 둘러싸고 벌어진 지상과 해상의 합동전쟁이었음을 앞에서 설명한 바 있다. 그보다 10년 전 당시의 청일 전쟁에서 뤼순항 요새는 전투가 시작된 지 단 하루 만에 일본군에게 함락당했지만 러일 전쟁이 발발할 때에는 난공불락 요새로 탈바꿈한 것이다. 그림 34-4와 그림 34-5의 지도에 나타난 포대의 정확한 위치는 지도가 축소되어 정확히 알 수 없지만, 러시아가 남진정책을 위해 얼마나 신속하게 전쟁에 대비했는지 알 수 있을 것이다.

뤼순항 전투로 일본군은 전술한 바와 같이 6만 명의 사상자가 났고, 러시아는 12,000명의 사상자가 발생했는데, 이는 일본군의 무모한 공격 탓도 있었지만, 뤼순항 일대의 탄탄한 요새 때문이었다. 일본군 노기 대장은 작전에 실패한 책임을 지고 자살했다. 뤼순항의 함락으로 러시아 제1태평양 함대는 소멸되었고 일본 연합함대가 제해권을 장악하게 되었다. 뤼순항 전투에 투입되었던 일본군은 만주군에 합류해 러시아 육군을 위협하게 되었다.

뤼순이 함락되자 러시아는 평화조약을 제의하지 않을 수 없었다. 미국 루즈벨트 대통령의 중재로 포츠머스에서 평화조약이 체결되었다. 러시아는 뤼순항과 사할린섬 일부를 일본에 할양했고 만주에서 철수해야만 했다. 그 후 동아시아의 맹주로 떠오른 일본은 30년에 걸쳐 군사력을 키우면서 서태평양에서의 세력 확대를 시도했다. 그러나 그 정책은 결과적으로는 제2차 세계대전으로 비화되어 미국과의 충돌을 낳았다(Kenneth, 2001). 미국은 그로부터 37년 후에 발생한 일본군의 진주만 피습을 내다보지 못한 것이다.

오늘날 뤼순에는 러일 전쟁이 벌어진 곳에 가면 뤼순항 전투를 기념하는 표충탑表忠塔을 볼 수 있다. 이 탑 아래에는 러시아 포대가 복원되어 있는데, 그림 34-6에서 포대 뒤에 보이는 표충탑은 1907~1909년 뤼순항 전투에서 일본군의 엄청난 전사자 유해를 안치하기 위해 중국 정부가 만든 것이다.

중국 땅에 이방인이었던 일본과 러시아가 한판 승부를 겨눈 것이다. 어디 그뿐이랴. 요동반도는 고대 고조선과 고구려의 고토가 아니었던가. 이 땅과 전혀 관계도 없던 나라의 군대들이 싸움을 벌인 것은 어찌 설명할 수 있을까?

그림 34-4. 뤼순의 러시아군 요새: 포대와 참호가 연결된 지도

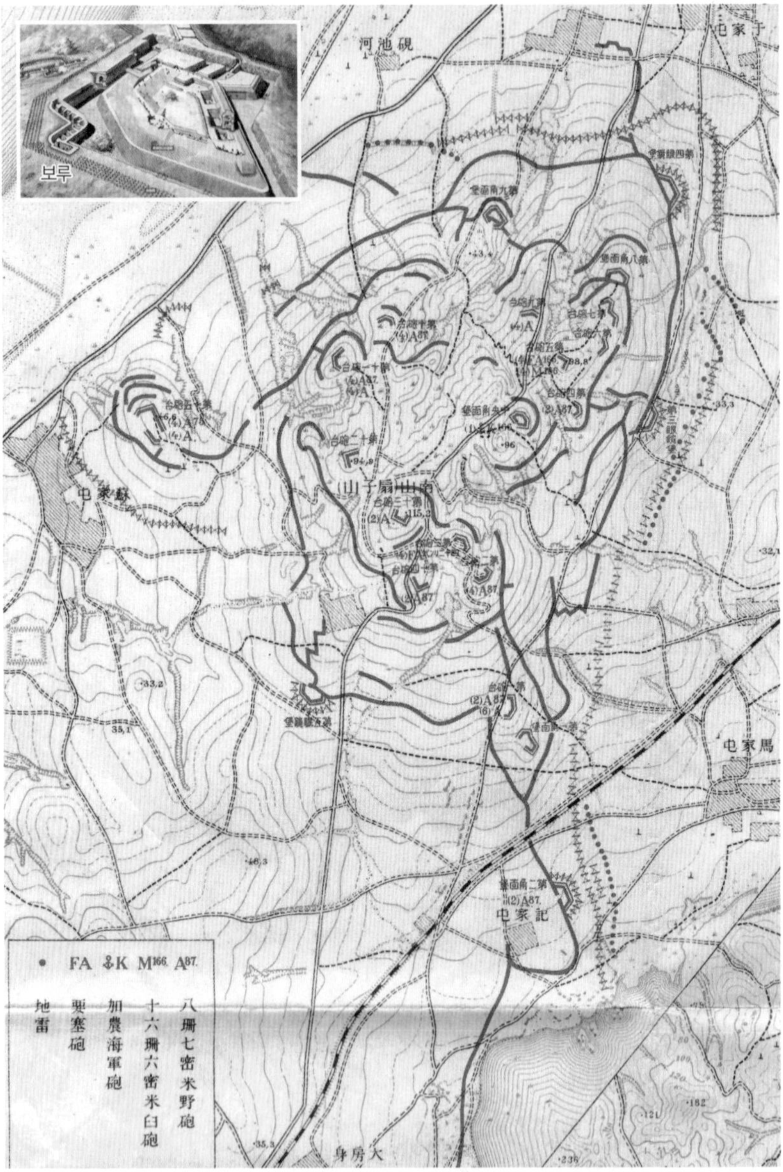

그림 34-5. 러일 전쟁 시 남산의 보루와 포대 위치

그림 34-6. 뤼순의 러시아 포대와 표충탑

또한 뤼순은 독립 투쟁을 벌이던 안중근 의사가 감옥에 투옥되었다가 옥사한 곳이 아니던가.

35. 지형을 이용한 춘천대첩

개전 초기

춘천대첩은 6·25 전쟁 초기 1950년 6월 25일~6월 30일까지 춘천과 홍천 일대에서 국군과 북한 인민군이 벌인 전투를 가리키며 춘천지구 전투라고도 불린다. 이 전투는 소양강 전투·원창고개 전투·말고개 전투 등을 포함한 대첩이었다. 6·25 전쟁에서 춘천지구 전투는 맥아더의 인천 상륙 작전과 낙동강에서 벌어진 다부동 전투와 함께 '3대 대첩'으로 꼽히는 치열한 전투였다.

북한군은 1950년 6월 25일 새벽 5시 국군 제6사단 전방 경계진지를 향해 30분간의 공격준비사격을 한 연후에 자주포를 앞세우고 보병부대의 공격을 개시했다. 국군 제6사단은 가평에서 현리까지 넓은 구역을 방어하고 있었다. 제6사단은 예하의 7연대를 춘천 방면에, 2연대를 홍천 방면에 배치하는 한편 19연대를 예비연대로 원주에 주둔시키고 있었다. 6·25 전쟁은 내가 세 살 때 시작되어 다섯 살 때 휴전한 전쟁이었다.

북한군이 탱크를 앞세우고 포격을 가하며 남침을 개시하는 순간 북쪽에서 울리는 포성이 무엇을 의미하는지 알아챈 사람은 많지 않았다. 대통령도, 국방 장관도, 도쿄에 있던 맥아더 사령관도 처음에는 38선의 대포소리가 무엇을 의미하는지, 또 그것이 실제 상황인지 알지 못했다. 전쟁 전날 전방부대 장병들은 모내기 일손을 돕기 위해 휴가를 가거나 외출 외박을 나가 있었고, 육군본부는 장교 클럽 낙성식 파티가 새벽 2시까지 이어졌다.

8·15 해방과 분단은 신생 독립국을 운영할 능력이 모자라는 상황에서 운명적으로 받아들일 수밖에 없었다. 소양강 변 사람들은 처음에 이런 상황을 낯설고 어색한 상황으로 여겼다. 이념의 색깔 때문에 빚어지는 내부의 갈등도 받아들이기 어려웠다. 하루 끼니를 걱정해야 하는 사람들에게 이념 따위는 관심의 대상이 되지 못했다. 그러나 사정이 급변해 생계와 동떨어진 추상적인 세상에 열광하는 사람들이 나타나기 시작했다.

평범했던 우두리에도 좌익에 기운 사람들이 머슴살이가 싫어 좌익에 가담해 원평리로 월북하는 사람들이 나타났고, 심지어 국군 중에도 그런 무리들이 생겨났다. 전쟁이 시작되기 전부터 좌우익의 대립과 음습한 이념 투쟁은 곳곳에서 가면을 벗고 실체를 드러냈다. 프랑스의 평론가 아롱Aron이 지적한 것처럼 좌파는 늘 진보의 이름을 독점하는 경향이 있었다. 우리 가족은 우두마을 주민의 움직임이 두려워 소양강 건너 석사동으로 이사했다. 나는 그곳에서 태어났다(그림 35-1의 원 참조).

우두牛頭란 소머리를 뜻하는 것으로 지형학적으로 잔구殘丘에 해당하는 곳인데, 일본의 『고지키』와 『니혼쇼키』에 등장하는 신화로 스사노오노 미코토

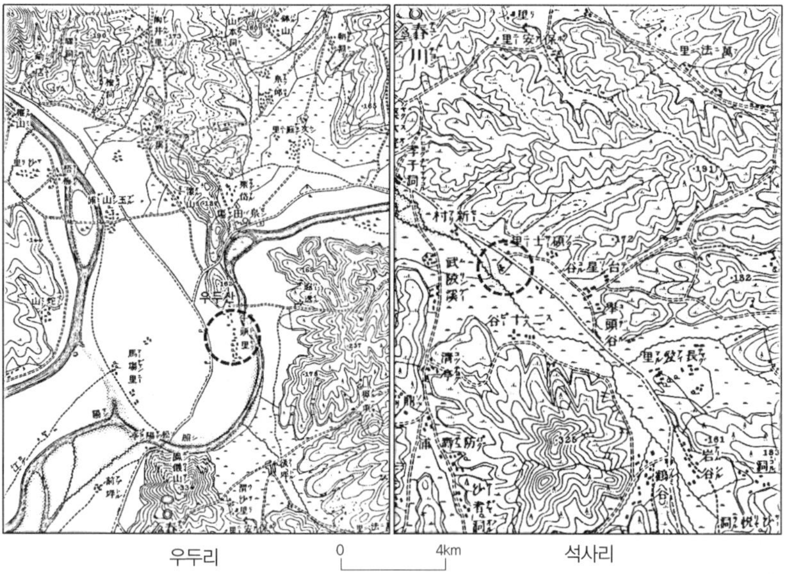

그림 35-1. 춘천의 우두리와 석사리 지형도

須佐男命가 강림한 신성한 성지로 여긴다. 스사노오노 미코토는 한민족의 단군처럼 일본의 개국신인 아마테라스 오미카미天照大御神의 동생이다. 그런 까닭에 일본에서는 한국어 발음에 맞춰 소의 머리란 뜻의 소지머리牛之頭를 '소시모리ソシモリ'라 부른 것으로 추정된다. 그리고 석사리는 돌과 모래가 많아 석사리石沙里로 표기하다가 1939년 춘천사범학교가 신설되면서 미래의 인재를 배출한다는 의미에서 석사리碩士里로 한자를 고쳤다.

아무튼 당시 김종오 대령이 이끄는 제6사단은 날이 갈수록 빗발쳐 들어오는 북한군의 징후를 심상치 않게 주시하고 있었는데, 제7연대장으로부터 "북한군 제2사단 소속의 전차병이 귀순했는데, 그의 진술에 의하면 북한군은 6월 23일부터 38도 분계선 접경에서 야외 연습을 위해 1주 간의 야간 행군으로 전차 40대와 함께 화천에 도착했으며 이곳에는 많은 병력과 포가 집결하고 있음을 보았다."라는 보고를 받았다. 사단장은 춘천 북방의 원평리와 내평리

너머의 심각성을 감지하고 장병의 외출 외박을 최소화했다.

반면에 북한군은 춘천과 홍천에 제2군단을 공격부대로 투입했다. 북한군 제2군단은 부대 규모면에서 서울 방면을 공격하는 제1군단의 절반에 불과했지만, 임무의 중요성은 매우 높았다. 북한군은 3단계 작전 중 1단계로 제2군단이 예정된 시간 내에 춘천과 홍천을 점령한 후 그림 35-2에서 보는 것처럼 이천, 수원, 그리고 원주를 장악해야만 수도권의 국군 주력에 대한 완전한 포위가 가능하기 때문이었다.

북한군 제2군단은 최정예부대인 제2사단을 화천-춘천 축선에, 제12사단을 인제-홍천 축선에 각각 투입해 공격 개시 첫날에 가평-홍천을 점령하고자 계획했다. 그리고 2일차에 북한군 제2사단은 덕소에서 한강을 건너 한강 이남에서 국군의 퇴로를 차단하고, 제603모터사이클 연대가 홍천에서 제12사단을 추월해 수원을 점령함으로써 국군의 퇴로와 증원을 차단한다는 계획하에 공격을 개시했다.

춘천은 그림 35-3의 3D 기복도에서 보는 것처럼 침식분지의 지형으로 적

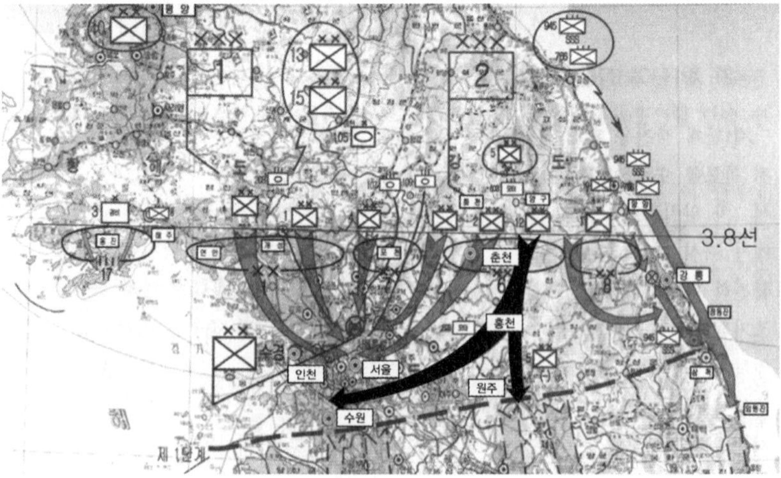

그림 35-2. 북한군의 1단계 남침 전략도

의 공격에 취약했지만 다행히 북한군은 초기에 기계화 부대를 앞세웠기 때문에 산악지대로 공격 루트를 잡지 않았다. 38선을 돌파한 북한군 제2사단 제6연대가 자주포 10대를 앞세우고 국군 제7연대 제1대대가 배치된 옥산포로 공격해 왔다. 이때 대전차포 중대의 심일 소위가 육탄 공격으로 자주포 2대를 파괴해 북한군의 남하를 저지하고 장병들의 사기를 드높였다. 이날 낮 동안 북한군은 나무 한 그루 없는 논과 밭의 허허 벌판에서 완전히 노출된 채로 정면 공격을 반복했다.

이에 맞서 제6사단 포병대대가 그들을 향해 정확한 포격을 가함에 따라 많은 피해를 입은 북한군은 소양강을 도하하지 못했다. 오히려 국군 7연대 1대대가 25일 저녁에 반격을 가해 적을 북한강까지 추격했고, 26일 오전에는 포병의 지원사격과 원주에서 우두산 진지로 이동한 19연대 2대대의 측방엄호사격을 받으면서 옥산포로 집결 중이던 북한군 1개 대대를 기습 공격해 전멸시키는 전과를 올리기도 했다. 전운이 감돌자 국군 7연대가 개전 한 달 전 우

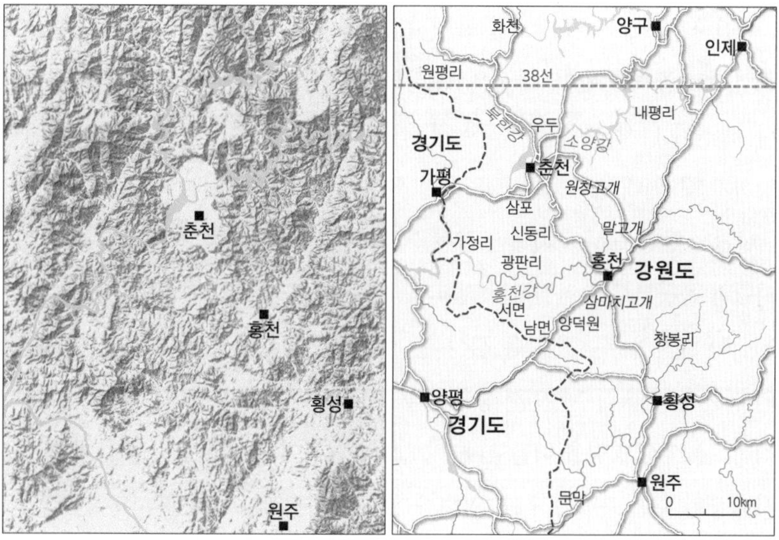

그림 35-3. 춘천대첩이 벌어진 지역의 범위

두산과 내평리 일대의 능선에 춘천중학교, 농업학교, 사범학교 학생들을 동원해 구축한 참호는 큰 도움이 되었다(송창원, 2021).

공격이 지연되자 북한군 제2군 단장은 홍천 방향으로 공격하던 제12사단의 일부를 춘천 방향으로 전환시켰다. 그럼에도 북한군은 소양강을 건너지 못했다. 그러나 26일 13시경 북한군이 전열을 재정비하고 강력한 공격준비사격하에 재공격을 감행하자, 김종오 사단장은 천연 장애물인 소양강을 방어선으로 설정하고 전방의 부대를 15시에 철수시켰다. 춘천사범학교 학생들은 국군 7연대의 탄약고를 소양강 이남으로 옮기는 데 동원되었다.

이 죽음의 전투를 직접 목격한 사람들이 있었다. 그들은 춘천 시내에서 달려온 시민들이었으며 국군 진지 뒤편에서 숨죽이며 전투 현장을 공포감과 전율을 느끼며 지켜봤다. 그들은 몸을 낮추고 조심스럽게 국군 진지로 접근했다. 아낙네들이 장병들에게 주먹밥을 나눠 주고 시민과 학생들이 탄약을 진지로 날랐다. 춘천 시민들은 6·25 전쟁을 처음 관전한 한국인들이었다(남동우, 2015).

북한군은 6월 27일 강력한 포병사격하에 일부가 소양강을 건너고 일부가 소양교로 공격해 왔다. 국군은 모든 화력을 집중해 북한군의 도하를 저지했다. 그러나 11시 30분경 봉의산 정상의 관측소가 북한군 보병들에 의해 점령당하자 제7연대 병력들은 모두 춘천 시내로 후퇴했다.

한편 소양강을 두고 치열한 접전을 벌이던 27일 11시경, 한동안 두절되었던 사단과 육군본부를 연결하는 전화가 소통되었다. 육군본부 참모부장은 "서부 전선이 완전히 무너졌고 육군본부는 시흥으로 철수함으로 제6사단은 사단장의 판단에 따라 철수하면서 중앙선을 중심으로 중부 전선에서 지연전을 전개하라."는 작전 명령을 하달했다. 비로소 인접부대의 전투 상황을 알게 된 제6사단장은 홍천 북방에서 제2연대가 위기에 빠져 있고, 제7연대도 진지가 돌파된 점을 고려해 홍천 방어에 중점을 두어야 한다고 판단했다. 사단장은 제

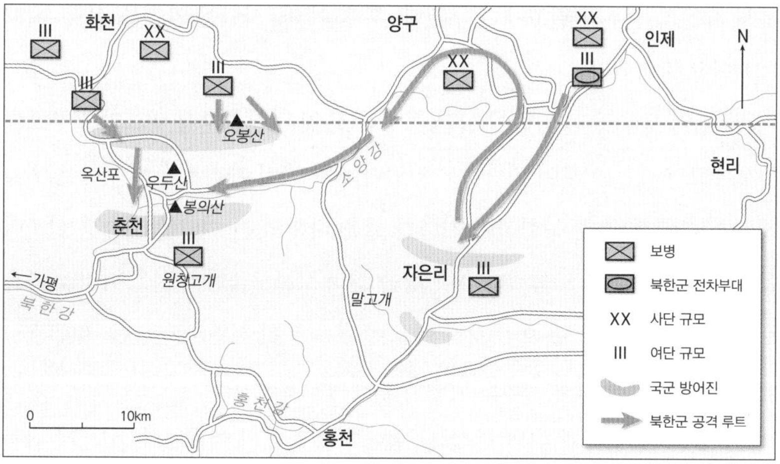

그림 35-4. 춘천대첩 상황

7연대장에게 춘천에서 철수해 춘천-홍천 사이의 원창고개를 차단해 주변을 방어하라는 임무를 부여했다. 제7연대는 제2대대를 원창고개에 배치하고 주력을 홍천으로 철수시켰다. 제2대대는 원창고개에서 29일 정오 무렵까지 수차례의 북한군 공격을 저지한 후 홍천으로 철수했다.

춘천에서 이러한 상황이 발생하고 있을 때 홍천 북방에서도 국군 2연대가 6월 27일 아침부터 북한군 제12사단으로부터 강력한 압박을 받고 있었다. 제6사단장은 인제-홍천 축선의 제2연대가 위기에 처하자 춘천으로 증원되었던 19연대를 홍천으로 전환해 말고개에서 북한군을 저지하도록 했다. 말고개 전방진지에서 7연대 장병들은 공격해 오는 북한군 탱크에 맞서 방어전을 펼쳤다. 먼저 19연대 3대대가 2연대를 증원하기 위해 말고개로 투입되었다. 지금까지 저평가되었던 말고개 전투는 개전 이래 최대의 전과를 거둔 전투였다.

양구 방면에서 남하한 북한군 제7사단은 중국 내전에서 실전 경험을 쌓은 강한 군대였다. 중국 공산화에 성공한 마오쩌둥毛澤東은 김일성에게 조선족으로 구성된 정예사단을 선물한 것이다. 그들이 벌인 전투는 소양강 전투를 비롯해 자은리 전투와 말고개 전투였다. 후에 이 제7사단은 안동을 점령 후 제12사단으로 바꿨다.

6월 28일 오후 우리 가족이 살던 석사리 집 앞을 북한군이 탱크와 자주포를 앞세우고 종대를 이루어 지나가고 있었다. 6월 29일 아침에 우리 가족은 뒤늦게 피난길에 올랐다. 북한군이 지나간 길을 피해 춘천 서남쪽 신동면 삼포마을을 지나 광판리에 도착했다. 홍천강을 건너 꾸불꾸불한 산길을 따라 남쪽으로 향했다. 우리 가족은 아버지가 이끄는 대로 홍천 서면의 산길을 헤매다 남면 양덕원을 거쳐 횡성 쪽으로 발길을 돌렸다(그림 35-3).

피난길은 세 살배기 나와 다섯 살 형에게도 견디기 어려웠다. 석사리 집을 떠난 지 스무날 쯤 지나서야 횡성군 창봉리 마을에 도착했다. 그곳에는 큰 고모 댁이 있었는데, 그곳에서 두 달이나 피난생활을 했다. 신문기자였던 아버지는 숨어 지내는 데에 한계를 느껴 북한군의 남진 루트를 피해 부산으로 간다며 단신으로 피난을 떠났다(남동우, 2015).

제2연대와 제19연대 제3대대는 대전차 특공대를 조직해 10여 대의 자주포를 파괴하는 전과를 올렸다. 이날 주간 전투의 충격으로 북한군은 몇 시간 동안 피해를 수습한 후 일부 부대가 국군 2연대를 공격했으나 제2연대의 역습으로 격퇴되었다. 북한군 제12사단 주력은 29일 아침부터 전면적인 공격에 나섰으나 이마저도 성공하지 못했다. 이때 2연대는 북한군의 공격이 있을 때마다 반격을 가하다가 후퇴하는 방법으로 적의 진출을 지연시켰다. 이로 인해 북한군은 6월 30일 18시에야 홍천을 점령할 수 있었다.

그동안 전황은 바뀌어 맥아더의 인천 상륙 작전으로 국군과 유엔군의 반격이 시작되었다. 9월 23일에 춘천이 수복되고 9월 28일에는 서울도 수복되었다. 며칠 후 부산으로 떠났던 아버지가 횡성 고모 댁으로 돌아왔다. 우리 다섯 식구는 10월 초순에 춘천으로 돌아왔다.

춘천지구 전투에서 국군 제6사단은 방어에 유리한 소양강과 홍천의 말고개

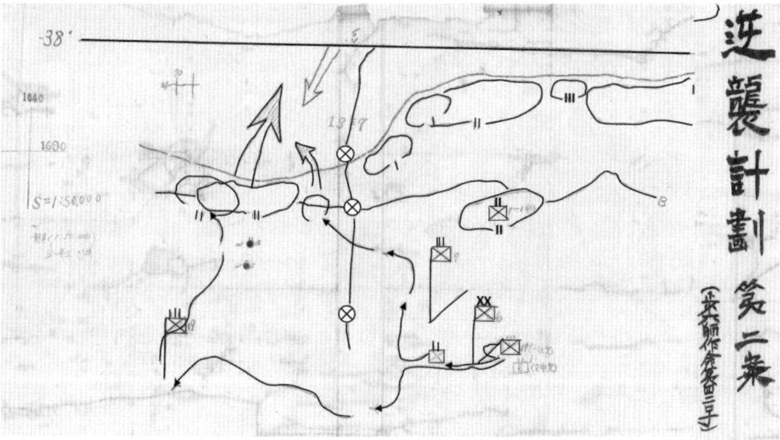

그림 35-5. 신상철 대령이 작성한 「역습계획 제2엽」

일대에서 지형적인 이점을 최대로 이용해 6일 동안 방어전을 전개했다. 이 과정에서 북한군 2개 사단은 큰 타격을 입게 되었으며, 이로 인해 북한군 제2군단은 춘천-홍천 축선으로의 진출이 지연되었다. 그러므로 춘천대첩은 규모는 크지 않았어도 그 의미는 매우 컸다.

전쟁이 시작되던 6월 25일 신상철 대령이 원주에서 작성한 제6사단 작전 명령 제42호인 그림 35-5의 「역습계획 제2엽」 지도를 보면, 당시 사단장이 1: 5만 축척의 지형도 여분이 없어 백지에 그린 것을 볼 수 있다. 물론 이 지도는 지형도를 보고 모사한 것이겠지만, 지도가 귀해 작전지도를 백지에 그렸으니 당시의 상황을 짐작할 수 있다. 당시 국군과 연합군이 사용한 작전지도는 8장 33절에서 설명한 것처럼 일제가 제작한 지형도를 맥아더 장군이 압수해 미국으로 이관해 급히 재작성한 것이었다(남영우, 2011a).

중공군의 개입

전쟁이 끝난 줄 알았지만 북으로 퇴각하지 못한 북한군 잔류부대들이 한 달 뒤인 11월 18일 대규모 공세를 펴 춘천을 습격해 왔다. 금강산에 집결해 있던 북한군 제2군단 패잔병들이 부대를 재편성해 철원–평강–양구–화천을 거쳐 춘천을 겨냥한 공격을 감행한 것이다. 두 번째 소양강 전투에서 격전이 벌어졌으나 의외로 춘천이 간단히 점령되고 말았다. 춘천 시민은 다시 피난길에 올라야 했다. 홍천으로 가는 국도가 북한군에 의해 막히자 이번에도 광판리 앞 홍천강 쪽으로 우회해 남쪽으로 향했다.

그러나 뒤늦게 홍천강에 도착한 피난민들은 강을 건너기도 전에 국군과 북한군의 총격전에 휘말리게 되자 춘성군 남면 가정리로 발길을 돌렸다. 그곳에 죽음의 덫이 기다리고 있었다. 피난민들이 아무것도 모른 채 북한군 진지 앞을 지나는 순간 총탄이 쏟아졌다. 그것은 민간인을 조준한 무차별 사격이었다. 공교롭게 국군과 북한군 사이에 끼어든 피난민을 향해 국군은 사격을 멈췄지만 북한군은 양민을 살해했다. 두 시간에 걸친 교전이 끝난 후 북한군은 어디론가 퇴각했다. 아버지는 나와 형을 양쪽 겨드랑이에 낀 채 엎드려 총탄을 피했다. 가정리 홍천강 변은 핏빛으로 물들었지만 우리 가족은 모두 살아남았다. 그것은 기적이었으며 행운이었다.

우리 가족은 살아남은 피난민 행렬과 함께 경춘 가도를 따라 서울로 향했다. 피난민들은 서울이 국군에 의해 수복되었으므로 안전할 것이라 판단했기 때문이다. 그러나 서울로 향하던 피난민들은 경기도 마석에서 멈춰야 했다. 정부가 춘천 피난민의 서울 유입을 막는 조치를 취했기 때문이다. 작전상의 이유라고도 하고 심리적인 이유라고도 했지만 피난민들은 정부가 그런 조치를 내린 정확한 이유를 알지 못했다. 구호 당국은 마석국민학교를 비롯한 몇 곳에 피난민수용소를 만들고 양곡을 배급했다. 우리 가족은 마석수용소에서 2주일 동안 머물다가 12월 2일 춘천이 수복되었다는 소식을 듣고 집으로 돌아왔다(남동우, 2015).

10월에 접어들어 중공군이 6·25 전쟁에 개입하자 국군과 유엔군은 계속 밀리기 시작했다. 1951년 1월 1일 밤에 춘천 시민들은 재수복된 지 한 달 만에 다시 피난길에 올랐다. 역사에서는 이를 두고 1·4 후퇴라 일컬었다. 서울 시민은 두 번째 피난이지만 춘천 시민은 세 번째 피난길이었다. 춘천-원주 간 도로와 춘천-가평 간 도로가 모두 중공군 선발대에 의해 막혀 버렸다. 특히 춘천-원주 간 국도가 홍천 삼마치 고개에서 막히는 바람에 춘천은 중공군 포위망 속에 갇히게 되었다.

1월 2일 아침, 철수하던 국군이 남쪽으로의 유일한 탈출구인 삼마치에서 돌파작전을 벌여 다음 날 새벽 가까스로 포위망을 뚫었다. 이 틈을 타 피난민들은 횡성까지 피난할 수 있게 되었다. 우리 가족은 아버지를 따라 다시 횡성군 창봉리의 큰 고모 댁으로 향했다. 홑버선에 짚신을 신고 영하의 찬바람이 부는 삼마치 고개를 넘는 것은 네 살 난 나와 여섯 살의 형에게는 너무 힘겨운 고통이었다. 2월과 3월에 홍천-횡성 일대에서는 아군과 적군 간에 밀고 밀리는 대격전이 벌어지고 있었다. 2월 11일부터 사흘간 벌어진 삼마치 전투에서 국군 제3군단이 중공군에게 패해 후퇴하고 있을 무렵, 경기도 양평 부근 지평리에서는 미군과 중공군이 사활을 건 전투를 벌이고 있었다.

미군과 프랑스군은 사흘 동안 치러진 운명의 지평리 전투에서 중공군을 패주시켰다. 이 전투의 승리로 전선은 한강-양평-원주-제천-영월-대관령을 잇게 되었다. 내가 피난했던 창봉리에서도 치열한 전투가 벌어졌다. 고모 댁에는 매일 중공군이 들어와 음식을 만들거나 해진 군복을 깁거나 식기를 빌려 갔다. 어느 중공군은 나를 보고 귀엽다며 쓰다듬어 주기도 했다. 아마 고향에 두고 온 자식 생각이 났던 모양이다. 네 살배기 어린 아이는 태극기와 인공기를 구별할 줄 알았고 국군과 북한군을 식별할 수 있었다. 얼마 후 창봉리에 주둔하던 중공군은 홀연히 사라져 버렸다.

고모 댁에 두 달을 머문 후 우리 가족은 4월 중순경 원주로 향했다. 원주에는 1·4 후퇴 당시 부산으로 이전했다가 전세가 호전됨에 따라 옮겨 온 강원도청 임시사무소가 개설되어 있었다. 조선시대 유적인 원주향교는 피난민 수용소로 변해 있었다. 이곳에 피난한 지 며칠 안 되어 5월 16일부터 중공군의 춘계 대공세가 소양강을 사이에 두고 시작되었다.

중부전선의 전쟁 피해는 제2차 세계대전을 능가하는 것이었다. 중공군의 전략 전술을 간파한 미8군 사령관의 작전에 따라 미군 제24사단과 국군 제6사단은 중공군 2개 사단과 격전을 벌이며 화천까지 밀고 올라가 발전소를 탈환했다. 중공군은 더 이상 베일에 싸인 해방군도 아니고 공포의 유령군대도 아니었다. 패주하며 무기를 버린 채 투항하는 중공군의 숫자를 헤아릴 수 없을 정도였다.

피난민 수용소의 생활은 시간이 지나면서 조금씩 안정을 찾아갔다. 피난민들에게 쌀·보리·밀가루가 배급되었고, 재수가 좋은 날에는 미군의 전투 식량인 C-레이션이 지급되었다. 내가 태어나 처음 먹어 본 초콜릿·비스킷·젤리·콩 통조림은 환상적이었다. 나는 그것들을 지금까지도 좋아한다. 유엔의 구호물자인 긴 알갱이의 안남미는 맛이 이상했지만 없어서 못 먹었다. 수용소에서 태어난 내 여동생은 당시에 팽배했던 남아선호사상과 가난 때문에 고생이 많았다.

전쟁으로 휴간되었던 신문사가 원주에서 복간되자 아버지는 종군기자가 되어 화천 전투의 취재에 나섰다. 화천 전선에서 국군과 미군이 중공군과 격전을 벌이던 어느 날에 취재를 마치고 후방으로 돌아오던 중 아버지가 탄 군용 지프차가 중공군의 포탄에 맞아 전복되었다. 아버지는 목숨을 건졌지만 왼쪽 눈을 크게 다쳐 실명하고 말았다. 휴전협정이 체결된 후 1953년 8월 우리 가족은 춘천으로 귀향할 수 있었다. 우리가 살던 석사동 집은 형체조차 남아 있지 않았다(남동우, 2015).

춘천대첩의 평가

이상에서 살펴 본 바와 같이 춘천대첩에서 국군 제6사단은 방어에 유리한 춘천의 소양강과 홍천의 말고개 일대에서 지형적인 이점을 최대로 이용해 6일 동안 방어전을 벌였다. 이 과정에서 북한군 2개 사단은 큰 타격을 입게 되었으며, 이로 인해 북한군 제2군단은 춘천과 홍천 축선으로의 진출이 지연되었다. 춘천대첩은 강과 산을 이용했다는 점에서 제2차 포에니 전쟁 중에 카르타고와 로마 간에 벌어진 트레비아 전투와 트라시메노 전투에 비견되고, 언덕을 활용했다는 점에서는 나폴레옹이 벌인 아우스터리츠 전투와 유사하다. 무엇보다 지형을 최대한 이용했다는 점에서는 1863년 미국의 남북 전쟁 중에 벌어진 게티즈버그 전투와 비견될 수 있을 것이다.

결과적으로 북한군 제2군단은 예하의 병력을 춘천-홍천-이천-수원 축선으로 우회 기동시켜 국군의 병력 증원과 퇴로를 차단함으로써 그들의 1단계 작전에 기여한다는 당초의 작전 계획에 큰 차질을 빚게 되었으며, 반면에 국군은 한강 남안에 방어선을 형성할 수 있는 시간적인 여유를 얻게 되었다. 그 덕분에 일본에 주둔하던 미 제8군 소속의 제24보병사단이 한반도로 파병되면서 국군과 유엔군은 북한군에 대한 대응태세를 정비할 시간을 확보할 수 있었다(군사편찬연구소, 2005). 6·25 전쟁에서 공산진영은 미군이 참전할 것을 예상하지 못했고 자유진영은 중공군의 참전을 예상하지 못했다. 춘천대첩은 춘천이라는 일개 지역에서 진행된 성공적인 초기 방어 전투를 넘어 김일성의 전략적 방침을 좌절시켜 북한군의 전쟁 계획 자체를 무력화시킨 '결정적 전투'로 재평가받아야 될 것이다(이성춘, 2015).

전쟁은 훌륭한 지리 선생 역할을 했지만 많은 영웅을 낳기도 했다. 국방부와 육군본부가 선정한 4대 영웅인 김홍일 장군, 김종오 장군, 맥아더 장군, 워커 장군이 바로 그들이다. 이 외에도 수많은 영웅이 있었으며 무명 용사들까지 합치면 더 많을 것이다. 나는 6·25 전쟁이 남침이 아니라 북침이라고 주장하는 학자도 보았고, 적군을 물리친 영웅들을 동족에 총부리를 겨눈 자라고 비난하는 지식인도 보았으며, 인천의 맥아더 동상을 끌어내리려는 무리들도 보았고, 태극기와 애국가를 욕보이는 사람도 보았다.

영웅들 중에는 중국군 출신의 김홍일 장군도 있었지만 일본군 출신의 김경천, 채병덕, 이종찬, 지인태, 박범직, 이용문, 백선엽, 김종오 장군 등이 있었다. 일본 육사 출신의 조선인은 무려 141명에 달했다. 특히 간도특설대 출신의 백선엽 장군을 두고 그의 공과가 도마 위에 오르고 있는데, 어느 역사학자는 그들의 해방 이후 창군創軍과 전쟁 기여도를 외면한 채 일본군 장교였다는 사실만으로 친일파로 단정하는 것은 온당치 않다고 지적했다(이기동, 1982). 미국의 국부로 불리는 조지 워싱턴은 영국을 상대로 한 독립 전쟁의 영웅이었지만 그는 영국군 장교 출신이다. 그럼에도 미국인들은 그의 과거를 문제 삼지 않았다.

한국의 경우 문제는 해방 후 테크노크라트 등의 전문가가 필요했다는 점도 있지만 반민특위反民特委가 제 역할을 못해 일제강점기 반민족 행위자에 대한 국민들의 합의가 미흡한 탓이 더 컸다. 다시 말해 우리나라에는 노블레스 오블리주가 전무했던 것이다. 노블레스 오블리주noblesse oblige란 말은 영국과 프랑스가 벌인 백년 전쟁에서 유래했다. 영국군이 물러남에 따라 프랑스 정부는 영국의 통치하에서 협조하던 프랑스인들에게 책임을 추궁하자 귀족들이 나서서 자신들에게 책임이 있으니 평민들에게는 사면할 것을 요구했다. 노블레스는 '닭의 벼슬'을 의미하고, 오블리주는 '달걀의 노른자'라는 뜻이다. 이 단어를 합성해 만든 노블레스 오블리주는 닭의 사명이 자기의 벼슬을 자랑함에 있지 않고 알을 낳는 데 있음을 말해 주고 있다. 구체적으로 이것은 사회지도층의 도덕적 의무를 뜻하는 말로, 사회로부터 정당한 대접을 받기 위해서는 자신이 누리는 명예(노블레스)만큼 의무(오블리주)를 다해야 한다는 의미다.

사실 사회적 지위에 상응하는 도덕적 의무는 초기 로마시대에 왕과 귀족들이 보여 준 투철한 도덕의식과 솔선수범하는 공공정신에서 비롯된 것이지만, 나는 2015년 6월 프랑스 파리에서 열린 한불수교 130주년 기념 학술대회에 참석했을 때 프랑스 주재 한국대사로부터 이 유래를 전해 들어 알게 되었다. 우리에게 그와 같은 기회가 없었기에 일제강점기의 후유증이 미해결 상태로 남아 있는 것 같다. 바람에 흔들려 보지 않은 나무가 어디 있겠으며 바람에 누워 보지 않은 들풀이 어디 있겠는가. 3·1 운동의 정신도 헌법적 가치를 갖지만 자유민주주의를 수호하는 것 역시 헌법적 가치를 갖고 있다. 인간의 공과는 죽기 전 마지막 모습에서 찾아야 하지 않겠는가.

나는 평생 몇 가지 악몽을 꾸며 살아왔다. 그중 하나가 6·25 전쟁에 관한 꿈이다. 유년 시절에 겪은 전쟁이라 대부분 기억에 남아 있지 않음에도 꿈속에서 만큼은 생생하게 전쟁 꿈을 꾸곤 한다. 카키색 군복에 빨간 줄, 멀리서 들려오는 대포 소리와 따발총 소리, 포탄이 떨어져 하얀 회벽에 피 튀기는 장면, 국군은 오지 않고 북한군만 몰려오는 꿈은 내가 평생 꾸는 악몽이다. 전쟁의 트라우마는 이렇게 오래 남는가 보다. 그럼에도 불구하고 나는 동네 또래들과 칼싸움, 총싸움 같은 전쟁 놀이를 하면서 유년 시절을 보냈다. 아버지는 춘천대첩이 끝난 40년 후에야 호국 영령들을 기리기 위해 퇴계동에 각계각층의 도움을 받아 충혼탑을 세우는 데 일조했다.

9장 비극의 땅

36. 유럽 열강들이 저지른 아프리카 비극의 해결책

아프리카의 비극

유럽은 중세에 들어와 오랫동안 식량 부족에 시달림에 따라 해외로 눈을 돌리게 되었다. 그들이 주목한 땅은 유럽과 가까운 대륙인 아프리카였고 그중에서 서아프리카의 기니만 연안지대였다. 19세기 말부터 유럽 열강은 앞다퉈 경제적으로 낙후되고 국력이 약한 나라들을 대상으로 자원을 수탈하기 위해 식민 도시를 건설하고 교통로를 개설했다.

유럽의 강대국들은 자원 수탈을 목적으로 처음에는 주로 지리학자들로 구성된 탐험가들을 보내 어떤 땅에 무슨 자원이 있는지 알아보게 했다. 목숨을 건 해외 진출이 경쟁적으로 벌어진 것이다. 그들은 자원이 풍부한 곳을 찾아내 본국에 보고했다. 따라서 당시의 지리학자들은 왕실에 충성하는 어용학자들이었던 셈이다. 오늘날 유럽의 지리학회가 왕립지리학회인 이유가 거기에 있다.

다음 단계로 성직자들은 슈바이처 박사와 같이 탐험가들이 찾아낸 곳에 진출해 현지 주민들에게 다가가 만인은 신 앞에 평등함을 알리면서 환심을 사기 위해 의료혜택을 펼치며 부족들의 성격을 파악하여 본국에 보고했다. 왕실에서는 만약 백인들의 침략에 맞서는 부족이 있다면 군대를 동원하여 강압적으로 자원을 차지했다. 그다음 아프리카 원주민들은 유럽으로부터 들어온 백인들로부터 종교·언어 등의 문화를 전수받게 되었다.

아프리카에는 여러 부족이 살고 있었지만, 유럽 열강들은 경쟁적으로 땅을 나눠 갖기 위해 그림 36-1에서 보는 것처럼 임의적으로 국경선을 만들었다. 아프리카 지도를 보면 신대륙이던 북미의 주 경계처럼 자로 그은 듯이 국경선이 직선인 경우가 많은데, 그것은 아프리카의 지리적 특성과 역사 등을 전혀 고려하지 않고 강대국들이 영토를 나누어 국경을 설정했기 때문이다.

가령 토고공화국의 영토는 남북으로는 550킬로미터에 달하지만 동서로는 70킬로미터밖에 안 되는 매우 부자연스러운 모습을 띠고 있다. 이렇게 아무

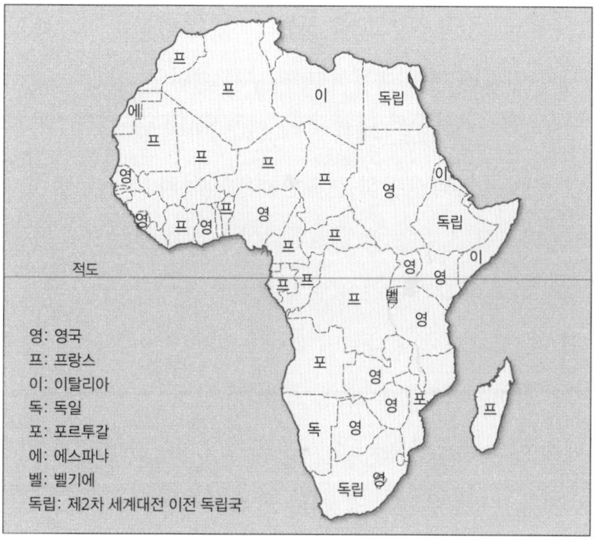

그림 36-1. 독립 전 아프리카 국가의 식민지 종주국

렇게나 국경선이 설정되면서 토고 남부에 살던 에웨족은 영국, 독일, 프랑스의 세 나라 식민지로 나뉘어 따로 떨어져 살아야 했다.

미국의 교통지리학자인 타프Taaffe 등은 아프리카 기니만 일대의 저개발국가들을 대상으로 교통로의 발달 과정을 분석하여 이른바 '교통로 발달의 4단계 모델'을 발표한 바 있다(Taaffe *et al.*, 1963). 식민통치를 경험한 국가의 교통로가 4단계를 거쳐 발달한 것처럼, 열강 패권국들의 식민화 단계는 탐험대→성직자→군대의 파견에 이어 자국의 종교인 기독교를 전파하고 문화를 확산시키는 과정을 거친 것이다. 식민지에서 수탈한 자원은 본국으로 보내졌다. 런던·파리·리스본·마드리드 등의 도시가 눈부신 성장을 거둔 것은 식민지로부터 들여온 자원 덕분이었다.

아프리카 대륙은 우리가 생각하는 것보다 훨씬 큰 대륙이다. 우리들이 아프리카 대륙이 크다는 사실을 잘 모르는 이유는 흔히 평사도법이나 메르카토르도법을 이용한 세계지도에서 왜곡되어 나타나기 때문이다. 그림 36-2를 보면 아프리카가 얼마나 큰지 알 수 있을 것이다. 아프리카 대륙의 면적은 우리들이 크다고 생각하는 미국·중국·인도보다 훨씬 크며, 그 면적은 약 3000만 평방킬로미터로 아시아 대륙과 거의 대등하다. 지구를 북반구·남반구·동반구·서반구로 나눌 경우 모두 걸쳐 있는 대륙은 아프리카밖에 없다.

거대한 아프리카의 풍토 속에서 생활하는 흑인들은 자연의 리듬에 맞춰 살아가며 그들을 둘러싼 다양한 정령을 달래기 위하여 노래를 부르고 춤을 춘다. 그들은 이를 게을리 하면 흉작과 기근을 면치 못한다고 믿고 있다. 아프리카는 광활한 대륙이므로 자세히 들여다보면 북아프리카·서아프리카·중부아프리카·동아프리카·남아프리카의 문화가 상이하다.

아프리카는 인류에게 매우 중요한 땅이다. 아프리카의 다양한 민족과 변화무쌍한 문화, 인류의 거울인 멸종위기의 영장류, 신생대 초기와의 연결고리인 사라져 가는 야생동물에 비길 만한 것은 전 세계 어디에도 없다. 사하라 사막

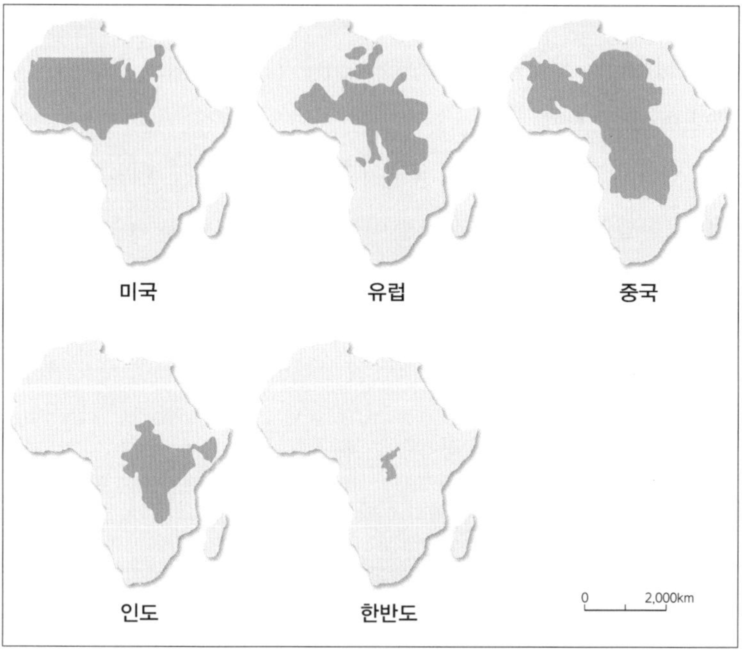

그림 36-2. 아프리카 대륙과 각국의 면적 비교

이남의 아프리카는 호미니드Hominidae의 고향이자 인류의 요람이며, 인류 최초의 공동체가 출현한 무대이자 처음으로 문화가 꽃핀 땅이다(남영우 외, 2019).

서구 제국주의의 착취가 아프리카에 미친 파괴적인 영향은 오늘날 잘 알려진 바 있다. 식민주의는 그와 마찬가지로 지속적이면서도 좀 더 미묘한 영향을 끼치기도 했다. 식민지 시대의 사하라 이남 아프리카는 문화적으로 매우 다양한 지리 영역이었다(de Blij, 2005). 아프리카의 종족 영역을 표시한 유명한 「머독의 종족지도Murdock Ethnic Map」를 보면 그 점을 한눈에 알 수 있다.

「머독의 종족지도」를 토대로 그린 그림 36-3을 보면 지구상에는 약 862개의 원시사회가 있다. 그중에서 아프리카에는 300개의 민족이 살고 있는 것으로 파악된다. 머독은 미국의 문화인류학자로 여러 민족의 비교연구를 통한 통문화적 방법을 제창한 인물이다. 그는 가족을 구조기능론의 관점에서 "가족이란 공동거주, 경제적 협력, 생식의 특성을 갖는 사회집단으로 보고, 가족은 성관계가 허용되는 성인남녀와 출산한 자녀나 입양한 자녀로 구성된다."라 정의했다(Murdock, 1959).

만약 유럽의 강요로 아프리카의 국경이 획정되지 않았다면 어떤 모습을 하고 있을까? 유럽인들의 아프리카 진출 이전의 지도인 그림 36-4를 보면 오늘날처럼 직선으로 획정된 국경선이 없음을 확인할 수 있다. 현대인들의 전통적인 유럽 중심적 관점을 왜곡하기 위해 거꾸로 된 이 지도는 이슬람 국가들과

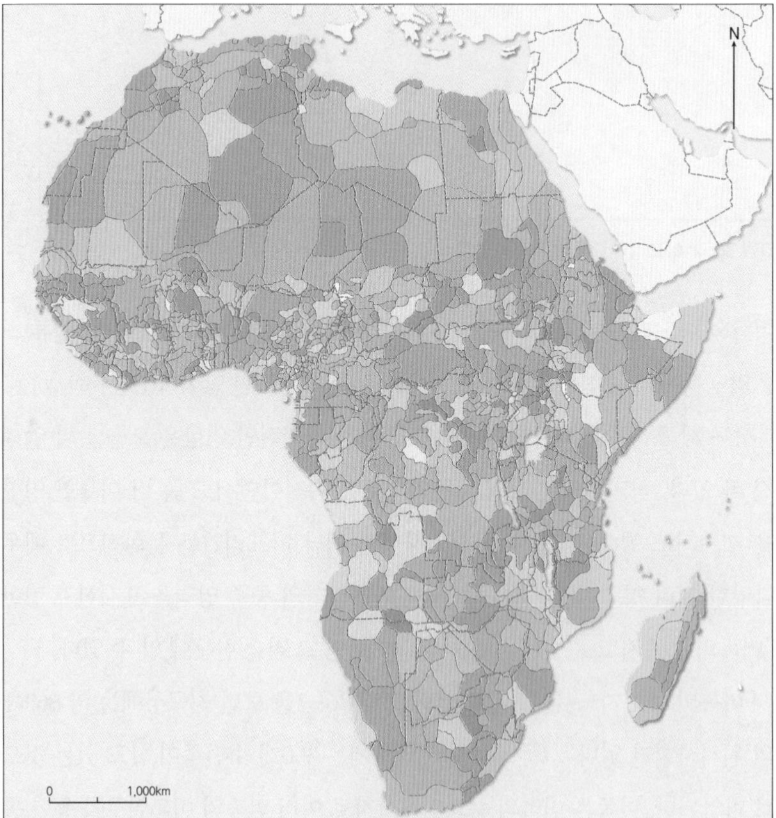

그림 36-3. 아프리카의 종족 영역(「머독의 종족지도」 참고)

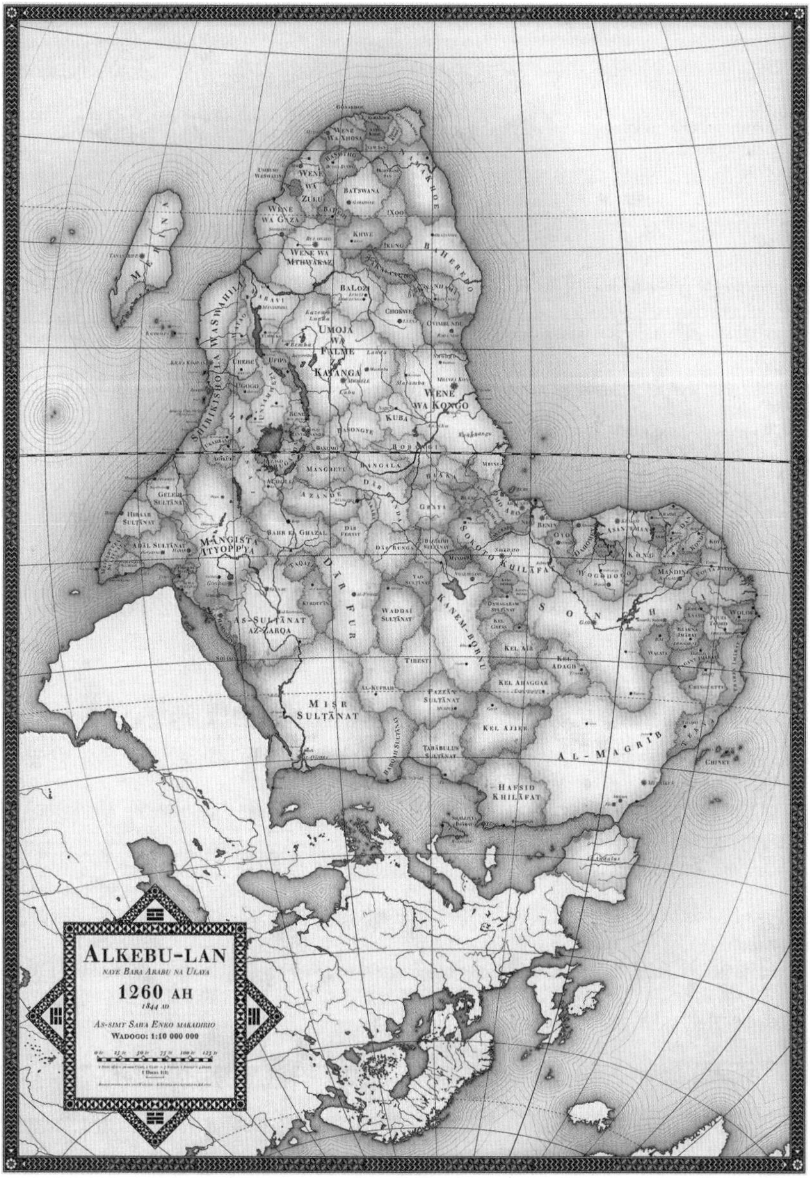

그림 36-4. 사이온의 「흑인들의 땅 알케부-란」 지도(1837년)

원주민 왕국들과 연합국들이 지배하는 아프리카를 보여 준다. 이 지도는 적어도 역사, 언어학 또는 민족학에서 어느 정도 근거를 가지고 있는데(Jacobs, 2014), 1884~1885년 베를린 회의와 이후 유럽 열강들에 의해 임의로 획정된 직선은 하나도 없다.

1914년까지 유럽인들은 아프리카 대륙의 90%를 지배했다. 아비시니아 제국(오늘날 에티오피아)과 1847년 해방된 아프리카계 미국인 노예들의 안식처로 설립된 라이베리아만이 독립한 채 남아 있었다.

그림 36-4에 묘사된 대륙은 아프리카가 아니라 아랍어로 '흑인들의 땅'이란 뜻의 알케부-란Alkebu-Lan으로 불리는데, 그 이름은 때때로 유럽의 강요로 '아프리카'라는 이름조차 거부하는 사람들에 의해 사용되는 지명이다. 스웨덴의 사이온은 아프리카보다는 알케부-란에 초점을 맞춰 유럽의 아프리카 지배는 후기 대륙의 풍부한 역사와 많은 문화적 업적을 왜곡시켰음을 지적했다(Cyon, 2011).

머독의 지도를 참고해 그린 그림 36-5를 자세히 보면 놀라운 사실을 발견할 수 있다. 종족 간에 벌어지는 충돌 사건은 주로 민족적 경계 내에서 발생한다는 것이다. 우리는 아프리카의 모든 분쟁은 인종적으로 동기가 부여된다는 결론에 도달하기 전에, 분쟁 사건은 종종 하천에 의해 설정된 유역권이나 주 경계 근처에서 발생한다는 사실에 주목할 필요가 있다. 이러한 결과는 적어도 국경이 기존의 정치적 경계, 즉 국경이 아닌 자연적 영역에 기초해서 설정되어야 함을 시사하는 것이다.

리더의 『아프리카: 대륙의 전기』에 따르면, 식민 열강들이 취한 공통된 관행은 아프리카의 식민 주민 전체를 종족이라는 기준에 따라 분류했다는 점에 있었다(Reader, 1998). 이 정책은 식민지 시기 이후까지 아프리카를 분열시키는 결과를 가져 왔다. 서로 다른 종족이 결합되면서 일부 사람들의 지위와 권력을 올려놓는 대신에 다른 사람들의 그것을 깎아내렸다. 복잡한 종족적 배경을 지닌 아프리카인들은 낯선 사회적 지위에 내동댕이쳐졌고 분쟁이 발생할 토대를 제공했다.

분쟁과 갈등은 주로 사하라 사막 이남 지역을 가로지르는 중남부에 집중되며, 북부와 남부에서 공간적으로 사건들이 비교적 적게 발생한다. 그러나 남동부 아프리카, 즉 짐바브웨 국경 내에서 가장 많은 사건이 발생하는데, 이 사건들 중 거의 대부분은 억압적이고 잔인한 정부에 의한 민간인에 대한 폭력적인 행동이었다.

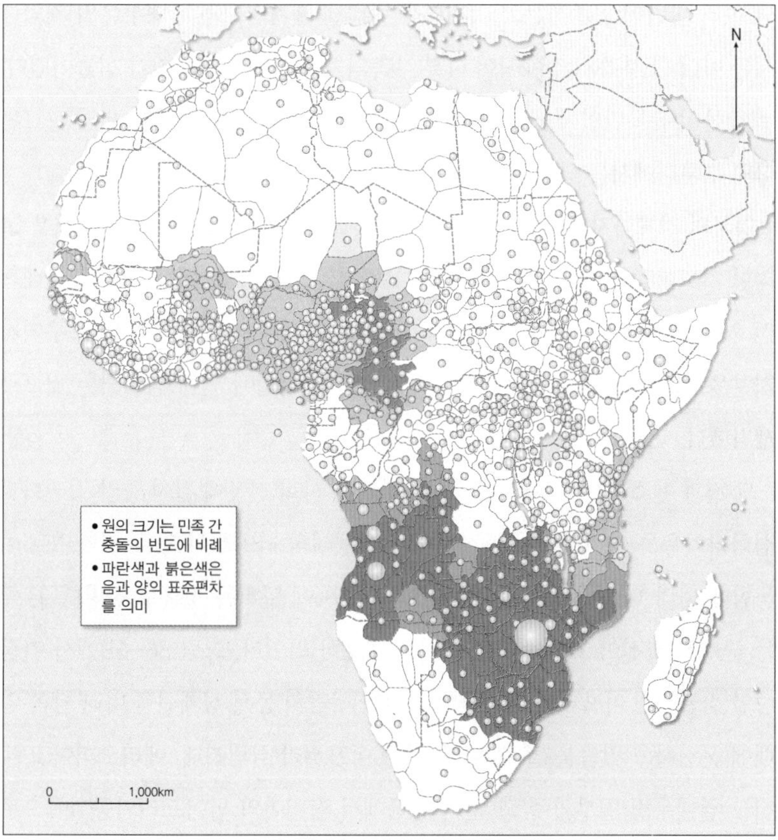

그림 36-5. 아프리카의 분쟁지대 분포(머독의 「분쟁지대 분포도」 참고)

해결방안

하나의 국가에 여러 종족이 뒤엉켜 살아가다 보면 문화적 배경이 달라 충돌이 발생하기 십상이다. 그렇다고 해서 종족 간 경계로 국경을 정할 수 없는 노릇이다. 왜냐하면 종족 간 경계는 너무 협소해 하나의 국가 기능을 수행할 수 없으므로, 종족 집단의 전통적 영역을 경계선으로 한정한다는 것 자체가 기만적인 측면이 있다. 물론 세계 다른 국가가 그러하듯이 아프리카에도 명확한 종족 간 경계선이 존재하는 것은 사실이이다.

그림 36-3에 표시된 선은 경계선이라기보다는 서로 다른 문화적 전통을 지닌 여러 집단이 공존하는 점이지대를 나타낼 때가 더 많다. 대부분의 지역에서는 이미 한 부족의 정체성이 다른 부족의 정체성과 구별하기가 힘들어졌다. 예를 들어 유목민인 투치족이 정착민인 후투족 농부들을 침략한 바 있는 르완다와 부룬디에서는 상호 문화적으로 동화되고 있는 중이다.

영국의 경제학자 펜스케는 식민화 이전 단계의 아프리카 생태와 교역을 고려한 지도학적 분석을 시도한 바 있다(Fenske, 2010). 그는 이들 지역에 상대적인 입지가 교역에서 어떻게 이익을 창출할 수 있는지 측정하기 위해 구역별 지분을 계산하고, 각 구역은 각각의 생태학적 타입에 의해 점유되는 것으로 생각했다.

그 결과 펜스케는 사하라 이남 아프리카는 사회 전반에 걸쳐 중앙 집권화가 심화되었음을 지적하면서 등질지역에서 생태적 다양성이 있는 지역으로 이동함에 따라 더욱 집중화될 가능성이 7~15%에 달하는 것으로 전망했다. 이는 균형적 발전이 요원하다는 의미를 내포하고 있다. 그림 36-6B에서 가장 중앙 집권적인 아프리카 국가들이 사하라 사막의 동서 경계선을 따라 남쪽 일대에 군집하고 있음을 알 수 있다. 특히 아프리카 삼림지대, 에티오피아고원, 적도 열대우림 일부와 콩고 분지 남쪽에서 잠비아와 남아프리카공화국으로 이어지는 삼림지대, 그리고 대륙 남부의 초원과 삼림지대가 그러하다.

제국주의 열강들에 의해 인위적으로 설정된 국경을 다시 설정하려면 어떻게 다시 획정해야 할까? 이를 위해서는 임의적 획정보다 자연스러운 경계가 아프리카의 평화를 위해 바람직할 것이다. 다시 말해서 종족별 영역을 기반으로 자연환경과 생태적 환경을 고려하는 것이 합리적일 것이다. 구체적으로 그림 36-6의 A에서 보는 하천과 사막을 공유하고 B의 생태적 다양성을 고려하는 방향으로 획정되는 것이 바람직할 것이다. 하천은 유역권을 갖게 마련인데, 동일한 유역권은 문화적 동질성을 담보해 주는 것이 일반적이다. 대하천인 경우에는 상류와 하류를 공유하게 하는 것도 고려할 수 있다.

이상에서 설명한 것처럼 국가별 균형 발전을 위해서는 공평하게 자연환경의 장단점과 생태적 다양성을 고려해 영역을 분할하는 것이 합리적이라 생각된다. 그러나 그것이 간단한 일이 아니다. 이미 아프리카 각국은 하나의 독립된 국가를 구성해 그것에 맞는 시스템을 갖춘 나라가 많기 때문이며, 어느 국가라 할지라도 그것에 동의할 리 만무하다. 저명한 미국의 경제학자인 제프리 삭스는 사실상 세계의 모든 부유한 나라는 열대 지방 바깥에 위치하고, 빈곤

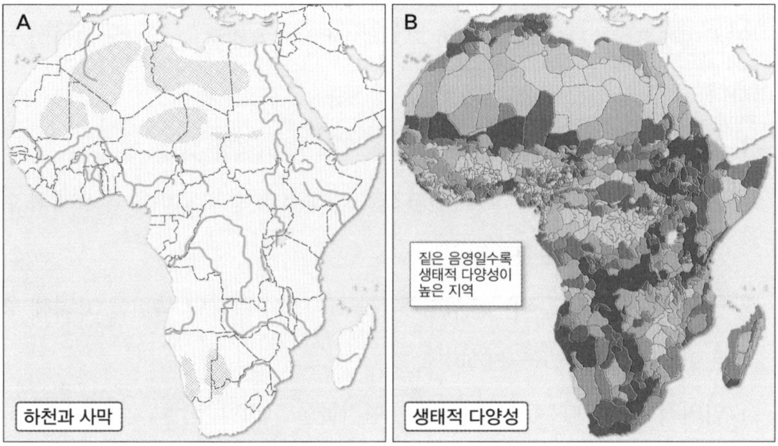

그림 36-6. 아프리카 수계망과 생태적 다양성

국가의 대부분은 열대 지방 안에 있음을 지적했다(Sachs, 2005).

고대로부터 사하라 이남 아프리카에서 가축화하기에 적합하다고 알려진 동물은 소와 기니닭뿐이었다. 농토 역시 결코 양호하지 못하다. 일반적으로 열대 지역은 온대 지역에 비해 따뜻하고 곡물의 빠른 성장 때문에 식량 생산량이 많을 것으로 생각하기 쉽다. 그러나 현실은 중위도 지방에 위치한 온대 지역의 토양이 신생대 제4기에 네 번의 빙기와 세 번의 간빙기가 있었던 관계로 더 비옥한 심토深土가 만들어진 까닭에 생산성이 저위도에 비해 더 높다. 또한 토양이 지나치게 다습하면 양분이 침출되어 농업에 적합하지 않고, 비가 많이 내리는 저위도의 열대우림지대와 비가 적게 내리는 고위도의 냉대지대 역시 증발량이 적어 습도가 높기 때문에 농업에 불리하다(남영우, 2018a).

더욱이 사하라 이남의 아프리카 대륙은 문명 교류의 중심축으로부터 소외되어 있었다. 교류의 축이 유라시아 대륙처럼 동서 방향이어야 문명 전파에 유리한데(Diamond, 1997), 아프리카 대륙은 아메리카 대륙처럼 남북 방향이다. 이와 같이 아프리카는 여러 측면에서 불리한 조건을 지니고 있었던 땅이다. 향후 과연 외세의 개입 없이 아프리카 스스로 태스크포스를 만들어 해결책을 마련할 수 있을지 궁금하다.

유럽 열강들이 저지른 아프리카 문제에 대한 해결책을 요약해 제시하면 이러하다.

① 불모지대와 하천 유역을 공유하도록 영토를 조정할 것.

② 종족별 영역을 기반으로 자연환경과 생태적 환경을 고려하되 생태적 다양성이 확보되도록 분할할 것.

③ 「머독의 종족지도」와 「분쟁지대 분포도」에서 나타난 특징을 고려해 중부 아프리카의 영토를 재설정할 것.

④ 임의적 경계보다는 자연환경의 지형지물을 고려할 것.

⑤ 남북 방향의 교류의 축이 공간적 기회비용이 감소하도록 간선 교통망을

개설할 것.

이상과 같은 방안을 실현하기 위해 아프리카 연합African Union은 중립적 싱크탱크의 태스크포스를 조직하고 기금을 조성하며, 외세의 간섭 없이 추진해야 할 것이다.

37. 에티오피아는 땅의 성질에 따라 종교를 달리했다

에티오피아의 환경

사헬지대와 체체파리 서식 북방한계 사이에 위치한 에티오피아는 이집트와 마찬가지로 오리엔트와 교류가 있었다. 에티오피아는 국지적 지절로 볼 때 수평 지절률이 비교적 높은 땅임에도 불구하고 찬란한 문명이 꽃피지 못한 이유는 설명을 생략할 것이다. 에티오피아Ethiopia란 국명은 그리스어로 '태양에 그을린 얼굴을 가진 사람들의 땅'이란 말에서 유래되었다. 즉 *Atios*는 '햇볕에 그을린', *-ops*는 '얼굴,' *-ia*는 '땅'을 의미한다. 아비시니아고원은 자외선이 강렬해 피부가 햇볕에 그을리게 되므로 그리스인들은 그렇게 부른 것 같다.

세계에서 가장 가난한 나라 중 하나인 에티오피아 연방민주공화국은 육지로 둘러싸인 국토의 북쪽은 산악지대이고, 동쪽과 서쪽은 저지대를 이룬다. 중앙 에티오피아고원은 동아프리카 지구대에 의해 서부 고원지대와 동부 고원지대로 나뉜다. 고지대는 온화해 거의 사바나성기후이고, 건조한 저지대는 무덥다. 오스트랄로피테쿠스에 속하는 유인원의 유골들이 발견된 곳이 바로 이 나라다.

집약농업과 삼림벌목은 토지의 심각한 침식을 가져왔다. 이러한 침식 현상은 주기적인 가뭄과 함께 주기적인 식량 부족의 원인이 되었다. 이전에는 다양하고 많은 야생생물이 서식했지만, 오늘날에는 야생생물들의 개체 수가 격감하여 멸종 위기에 처해 있다. 오늘날 에티오피아의 행정구역은 그림 37-1

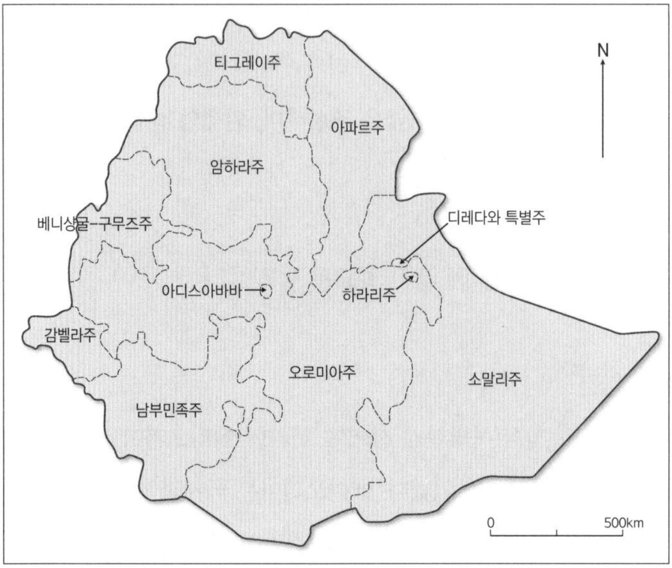

그림 37-1. 에티오피아의 행정구역

에서 보는 바와 같이 수도인 아디스아바바와 디레다와를 포함해 2개 특별시와 오로미아주를 비롯한 9개 주로 구성되어 있다.

종족 구성은 인구의 1/3을 차지하는 암하라족과 오로모족이 가장 많고, 그 외 티그레이족·아파르족·소말리족 등이 균형을 이루고 있다. 이탈리아인들이 1889년부터 해안 지역을 지배하다가 1896년 축출되었으나, 그 후 다시 이탈리아령에 속했다. 한국의 6·25 전쟁 때에는 적은 병력으로 가장 눈부신 전과를 올린 부대가 에티오피아의 강뉴 부대였다. 강뉴Kagnew란 초전박살이란 뜻으로, 셀라시에 황제는 출정식에서 장병들에게 "이길 때까지 싸워라. 그렇지 않으면 죽을 때까지 싸워라!"란 특명을 내렸다. 무려 253전 253승이라는 거짓말 같은 불멸의 기록을 세웠다. 1993년 북쪽의 에리트레아는 독립했지만, 동쪽의 소말리아와의 국경분쟁은 계속되었다. 1995년 양원제를 채택한 새로운 공화국이 설립되었다.

땅이 정한 종교

에티오피아는 주로 고원과 사막으로 이루어져 있는데, 남부 지방은 적도 편서풍의 영향으로 장기간 비가 많이 내리는 몬순우림기후이고, 북부 지방은 한발이 빈번한 과우 지역이다. 남부 지방에 사는 사람들은 애니미즘을 믿고, 악숨Axum 왕국이 있던 북부 지방 주민들은 4세기부터 기독교로 개종했으며, 동부 지방의 건조 지역에 사는 주민들은 6세기경부터 이슬람을 신봉한다. 총인구 중 약 3/5이 기독교도이며, 그중에서도 에티오피아 정교도가 대부분을 차지한다. 그 밖에 전체의 1/4은 이슬람교도이며, 1/10 이상은 여전히 토속적인 애니미즘을 고수하고 있다.

이들 북부·중부·남부의 세 지역 중 북부 지방에 거주하는 기독교도는 군사적·정치적으로 가장 강력해 에티오피아 연방민주공화국을 형성했으나, 그들은 식습관이 전혀 다른 우림 지역과 사막 지역에는 들어가지 않는다. 즉 밭농사지대의 기독교도들은 인제라injera 빵을 주식으로 하는데 비해, 사막의 무슬림들은 낙타와 양의 젖과 고기로 생활하고, 다우 지역의 애니미스트들은 바나나와 비슷한 엔세테ensete 전분을 발효시켜 구워 먹는다. 고원지대는 농사에 적합한 환경으로 강우량이 적절하고 화산토양이 분포하고 있는 까닭에 기원전 3000년대부터 곡물과 채소를 재배했다.

이들 세 지역은 서로 음식 문화가 달라 종교 전파에 제동이 걸렸다. 결과적으로 음식의 차이 때문에 서로 다른 종교가 생겼다는 것인데, 이는 자연환경의 차이에서 비롯된 것이라고 생각해야 할 것이다. 에티오피아의 종교 분포는 그림 37-2에서 확인할 수 있다.

에티오피아는 커피의 본고장이다. 해발고도 2,400미터의 고원지대인 남부 지방의 케파Kefa는 커피의 원산지로 알려져 있으므로 프랑스어의 카페café와 영어의 커피coffee란 단어가 생겨났다. 6~7세기에 우연히 발견된 커피는 9세기경부터 재배가 시작되어 15세기에 이르러 아라비아반도와 터키 등의 이슬

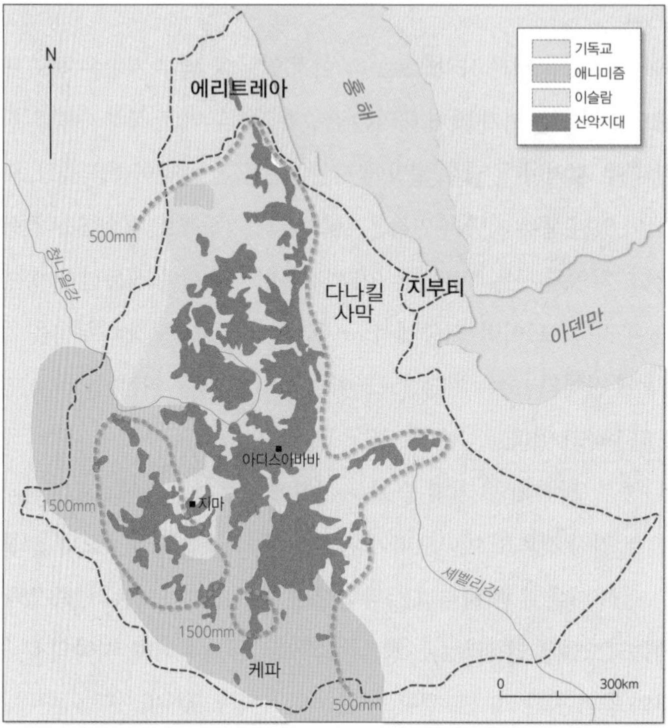

그림 37-2. 에티오피아의 지형과 종교 분포

람권으로 전파되었다. 그러므로 커피 문화의 확산은 비록 유럽에서 상품화되었지만 이슬람권에서 비롯된 것이라고 해도 과언이 아니다.

우리는 이와 같은 설명을 근거로 기후와 음식, 자연환경과 종교가 지리적으로 깊은 관련성이 있음을 알 수 있다. 종교와 음식 간에는 본질적 관계가 없더라도 일단 관련성이 생기면 종교적 관행으로 굳어져 그 식습관이 지속된다. 이와 같이 에티오피아에서 기독교·이슬람교·애니미즘의 분포가 1,300년간 지속되고 있는 것은 지리적 관점에서 설명될 수 있다.

이슬람교는 건조기후 지역인 사막지대에 전파되는 경향이 있으므로 오아시스 종교라고도 불린다. 기독교와 조로아스터교 역시 이에 포함된다. 조로아스터교의 영향을 받은 기독교와 이슬람교는 『구약 성경』을 공유하지만 상이한 측면이 있다. 이슬람교가 에티오피아에 전파될 수 있었던 지리학적 설명은 이슬람교가 지닌 도시적 성격에서 찾을 수 있다.

이슬람교를 창시한 마호메트 자신이 메카의 상인 출신이었던 탓에 코란 속에 원금과 이자 등의 상업 용어가 많이 등장한다. 이슬람 신학의 내용 가운데 "지붕이 무너진 예배당 안에서 행해진 예배가 과연 유효한가?"란 구절이 있는 것으로 볼 때 이슬람교가 도시 속의 건축물을 중시하는 도시적 성격을 지니고 있음을 알 수 있다. 570년경 메카에서 마호메트가 탄생했을 때, 그곳은 원래 다신교의 도시였다.

에티오피아의 다나킬 사막지대와 같은 건조지대는 이슬람권이 되었으나 고원에는 이슬람교가 전파되지 못한 원인 역시 지리적으로 파악할 수 있다. 즉 아비시니아고원의 북부 지방은 평탄한 용암대지가 깊은 협곡으로 차단되어 있는 지형으로 구성되어 있기 때문에 일반인의 왕래는 물론 상인들의 이동도 곤란하다. 평탄한 대지 위에 흩어져 자급자족 농업을 하는 지역에는 도시가 형성되지 못한 까닭에 상업 활동은 거의 전무한 형편이다.

이와는 달리 밀림으로 덮인 어두운 삼림지대에는 공포 분위기가 조성되어 주민들이 다신교의 애니미즘을 믿게 되고, 허허벌판의 사막지대에서는 일신교가 성행했던 것이다. 북부 고원지대는 기독교가 전파된 4세기경까지만 하더라도 침엽수림으로 덮여 있었으나, 오늘날에는 거의 벌채되어 평탄한 밭으로 변했다. 그러므로 기독교의 남하와 삼림 개척의 남하는 거의 일치한다. 그러나 과거 울창한 삼림이었을 당시에는 기독교 속에 다신교적 요소가 많이 남아 있었다.

에티오피아에 기독교가 전파된 것은 불가사의한 측면이 있다. 이 나라 국민들은 아무런 일을 하지 않고 노는 것이 선善이라는 인식을 가지고 있지만, 기독교에서는 죄악시한다. 이는 종교의 교리보다 민족적 전통이 우선하는 대목이다.

에티오피아가 기독교를 국교로 정한 것은 330~355년의 일로 유럽 대부분의 기독교 국가보다 빠른 시기였다. 흔히 에티오피아의 기독교를 이집트에서 기원한 콥트교에 속하는 것이라고 알고 있지만, 사실은 이집트와 인근 아프리카 북동 지역에 분포한 오리엔트 정교회의 콥트교와는 좀 상이하다. 예배 형식은 콥트교보다 오히려 시리아와 더 유사하다. 그러므로 에티오피아 기독교는 고유한 기독교의 일파이므로 에티오피아 정교회라 부르는 것이 타당할 것 같다.

대부분의 지리학자는 이슬람과 건조 지역, 애니미즘과 삼림 지역의 일치, 또는 일신교와 건조 지역의 일치에 관해서 공통된 견해를 가지고 있다. 이러한 견해에 대해 모든 건조 지역에 그와 같은 이론이 적용될 수 없다고 반론을 펴는 학자들도 있지만, 인문 현상은 물론 식물에 이르기까지 현재의 생물 분

그림 37-3. 에티오피아 3D 기복도

포가 전파의 결과이기 때문에 동일한 환경론이 모든 지역에서 성립될 필요는 없을 것이다. 어느 것이나 예외적인 경우가 있기 때문이다. 그러나 예외적인 경우라 할지라도 지리학자가 자세히 들여다보면, 별도의 요인이 작용한 결과임을 간파할 수 있다(남영우 외, 2019).

38. 옴팔로스 증후군에 걸린 땅

세상의 배꼽 옴팔로스

인간은 세상을 살아가면서 본능적으로 가장자리보다 중앙적 위치를 선호한다. 변두리보다는 중심을 좋아하는 성향을 갖고 있다는 것이다. 우리들이 길거리에서 자주 접하는 ○○금융센터, △△도매센터, ××콜센터 등은 중심을 선호하는 것에 다름 아니다. 이러한 성향이 지나치면 옴팔로스 증후군이라 한다.

옴팔로스omphalos란 그리스어로 '배꼽' 또는 '방패의 한복판에 있는 돌기'를 뜻한다. 그로부터 옴팔로스는 세상의 중심을 뜻하는 말로 사용되었으며, 옴팔로스 증후군이란 말이 생겨났다. 옴팔로스 증후군은 자신이 사는 곳이 지구의 배꼽이라고 믿는 일종의 자기과신 증세를 말하는데, 이 증세는 역사·정치·사회·경제·종교 등에 걸쳐 많이 사용되고 있으나 자각을 못하기 쉬우므로 쉽게 포착되지 않는다.

옴팔로스 증후군은 인간이 본질적으로 자기중심적 존재이기 때문에 비롯된 현상이다. 방향과 중심은 기본적으로 자기중심적이므로 나를 중심으로 동서남북이 있고 멀고 가까움이 측정된다. 로마시대의 건축가 비트루비우스의 『건축십서建築十書』에서는 황금비율을 고안했는데, 이를 기초해 레오나르도 다빈치는 신체의 중심이 배꼽과 성기에 있다고 생각했다.

황금비율이란 짧은 부분과 긴 부분의 길이의 비가 긴 부분과 전체 길이의

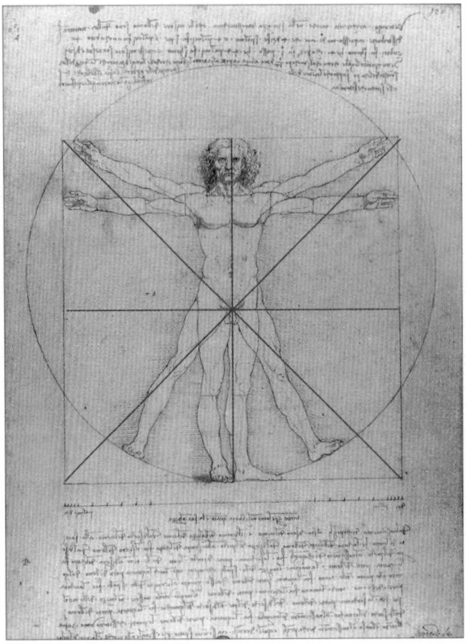

그림 38-1. 다빈치의 「비트루비안 맨」

비와 같아지는 경우를 가리킨다. 황금비율은 인간의 보편적 심미안에 가깝기 때문에 고대 그리스시대부터 가장 아름답고 이상적인 비율로 인식되어 왔다. 1490년경에 제작된 다빈치의 「비트루비안 맨」이란 작품에서 인체의 중심을 그림 38-1에서 보는 바와 같이 표현했다.

다빈치는 사람이 팔과 다리를 쭉 뻗으면 가장 완벽한 기하학적 형태인 원과 정사각형에 들어맞기 때문에 인체는 비례의 전형이라는 비트로비우스의 책을 읽고 연구해 「비트루비안 맨」을 그린 것이다. 팔다리를 어떻게 뻗느냐에 따라 인체의 중심이 배꼽이나 성기에 놓이게 된다. 여기서 우리가 놀라운 사실을 하나 발견할 수 있는데, 그것은 그림 38-1에서 정사각형 속에 내접된 원의 면적과 정사각형 면적의 비율이 78대 22가 된다는 사실이다. 우리 인체를 구성하는 피의 성분도 역시 수분과 수분을 제외한 기타 비율이 78대 22이며,

바다와 육지의 면적비가 78대 22일 뿐만 아니라 공기 속의 질소와 기타 구성 비율도 78대 22가 된다는 것이다. 이처럼 78대 22의 법칙은 생명현상과 자연계에서도 통용되는 현상이라니 다빈치의 혜안이 놀랍다.

그리스의 델포이

델포이Delphoe 혹은 델피Delphi는 그림 38-2에서 보는 것처럼 그리스의 아테네 서북쪽에 위치한 고대도시다. 그리스 신화에 따르면 제우스가 세상의 중심을 알고 싶어 두 마리 독수리를 날려 보냈는데 서로 다른 방향으로 날아가서 세상을 돌아 그 중심에서 만나게 했다. 두 마리 독수리가 마주친 장소가 델포이였다.

델포이는 그리스시대의 가장 중요한 신탁이 행해졌던 곳이자 땅의 배꼽 옴팔로스 돌이 놓여 있던 절벽 위의 장소다. 오라클oracle이라고도 불리는 신탁神託이란 신이 인간을 매개자로 하여 그의 뜻을 나타내거나 인간의 물음에 대답하는 행위를 뜻한다. 고대의 신탁은 인간의 의지와 상관없는 앞날을 알리는 것을 주목적으로 하며, 이는 점처럼 반드시 과거를 알아맞히거나 앞날의 운수와 길흉 따위를 미리 파악하고 대상을 의도하는 방향으로 이끄는 것과 구분된다. 오늘날 우리나라의 무당이나 점쟁이가 신내림을 받는 행위와 같다고 생각하면 된다.

그리스인들은 델포이의 신전에 그림 38-3에서 보는 것과 같은 옴팔로스 돌을 세웠다. 지중해 연안에서는 신성한 신탁소에 으레 옴팔로스 반원형의 돌을 세웠는데, 그것들 중 가장 신성하게 여겨지는 것이 '델피의 돌'이라 전해진다.

그리스 신화에 따르면 아폴론이 신탁지를 지키던 괴물 여신 피톤을 죽였고 그 이래로 델포이는 아폴론을 숭배하는 주요 성소가 되었다. 소크라테스가 남긴 경구로 더 많이 알려진 "너 자신을 알라!"란 말은 델포이에 있는 아폴론 신전에 기록된 것이었다(Broad, 2006). 델포이는 1987년 유네스코 세계유산으로

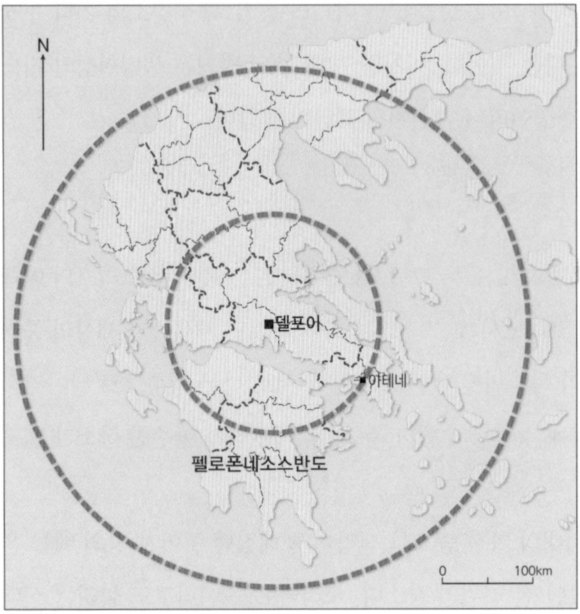

그림 38-2. 그리스 델포이의 위치

그림 38-3. 델포이의 아폴론 신전과 옴팔로스 돌

등재되었다.

고대 그리스의 옴팔로스 증후군은 아시아라는 지명을 낳았고, 그들이 세상의 중심이라는 생각이 그리스로부터의 거리에 따라 근동近東·중동中東·원동遠東이란 지명이 생겨났다. 이는 중화사상에 함몰되어 한반도와 일본 열도를 동이東夷라 부른 것과 동일하다. 동아시아를 원동 혹은 극동極東이라 부르는 것 역시 같은 맥락이다. 우리 스스로를 세상의 주변부로 인식하는 것은 왠지 피하고 싶다.

잉카 제국의 쿠스코

1983년 유네스코 세계유산으로 등재된 쿠스코Cusco는 페루 남동부 쿠스코주에 위치한 도시로 케추아어로 배꼽을 의미하는 말에서 유래되었다. 이 도시는 1200년대부터 1532년까지 잉카 제국의 원래 명칭인 타완틴수유Tawantinsuyu의 수도였으며 문화의 중심지였다. 쿠스코 북서쪽에는 마추픽추가 위치해 있다.

잉카 제국을 건설한 잉카족의 기원에 대해서는 정확히 알려진 것이 없다. 16세기에 잉카를 정복한 에스파냐 정복자들이 수집한 전설에 의하면 망코 카파크Manqu Qhapaq란 전설적 인물이 13세기경 자신의 부족을 이끌고 페루 남부의 쿠스코에 정주해 신전을 축조했다고 전해진 바 있다. 초대 황제로 즉위한 망코 카파크는 태양의 아들로서 추앙을 받았다. 그 뒤를 이어 1230년을 전후해 2대 황제인 신치 로카Sinchi Ruca가 부족을 다스리면서 다른 부족에 대한 정복을 시작했다.

잉카 제국이 발전한 것은 잉카족과 창카족 간의 전쟁이 계기가 되었다. 창카족은 쿠스코 남서쪽에 본거지를 두고 페루 중부 고원까지 정치적으로 지배했던 큰 부족이었지만, 당시 쿠스코의 황태자가 그들을 물리친 것을 계기로 영역을 넓힐 수 있었다. 그는 영토 확장과 더불어 태양 신전을 개축하고 정치적 통합을 위한 정신적 중심지로 삼기 위해 쿠스코의 면모를 일신했다.

정복전쟁은 그 후에도 계속되어 현재의 에콰도르를 비롯한 칠레 및 아르헨티나 북부 지방까지 잉카 제국의 영토로 편입되었다. 잉카 제국의 기본적 형태가 완성된 것은 바로 이 무렵이다. 11대 황제인 와이나 카파크Wayna Qhapaq 시대에 들어와서는 더 이상의 영토 확장은 없었지만, 각종 제도를 정비하는 내치에 주력하는 한편 변경 지역의 개척에도 힘썼다. 이 때문에 황제가 수도를 비우는 횟수가 빈번해졌고, 쿠스코를 중심으로 하는 지배층과 에콰도르의 키토를 중심으로 하는 지배층 간에 대립이 생겨나게 되었다. 황제가 사망하자 두 아들이 대립하게 됨에 따라 제국은 분열되고 국력은 약화되었다. 왕권 다툼과 내분이 거대 제국의 멸망을 재촉한 것이다.

그 직후 1532년 피사로가 이끄는 에스퍄냐 정복자들이 페루에 침입해 황제가 체포됨으로써 잉카 제국은 붕괴했다. 에스퍄냐 군대는 허수아비 황제를 내세워 식민통치를 시작했으나 잉카인들은 이에 저항했다. 결국 1572년 피사로

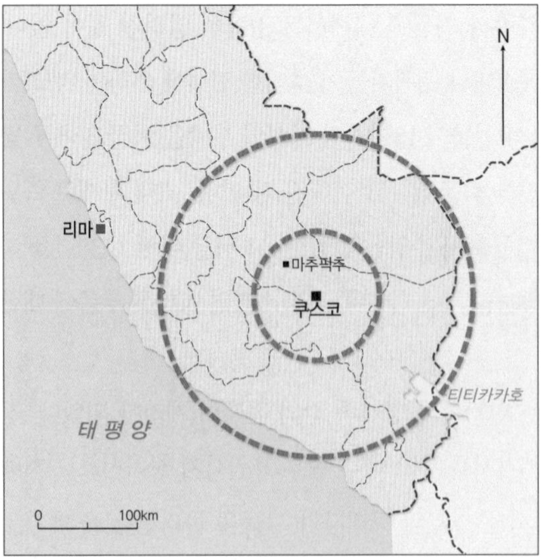

그림 38-4. 잉카 제국의 수도 쿠스코의 위치

그림 38-5. 세계의 배꼽이라 불리는 쿠스코 경관

의 군대에 함락되고 말았다.

1438~1533년에 걸쳐 번성한 잉카 제국은 토지를 모두 황제에 귀속시켜 농경지를 잉카·태양신·백성의 몫으로 3등분했다. 취락 인구는 충카(10명)→파차카(100명)→와랑카(1,000명)→우뉴(10,000명) 단위로 집단화했다(그림 38-6). 우뉴를 3~4개 합쳐 놓은 것을 와망Wamang이라 불렀고, 와망의 집합체인 4개의 수유Suyu로 나누어 각 수유의 모서리가 서로 맞닿는 중앙적 위치에 세계의 배꼽에 해당하는 쿠스코가 입지했다. 수유와 와망의 수장은 원칙적으로 잉카족 중에서 임명되었다(남영우, 2011b).

2006년 2월에 쿠스코와 마추픽추 일대를 답사했는데 해발 3,300여 미터 고산지대의 쿠스코를 답사하면서 고산병 증세를 보이던 나를 보살펴 주고 한국 음식까지 대접해 준 가이드 남승학 씨의 후의를 아직도 잊을 수 없다. 그가 운영하는 한국식당 아리랑은 쿠스코 아르마스광장 동쪽에 있는데, 혹시 이곳에 갈 기회가 생기면 들러 볼 것을 권하고 싶다. 나는 쿠스코 답사에서 내 체력으로 오를 수 있는 고도의 한계가 해발 3,500미터 정도임을 알게 되었다.

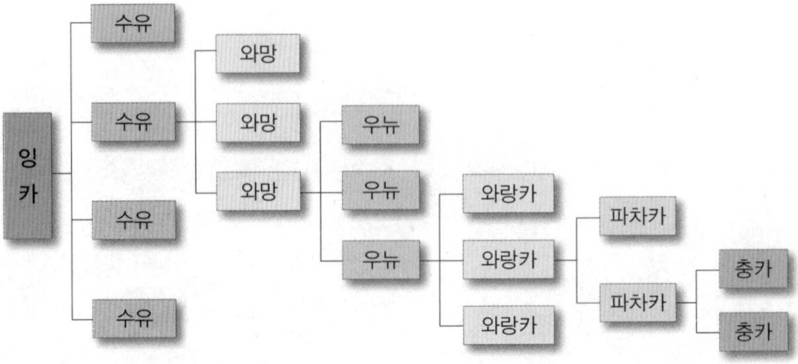

그림 38-6. 잉카 제국의 취락체계

로마 제국의 로마와 콘스탄티노플

로마는 이탈리아반도의 지리적 중심점에 위치해 있다. 이탈리아반도는 북쪽에 알프스산맥이 병풍처럼 드리워 장벽과 같으므로 그림 38-7에서 보는 것처럼 사실상 섬이나 다름없는 땅이다. 서로마와 동로마로 분리되기 전까지 로마 제국의 수도로 부분적으로 바둑판 모양의 격자형 도시였다. 로마인들은 좌우로의 움직임에 의해 산만해지기보다는 앞으로 움직이도록 하는 공간을 만들려고 시도했다. 그리하여 로마의 공간에는 척추가 생기게 되었다. 사람들은 척추를 따라 한쪽 끝에서 다른 끝으로 움직일 수 있었다.

척추를 골격으로 하는 인체를 상정하기 위해서는 중심을 정해야 했다. 그래서 그 중심이 되는 그리스어의 배꼽이란 뜻의 움빌리쿠스umbilicus를 정한 것이다. 오늘날에도 해부학에서는 이 용어를 사용하고 있다. 포로 로마노Foro Romano라 불리는 광장이 로마의 중심이 되었는데, 움빌리쿠스는 바로 이곳에 설치되어 있다.

로마인들은 움빌리쿠스를 기준으로 동일한 원리에 입각해 만들어진 방향성 있는 거대한 직사각형 상자 형태의 구조물을 덧붙여 나아갔다. 그리스의 파르테논 신전은 도시의 여러 지점에서 볼 수 있도록 설계된 것에 비해, 로마의 신전은 정면에서만 볼 수 있도록 설계되었다는 차이점이 있다. 로마의 공간기하학은 육체의 움직임을 규율했으며, 보고 따르라는 지령을 내린 셈이다.

지중해를 에워싼 로마 제국의 영역이 확대된 후에도 동로마 제국이 분리되기 전까지는 그림 38-8에서 보는 바와 같이 여전히 로마가 그 중심에 있었다. 이탈리아는 기원전 753년에 로마를 세운 이래 기원후 4세기에 이르기까지 거의 1,200년 세월 동안 엘베강과 다뉴브강 남쪽 전역을 지배하고 다스렸다. 당시 세계 인구의 약 1/5을 포함한 로마 제국에 있어 지중해는 '우리 바다'란 뜻의 마레 노스트룸mare nostrum이라 불렸지만 사실은 하나의 거대한 호수의 역할로 바뀌었다.

세월이 한참 흐른 후에야 르네상스의 예술가들은 비트루비우스의 원에 내접하는 정사각형 안에 더 작은 정사각형의 격자를 그려 넣을 수 있다는 사실을 발견했다. 비트루비우스 시대에 황실의 도시 계획가들은 이러한 기하학적

그림 38-7. 이탈리아반도의 지리적 중심에 위치한 로마

체계를 적용해 작은 구획의 토지를 둘러싸는 바둑판 형태의 도로를 건설함으로써 도시 전체를 설계했다. 이런 격자 형태의 도시 계획은 로마가 처음 창안한 것은 아니었다. 로마가 세력을 떨치기 오래전에 메소포타미아의 도시를 비롯해 이집트와 중국의 도시들도 격자 형태의 도시를 건설한 바 있다. 그리고 이탈리아 본토의 폼페이에도 바둑판 모양의 도시가 건설되었다.

기본적 형태인 격자에 관해서 문제가 되는 것은 개개의 문화가 그것을 적용하는 방식에 있었다. 도시를 건설하거나 정복의 과정에서 파괴된 기존의 도시를 재건할 경우, 로마인들은 먼저 잉카 제국의 쿠스코처럼 신체의 배꼽과 같은 도시의 중심부인 움빌리쿠스를 정하려 했다. 당시의 도시 계획가는 도시의 배꼽에서부터 도시 공간에 대한 치수를 그려 넣은 것이다.

판테온의 바닥면에도 이러한 움빌리쿠스가 있다. 이는 정사각형에서 중앙 지점이 전략적 가치가 있음을 의미하는 것이다. 로마의 도시 계획가들은 움빌리쿠스의 위치를 정확히 찾아내기 위해 태양의 이동경로와 별자리를 관찰했다. 로마의 성곽 내부가 4등분된 이유가 여기에 있다.

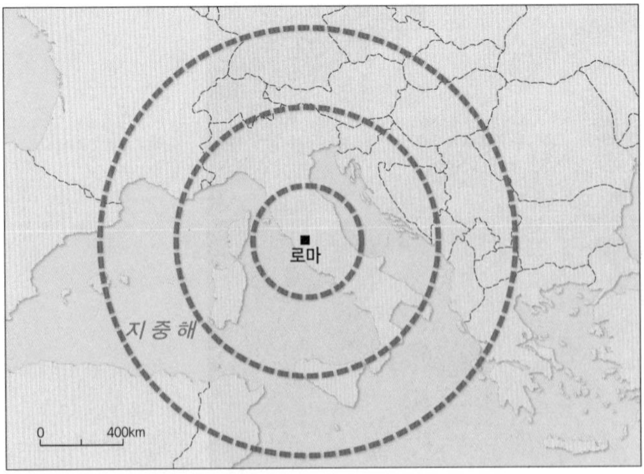

그림 38-8. 지중해를 품은 로마의 위치

그들은 마치 영화감독처럼 일관된 신념을 가지고 설계에 임했다. 로마의 군대가 새로운 영토를 점령한 순간, 로마 제국의 도시 계획은 단번에 점령지 도시의 지도를 바꿔 버렸다. 그들의 기하학적 이미지는 시간이 지나도 변하지 않았으므로, 도시의 격자는 이러한 도시 건설에 도움이 되었다. 이러한 방식의 도시 설계는 정복한 영토에 아무것도 없다는 것을 가정한 것이었다.

더 나아가 로마 제국의 영토가 확장되어 지중해를 둘러싸게 되자 로마인들은 제국의 수도 로마를 세계의 배꼽으로 인식하게 되었다. 사실 지중해地中海란 지명 역시 이 바다가 세상의 한가운데 있다는 의미이므로 이 지명 역시 옴팔로스 증후군에 해당한다.

도시의 중심부는 로마화되었지만, 주거 지역과 주변의 시장은 지역적 전통을 살려 나아갔다. 로마가 정복한 그리스의 도시국가에서 로마인들의 전통은 완전히 무시되었다. 왜냐하면 로마의 고급 문화는 대부분 그리스에서 유래한 것이었기 때문이다. 정복자들은 도시 형태가 야만인을 로마의 방식에 신속하

그림 38-9. 포로 로마노와 움빌리쿠스

게 동화시킬 것으로 기대했다.

새로운 도시의 기하학은 정복자들에게 있어서 경제적 중요성을 가진다. 도시를 사분원四分圓으로 나누는 것은 땅의 구획이 개인들에게 배분될 정도로 충분히 작아질 때까지 계속되었다. 정복지의 토지를 서열에 따라 정확하게 배분하기 위해서는 격자형 분할이 적합했던 것이다. 이 분할 방법은 정복지의 도시가 격자형 패턴을 띠게 한 요인이었을 것이다.

포로 로마노의 사투르누스Saturnus 신전 제단 앞에 벽돌로 조성된 직경 4.45미터의 원형 구조물인 움빌리쿠스 우르비스 로마에Umblicus Urbis Romae가 설치된 것은 기원전 2세기경으로 추정된다. 그러나 세베루스 황제가 개선문을 건설할 때 움빌리쿠스가 잠식당하면서 구조물 일부가 개선문의 건축자재로 이용되기도 했다.

로마 황제 콘스탄티누스 대제가 330년에 고대 그리스의 식민도시였던 비잔

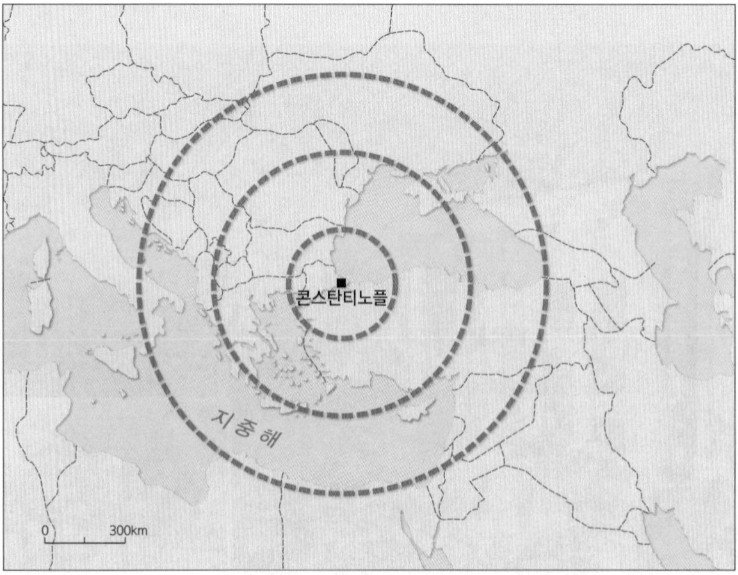

그림 38-10. 동로마 제국의 수도 콘스탄티노플의 위치

티온Byzantion 땅에 동로마를 건설했다. 이 땅은 예로부터 아시아와 유럽을 잇는 동서 교역의 요충지로 천연의 항만을 끼고 있었다. 당시의 도시 이름은 콘스탄티누스의 도시를 의미하는 콘스탄티노플이라 불렸다.

395년에 로마 제국이 동서로 분열되고, 콘스탄티노플은 동로마 제국의 수도로서 '새로운 로마'이자 '제2의 로마'라는 의식이 뿌리내렸다. 동로마 제국의 융성과 함께 도시는 인구 30만~40만 명에 달하는 세계 최대의 도시로서 번영을 누렸고, 동서 교역의 중심지로 '모든 도시의 여왕' 혹은 '세계 부富의 2/3가 모인 곳'이라고 불렸으며, 나아가 서로마의 수도처럼 세계의 배꼽이라고도 불렸다.

중화사상

중화사상中華思想이란 중화 문명이 세계의 중심이라는 고대의 관념이다. 여기서의 중화란 한족漢族의 문명권을 뜻하며 한족 국가 이외의 나라를 이민족으로 여기고 배척하므로 화이사상華夷思想이라고도 한다. 이 사상은 일종의 에스노센트리즘ethnocentrism으로 한족을 중심으로 성립된 것이며 중국 황제가 세계의 중심인 동시에 중국인들의 문화와 사상이 세계 최고의 가치를 갖는다는 것이다. 따라서 이민족과 외국의 침입에 대해서는 치열한 배외주의사상으로 표면화하는 경우가 있다.

중국의 중화사상은 춘추전국시대부터 진한시대에 걸쳐 형성되었는데, 특히 송나라 주자학에서 두드러졌다. 한족 문화를 지키겠다는 취지에서 불교를 배척하고 유교사상을 강화하면서 두드러졌다. 중국 고대 경전인 『주례』에는 주나라의 왕도였던 낙양에서 400킬로미터 사방을 천자天子가 거처하는 왕성의 범위로 생각했고, 그 바깥에 순서대로 내신內臣, 외신外臣의 세계가 있다고 보았으며, 조공국朝貢國까지 2,800킬로미터까지를 중화의 범위로 간주했다. 그 바깥쪽은 오랑캐의 세계로 간주했다. 이것을 고려하면 티베트나 신장웨이우

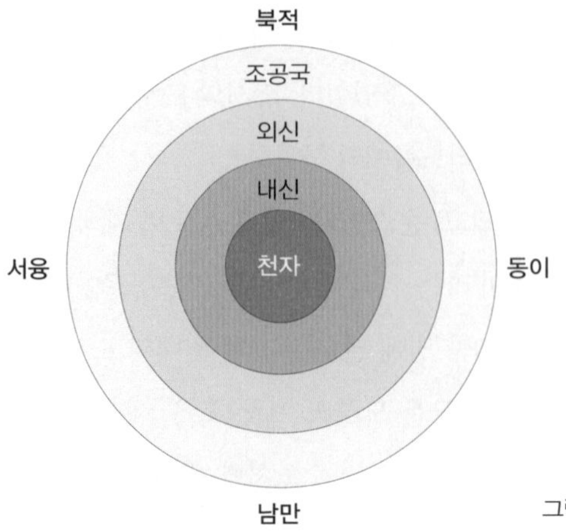

그림 38-11. 중화사상의 개념도

얼자치구 그리고 한반도와 가까운 요동은 중화에 해당하지 않는다(그림 38-11).

중국 역사에서 중화사상은 처음에는 북방의 유목민족에 대해 한족의 농경 문화가 우월하다는 것을 의미했다. 춘추전국시대 이후부터는 『시경』, 『한비자』, 『여씨춘추』 등의 문헌에 등장하는 "천하의 모든 것은 제왕의 영토가 아닌 것은 없고 제왕의 가례에서 아닌 것이 없다."라는 말과 같이 천자를 정점으로 하는 국가체제를 최상으로 하며, 그 덕이 미치지 않는 곳은 이夷라 칭했다. '이'란 금수와 같은 존재로 동이·서융·남만·북적이라 불렀다. 즉 모두 오랑캐란 뜻이다. 오랑캐의 기준은 고정적인 것이 아니라 천자의 덕과 예礼가 문화 발전과 함께 이동하는 변동적 개념이다.

중세의 예루살렘과 발라사군

중세의 암흑시대가 도래하자 인간의 이성이 혼미해짐에 따라 지구 또는 세상에 대한 인식이 후퇴하고 말았다. 이 무렵 기독교 국가를 중심으로 'T-O지도'가 등장했다. 6세기 후반에 제작된 이 지도는 중세 암흑기로 대표되는 T-O지도류가 등장하기 직전의 지도로서 당시의 레반트 문명권의 범위를 알려 주는 지도다(김부성·남영우, 2018).

T-O지도란 둥근 지구의 O 속에 유라시아 대륙과 아프리카를 T로 나타낸 지도를 뜻한다. T-O지도에서는 성경의 기술에 따라 세계의 중심에 예루살렘이 위치하는 것으로 인식되었다. 또한 세계의 가장 동쪽에는 지상낙원인 천국이 위치하는 것으로 인식되어 7세기부터 등장한 T-O지도를 비롯해 13세기의 세계지도 등은 모두 동쪽이 지도의 상단에 위치하도록 방위를 잡았다(그림 38-12).

암흑시대에는 기독교·유대교·이슬람교 모두 예루살렘을 신성시했고, 특히 기독교가 그러했다. 중세 유럽을 암흑시대라 부르는 것에 대해서는 학자마다 이견이 있지만, 그렇다고 해서 밝고 희망찬 시대가 아닌 것은 분명했다. 사람들은 겨울에는 몇 달 동안 아무 일도 안 하다가 추수철에는 새벽부터 해질 때까지 일에 시달려야 했다. 신생아의 1/4이 1년을 못 넘겼고, 또 그 절반은 사춘기를 넘기지 못하고 죽어 갔다. 대부분의 아이들은 성인이 되기 전에 부모를 잃고 고아가 되었다.

예루살렘Jerusalem은 히브리어로는 '평화의 도시', 아랍어로는 '성스러운 도시', 그리스어로는 '신성한 도시'란 의미를 갖는다. 라틴어로는 세계의 중심을 뜻하는 움빌리쿠스 문디umbilicus mundi라고 불리는 도시다. 모두 평화와 신성을 나타낸다는 공통점이 있다. 세계 3대 유일신교인 기독교·유대교·이슬람교의 성지다운 의미라 할 수 있다. 이 도시 지명의 내력에는 여러 가지 주장이 있지만 가장 유력한 것은 가나안 시대의 샬림이라는 신의 사원에서 유래되었다는 것이 가장 유력하다. 샬림Shalim은 평화를 상징했고 예루살렘에 그의 신전이 있었다는 것이다.

이와는 달리 이슬람 세계에서 인식하고 있던 세계의 중심은 예루살렘이 아니라 중앙아시아였다. 마흐무드 알-카슈가리Mahmūd al-kashgarī의 『튀르크어 사전Dīwān Lughāt al-Turk』에 수록된 그림 38-13의 세계지도에 따르면 세계의 중심을 현재의 키르기스스탄의 발라사군으로 삼았다. 발라사군Balasaghun

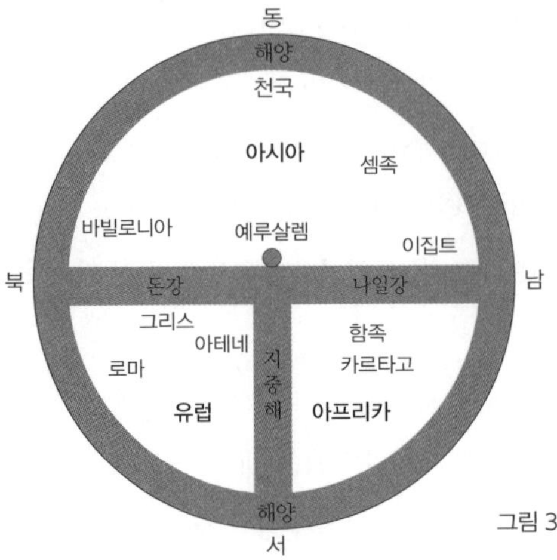

그림 38-12. 중세시대의 T-O지도

은 현재의 키르기스스탄의 비슈케크와 이식쿨호 사이의 추이 계곡에 위치한 고대 소그드인의 도시였다. 알-카슈가리는 중앙아시아에 있던 카라한 왕조 시대의 학자로 가장 오래된 아랍어와 튀르크어 사전을 펴낸 인물이다(Edmund, 2007; 정수일, 2013).

알-카슈가리의 세계지도에 따르면 달리 상단을 동쪽으로 배치해 T-O지도와 중앙아시아의 발라사군을 세계의 중심에 놓았고, 이를 중심으로 터키·중국·이라크·예멘 등의 여러 나라가 작은 원으로 표시되어 분포하고 있음을 알 수 있다. 이슬람 세계에서 만든 지도이므로 사막을 비롯한 하천과 바다가 표시되어 있고 산맥은 굵은 선으로 나타냈다.

『튀르크어 사전』의 원본은 아바스 왕조가 멸망한 후 맘루크 왕조로 이관되어 1266년 사본이 만들어졌으나, 맘루크 왕조의 멸망으로 오스만 제국의 이스탄불 국립도서관에 소장되어 있다.

이상에서 거론한 옴팔로스는 대부분 역사의 뒤안길로 사라져 버렸다. 이 밖에도 몽골 역시 한때 세상의 중심이란 자부심을 갖고 있었다. 칭기즈칸의 나라 몽골은 국호가 몽고蒙古라 불린 적도 있었지만, 이 명칭은 중국이 몽골을 비하하기 위해 무지몽매하다는 뜻으로 그렇게 부른 것이다. 서양인들 역시 칭기즈칸의 유럽 침략을 노골적으로 비난하는 의미로 다운증후군을 몽골리즘Mongolism이라 비하해 선천적 백치로 인식해 왔다.

러시아는 1236년 몽골군이 모스크바로 쳐들어올 것을 염려해 성모 마리아에게 "신이시여! 러시아를 구해 주소서!"라고 빌었을 정도였다. 러시아에서는 자국이 몽골 제국의 지배를 받은 치욕적인 1240~1480년에 걸친 시기를 '타타르의 멍에'라 부른다. 1241년 3월 유명한 모히Mohi 전투에서 10만 명의 헝가리군을 격파한 5만 명의 몽골군은 헝가리에서의 몽골 통치의 기초를 구축했다. 헝가리 도시의 절반이 잿더미로 변했고 인구의 1/4 정도가 처참하게 사망

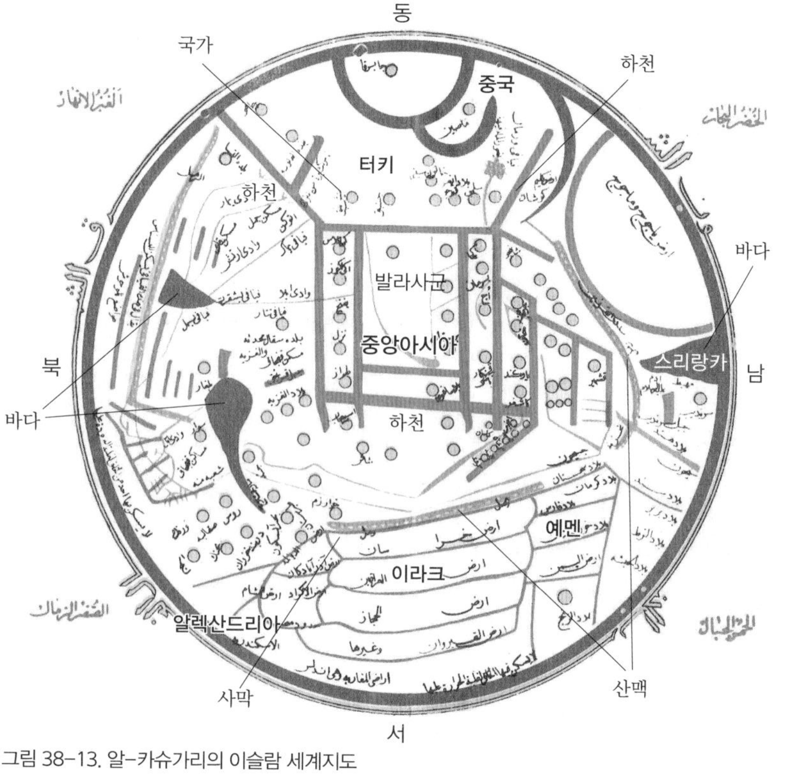

그림 38-13. 알-카슈가리의 이슬람 세계지도

했다. 헝가리는 오늘날에도 그날을 잊지 않겠다는 뜻으로 모히(현재의 무히) 기념비를 세워 놓았다. 나는 소문으로만 듣던 무히 기념비를 보고 장엄함보다는 음산함을 느꼈다. 원래 몽골Mongol이란 '강한 사람'이란 의미를 갖는다. 오늘날 몽골의 국호는 Mongolia이지만, 'gol'이란 '강하다'란 뜻을 내포하고 있다(남영우, 2018a).

우리나라의 경우, 강원도 양구군 남면 도촌리에 세워진 한반도 중앙탑과 충청북도 충주시 중앙탑면 탑평리에 있는 통일신라시대의 중원탑은 모두 한반도의 배꼽에 해당하는 중앙적 위치란 점을 부각시켜 지역 마케팅을 하고 있다. 그리고 경기도 포천시 동점마을의 왕방 계곡은 『토정비결』의 저자로 유명한 이지함이 전국을 떠돌다 이곳쯤이 조선의 중심이라 생각해 배꼽이라 지목한 지점에 방위 표시를 암각해 놓았다는 이야기가 전해 내려온다. 이들 역시 옴팔로스 증후군의 일종이라 할 수 있지 않을까. 한반도의 지리적 중심은 경기도와 강원도 접경의 화악산인데도 말이다.

39. 비극적 사건이 벌어진 삼각지대

사람들은 땅에 이름 붙이기를 좋아하는 경향이 있는 것 같다. 삼각지대가 바로 그것인데, 하천의 퇴적물이 하구에 쌓여 만들어 놓은 것을 델타 혹은 삼각주라 부른다. 이는 어디까지나 자연현상에 의한 것이지만, 그렇지 않은 것들이 있다. 사람들은 그림 39-1에서 보는 것과 같이 비극적 사건이 발생한 버뮤다 삼각지대를 위시해 수니 삼각지대, 황금 삼각지대, 드래곤 삼각지대 등에 삼각지대라 명명했다.

버뮤다 삼각지대

먼저 버뮤다 삼각지대부터 소개해 보기로 하겠다. 버뮤다 삼각지대는 미국 남

그림 39-1. 삼각지대의 분포

부 플로리다 해협, 버뮤다섬, 푸에르토리코를 꼭짓점으로 한 삼각형 범위 안의 해역을 가리킨다(그림 39-2). 이 삼각지대는 지난 몇백 년에 걸쳐 원인을 알 수 없는 선박과 항공기의 실종 사건이 발생한 것으로 유명하며, 세계 불가사의 중 하나로 꼽히고 있다. 지난 500년간 이 지역에서 일어난 선박과 항공기 실종사고는 수백 건에 이르지만, 그 원인이 명확히 밝혀지지 않아 '마의 삼각지대'라 불릴 만큼 미스터리 실종 사건으로 기록되어 왔다.

버뮤다 삼각지대가 세상에 알려지기 시작한 것은 미국의 작가 벌리츠의 저서 『버뮤다 삼각지대』가 출판되면서부터의 일이다(Berlitz, 1974). 이 책은 20개국의 언어로 번역되어 총 500만 부가 팔린 베스트셀러가 되었다.

버뮤다 삼각지대에서 일어난 실종 사건으로 알려진 것은 기록에 남아 있는 것만 해도 수십 건에 이른다. 1925년 일본 화물선 리히후쿠마루호의 침몰, 1945년 미국 로더데일 공군기지에서 비행훈련 차 출격한 폭격기 5대 실종, 1973년 2만 톤 급 노르웨이 화물선 아니타호 실종 등의 사건뿐만 아니라, 위험한 상황에 처했던 많은 비행사가 해당 수역에서 악천후와 무관하게 위험스러운 상황에 마주했다고 보고된 바 있다(Lawrence, 1975).

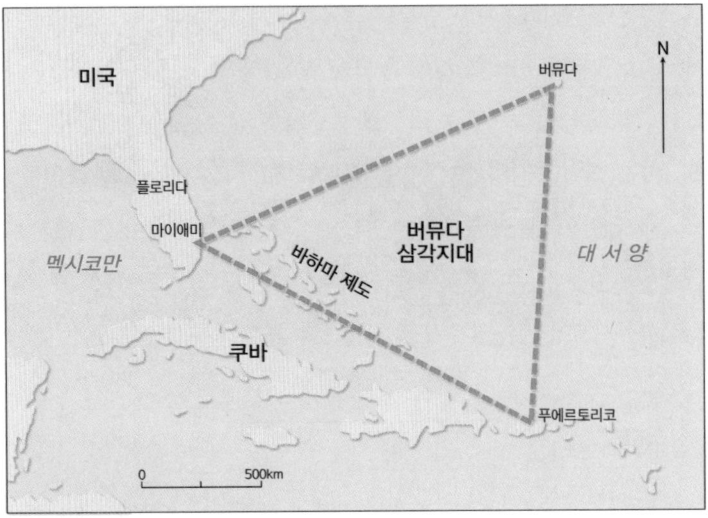

그림 39-2. 버뮤다 삼각지대

버뮤다 지역에서 일어난 여러 사고에 대해 처음 주목한 사람은 반 윙클 존스Van Winkle Jones였다. 그는 1950년 9월 17일 『마이애미 헤럴드』에 이 지역에서 일어난 여러 사고에 대해서 보도했다. 이 해역에서 발생하는 사고의 원인에 대해서는 그동안 과학자들이 다양한 측면에서 연구한 바 있다. 지구의 자기장 위기설, 버뮤다 해역 안의 이상지층설 등이 거론된 바 있는데, 심해저의 메탄층에서 자연적으로 발생하는 메탄가스설이 가장 최근에 거론된 가설이다.

2003년 오스트레일리아 멜버른의 모나시대학교의 모너건Monaghan 교수는 『미국 물리학회지』에 발표한 논문에서 심해에서 다량의 메탄가스가 바다 표면으로 유출될 경우 그 위에 있는 배가 부력을 잃고 침몰하게 된다는 과학적 가설을 주장했는데, 상당히 개연성 있는 과학적 추정으로 인정받았다(Lawrence, 1975). 그렇다면 하늘에 떠 있는 항공기의 실종사고는 어떻게 설명할 수 있을까? 만약 거품의 크기와 밀도가 충분히 크다면, 엄청난 양의 메탄가스가 발생해 하늘에 떠 있는 항공기를 순식간에 덮칠 수 있다. 이때 항공기 엔진에 불이 붙어 추락하게 된다는 것이다.

그렇다면 이 메탄거품은 언제 발생하는 것일까? 메탄거품의 발생을 막을 방법은 없을까? 선박이나 항공기가 실종되는 원인은 밝혔지만 메탄거품의 발생 시기나 빈도를 예측하는 것은 아직까지 연구 과제로 남아 있다. 이렇듯 자연현상 자체가 인간에게는 거대한 미스터리지만, 버뮤다 삼각지대의 미스터리를 풀기 위한 인간의 도전은 계속될 것이다.

이 미스터리 자체에 대한 반론도 없지 않다. 어느 해역에서나 사고는 발생하고 있으며, 이 해역의 발생 수가 많지 않은데도 불구하고 신화화된 버뮤다 삼각지대가 특별하게 다루어지는 미디어의 신화 조작에 대한 근본적인 의문들도 제기되고 있다. 더 확실한 이유는 기다려 보아야 할 것 같다.

수니 삼각지대

수니 삼각지대는 이라크 바그다드의 북서쪽에 수니파 무슬림 인구가 집중된 지역을 일컫는다. 대체로 삼각형의 모양을 취하는 이 지역은 바그다드의 남쪽, 라마디의 서쪽, 티크리트의 북쪽이 각각 꼭짓점을 이루고, 동쪽 편에 바쿠바가 있다. 각 면은 거리가 대략 200킬로미터 정도 된다. 이 지역에는 사마라와 팔루자도 포함된다(그림 39-3).

수니 삼각지대Sunni Triangle란 표현은 1970년대부터 학계의 이라크 전문가들이 이따금 사용하는 용어였는데, 보통 이라크의 북부와 남부 지역을 구분하기 위해 사용했다. 주류 언론에서 초기에 쓰인 사례는 2002년 9월 14일 『샌프란시스코 크로니클』에 전 유엔 무기 검시관 리터Ritter가 한 말이 게재되면서부터의 일이다. 그 내용은 "우리는 일부 시아파나 쿠르드인들에게서 공격 지원을 얻을 수 있을지도 모른다. 그러나 바그다드에 가려면 당신은 수니 삼각지대를 뚫어야 한다."라는 것이었다.

그러나 2003년 6월 10일 『타임』에 수니 삼각지대로 알려진 바그다드 북부와 서부 지역을 지배하는 수니 무슬림 무장세력의 저항을 막기 위한 미국의 새로운 노력이 뒤따라야 한다는 내용이 게재되면서 이 용어가 널리 쓰이게 되었다. 이때부터 이 용어는 이라크를 통제하려는 미국 주도 연합군의 노력에 대한 기사에서 널리 쓰이게 되었다. 수니 삼각지대는 2004년 11월과 12월에 격전이 벌어진 바그다드 남부의 수니파 밀집 지역인 소위 '죽음의 삼각지대'와 다르다.

수니 삼각지대는 과거 이라크 사담 후세인 정권의 주요 지지 기반이었다. 1970년대 이래 여러 정부 노동자, 정치가, 군사 지도자가 이 지역 출신이었다. 사담 후세인 자신도 티크리크 외곽 출신이다. 수니 삼각지대의 서쪽은 사막지

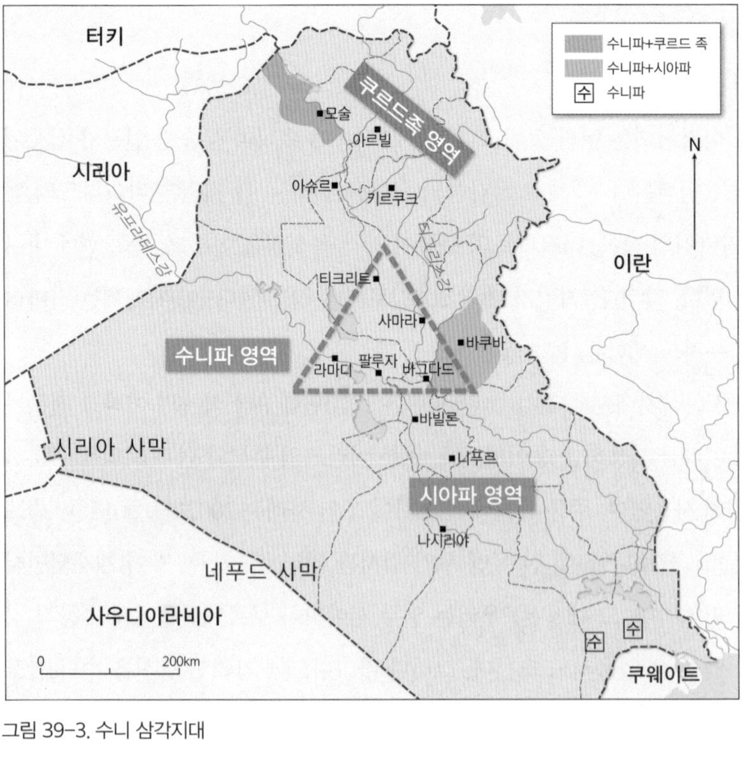

그림 39-3. 수니 삼각지대

대가 펼쳐져 있기 때문에 미군이 경비하기 어려운 곳이다. 이라크가 미군의 공격을 받았을 때 수많은 이라크인과 일부 무기들이 이곳을 통해 이라크를 빠져나갔고, 최근에는 해외에서 온 투사들이 이곳을 통해 팔루자를 비롯한 수니 삼각지대 내의 교전 중이던 도시들로 유입되었다.

미국의 개입 이후 이라크의 상황은 급속히 악화되었다. 이라크에 새로운 정부가 들어선 후에도 이라크의 경찰과 군인으로 입대하기 위해 대기 중이던 수백 명의 신병이 폭탄 공격으로 살해되었고, 이라크는 사실상 국가로서 제 기능을 다하지 못했다. 이를 틈타 수만 명의 해외 지하드 전사들이 각지로부터 이라크로 몰려들었다. 수니 삼각지대는 곧 실패의 동의어가 되었고, 팔루자는 인질을 살해한 요르단 출신의 자르카위를 비롯한 테러리스트의 봉화대가 되었다(de Blij, 2005).

남미 삼각지대

남미 삼각지대는 그림 39-4에서 보는 것처럼 브라질·아르헨티나·파라과이 일대의 접경지대를 포함하는 지역으로 '트리플 프런티어Triple Frontier'라고도 불린다. 미국 국무부에서는 이곳을 '3중 국경구역Triborder Area'이라고 지칭한다. 이 삼각지대의 아랍 이주민 인구는 25,000명 이상으로, 이슬람 극단주의자와 그 동조자들이 많이 모여 있다.

2000년대 초에는 남미 삼각지대에서 5000만 달러에 달하는 돈이 모금되거나 세탁되었다는 정보가 입수된 바 있다(Rother, 2002). 미국 정보 당국이 이 지역을 주목하기 시작한 것은 2001년 아프가니스탄 카불의 알카에다 안전가옥에서 남미 삼각지대의 지도가 발견되었기 때문이다. 남미 삼각지대는 혼잡한 대도시와 가깝고 무슬림 상인들이 정착해서 테러 지원 활동을 수행할 수 있는 외진 시골이며, 특히나 반테러 관련법이 부재한 파라과이는 테러를 모의하기에 적합하다.

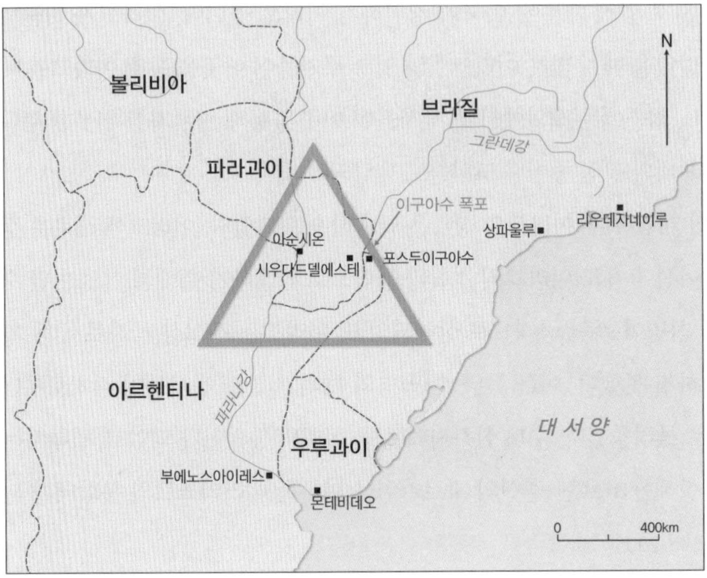

그림 39-4. 남미 삼각지대

그림 39-5. 파라나강과 그란데강이 합류하는 남미 삼각지대

남미 삼각지대는 무장세력·도주자·여권 위조범·신용카드 위조범·돈 세탁 전문가·강력범들의 은신처가 된 곳이다. 그림 39-4에서 보는 포스두이구아수는 이구아수폭포 근방으로 가는 길목에 위치해 관광객이 몰려드는 소도시인데, 이곳의 호텔에는 브라질 방송은 물론 CNN 외에도 5개의 아랍어 방송이 수신되어 이슬람 설교방송을 들을 수 있다.

파라나강을 건너 파라과이로 넘어가면 시우다드델에스테라는 소도시가 있는데, 이곳은 질서가 잡힌 포스두이구아수와 달리 부족한 인프라에 밀수와 불법적 무기 거래가 성행하고, 매춘·범죄·위조상품 제조 등이 만연해 있다. 그런 이유로 정보 당국은 이 삼각지대가 테러 활동이 집결되는 장소로 의심하고 있다.

황금 삼각지대

황금 삼각지대는 동남아시아의 타이·미얀마·라오스의 3국이 메콩강에서 접하는 산악지대로, 미얀마 동부의 샨주에 속한다. 이 삼각지대의 별명은 '골든 트라이앵글Golden Triangle'인데, 서쪽의 아프가니스탄·파키스탄·이란 국경 부근의 황금 초승달지대Golden Crescent와 대등한 세계 최대의 마약·각성제 밀조지대였다(그림 39-6).

황금 삼각지대에서는 19세기부터 마약 원료인 양귀비 재배가 시작되었다. 제2차 세계대전 후에는 중국의 성립에 의해 나라를 빼앗긴 중화민국의 국민당 잔당 무장조직이 버마 정부의 지배가 미약한 샨주 외족 지역으로 비집고 들어가 독립지향이 강한 소수민족을 인솔해 반독립국을 형성해 활동 자금원으로 삼았다.

그 후 미얀마에서는 중화민국 국민당 잔당을 대신해 버마 공산당이 마약을 자금원으로 삼아 당시의 버마 정부에 대해 무장투쟁을 전개했다. 중화민국 국민당 잔당으로부터 독립한 쿤 사Khun Sa가 인솔하는 몽 타이 군대 역시 독자

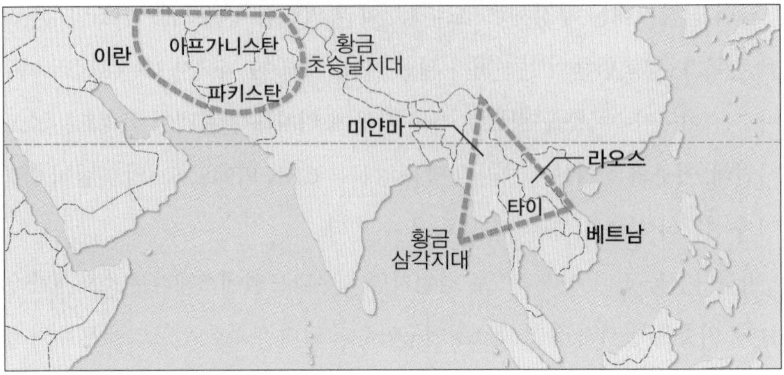

그림 39-6. 황금 삼각지대와 황금 초승달지대

적으로 마약 비즈니스를 행하는 등 미얀마의 정황이 불안한 것을 이용해 마약을 산업화해 갔다.

타이는 마약 단속이 어려워 미얀마·라오스에 양귀비밭의 박멸을 요구하고 있지만 미얀마·라오스 측에서는 양귀비가 궁핍한 농가의 큰 수입원이 되고 있기 때문에 여전히 불법 재배가 끊이지 않고 있다. 타이 북부에서의 마약 생산은 단속 강화와 경제 성장으로 생산량이 감소하거나 거의 소멸한 것으로 보인다. 반대로 미얀마의 샨주에서는 몇 개의 군벌이 마약 생산뿐만 아니라 각성제의 제조도 행하고 있으며, 또 합법 비즈니스를 실시하는 등 양극화하는 경향이 있다(McCoy, 1991).

동남아시아의 황금 삼각지대 못지않게 중앙아시아, 아프가니스탄의 님루즈주, 파키스탄의 발루치스탄주, 이란의 국경이 교차하는 일대에 황금 초승달지대가 있다. 아프가니스탄 동부의 잘랄라바드로부터 남부의 칸다하르를 거쳐 남서부의 자란즈 남방으로 이어지는 초승달 형태의 국경지대가 그것이다. 위에서 언급한 동남아시아의 황금 삼각지대와 대등한 세계 최대의 마약·각성제 밀조지대다. 이 지역의 양귀비 재배는 세계 전체 생산량의 약 85%에 달한다. 아프가니스탄에서 제조된 마약의 60%는 주변국에서 소비되고 나머지가 유럽으로 흘러들어 가고 있다. 이 문제를 해결하기 위해 유엔을 중심으로 농민 계몽 활동이나 대체작물로의 전환 등이 행해지고 있으며, 아프가니스탄 정부도 마약 대책기관을 마련하는 등 대책을 강화하고 있다.

드래곤 삼각지대

드래곤 삼각지대는 타이완과 일본을 잇는 마의 해역으로 흔히 '드래곤 트라이앵글Dragon's Triangle'이라고 불린다. 이른바 태평양판 버뮤다 삼각지대이자 아시아의 버뮤다 삼각지대라는 별칭도 갖고 있다. 일본에서는 '마의 바다Devil's Sea'라 불린다. 드래곤 삼각지대는 버뮤다 삼각지대처럼 선박과 비행기가 돌연히 행방불명이 되는 해역이라 소문이 자자하다.

마의 바다란 용어는 처음 샌더슨의 저서 『마의 삼각해역』에서 이것의 존재가 일본 열도 남쪽 해역에서 확인됨으로써 알려지게 되었다(Sanderson, 1970). 이에 대해 드래곤 트라이앵글은 벌리츠의 『드래곤 삼각지대』에서 바다의 악마인 용이 어선을 침몰시킨다는 수세기 전부터 내려오는 전설을 바탕으로, 새롭게 그림 39-7에서 보는 것처럼 도쿄만 노지마사키로부터 남쪽으로 오가사와라 제도를 지나 필리핀 동쪽의 야프섬 근처에 이르는 해역을 지칭하게 되었다(Berlitz, 1989). 그는 그의 저서에서 드래곤 삼각지대에서 발생한 39건의 실종 사건을 열거해 놓았다.

벌리츠가 열거한 불가사의한 실종 사건의 대부분은 원인이 규명되었다. 이 해역은 자주 태풍과 온대저기압에 의한 폭풍우가 발생하므로 이에 수반하는 삼각파三角波로 조난한 선박이 많은 것은 결코 특이한 일이 아니라는 것이다. 또한 북태평양 항로는 북미와 아시아를 잇는 국제 항로이며, 왕래하는 선박이 워낙 많기 때문에 사고율이 높은 것이 아니라는 것이다. 항공기의 경우도 마찬가지일 것이다.

그는 드래곤 삼각지대에서 미스터리하게 선박과 항공기가 실종된 원인으

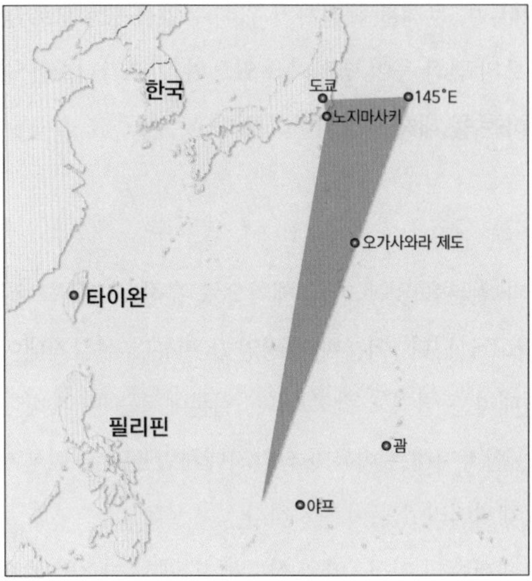

그림 39-7. 드래곤 삼각지대

로 UFO에 의한 납치 가능성이 높다고 주장했지만 전혀 입증된 사실은 없다. 그러나 정말로 미스터리한 사건이 없는 것은 아니었다. 브라질 항공기 조난사고가 그것이다. 1949년 4월 화물선 쿠레이소를 시작으로 1979년 1월 일본에서 미국과 페루를 경유해 브라질로 비행할 예정이었던 점보기가 나리타 공항 출발 30분 후 연락을 끝으로 주변 공항 어디에도 착륙하지 않았고 수색 활동을 벌였으나 결국 점보기의 행방은 현재까지도 찾지 못했다. 드래곤 트라이앵글에서 수십 척의 선박과 700여 명의 승무원이 감쪽같이 사라진 것이다. 과연 진실은 무엇일까?

철의 삼각지대

철의 삼각지대는 군사적 호칭으로 우리나라 강원도의 평강·철원·김화을 잇는 지리상의 삼각지대를 가리킨다. 이곳은 추가령구조곡을 통과하는 경원선과 국도가 이 지대에서 철원–연천–의정부–서울, 김화–포천–의정부–서울과 그 밖의 여러 곳으로 연결되는 교통의 중심지다(그림 39-8).

1950년에 발발한 6·25 전쟁 당시에는 북한군과 중공군이 원산항에 양륙된 군수물자와 각지에서 동원한 병력을 이 지대에 집결시킨 뒤 전선에 투입하는 공산군 최대의 중간 요충지였다. 이러한 이유로 '철의 삼각지대Iron Triangle'라 부르게 되었으며, 전략적 중요성 때문에 수없이 많은 크고 작은 작전이 이곳에서 펼쳐졌다. 그중에서도 쌍방의 전체적인 작전과 전세에 많은 영향을 끼친 중요 전투로는 파일드라이버Pile Driver 작전·백마고지 전투·저격 능선 전투 등이 있다.

파일드라이버 작전은 1951년 5월 27일부터 6월 20일까지 전개되었다. 이 작전에서 중공군의 2차에 걸친 춘계 공세를 격퇴한 국군과 유엔군은 철원-김화-양구-간성을 연결하는 선으로 진격했다. 국군 제3사단과 제9사단은 이 작전에서 6월 11일과 12일에 철원을, 미군 제25사단은 김화를 점령하고, 13일에는 미군 제3사단이 평강에 진입해 적의 정세를 수집한 후 철수했다. 이 전투 이후 쌍방 어느 편도 철의 삼각지대 전체를 장악할 수 없게 되었다.

백마고지 전투는 1952년 10월 6일부터 15일까지 벌어졌다. 이 전투는 6·25 전쟁 기간 중 가장 치열한 전초거점 쟁탈작전이 전개되던 1952년 10월에 철

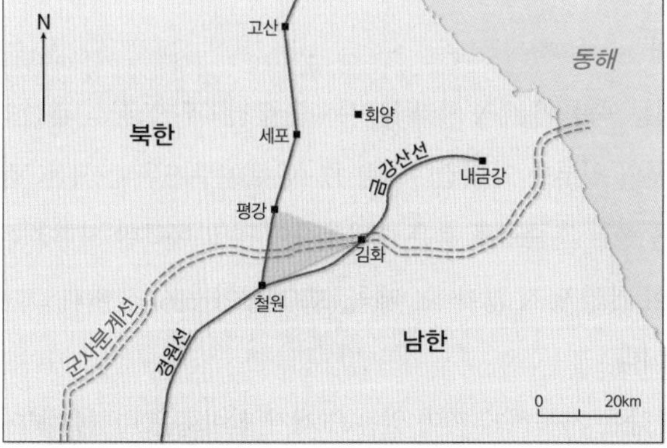

그림 39-8. 철의 삼각지대

원 북방의 백마고지를 방어하던 국군 제9사단이 중공군 제38군과 맞서 9일 동안의 혈전을 치른 끝에 철의 삼각지대 일각을 끝까지 확보한 전투였다. 전투기간 중에 국군 제9사단은 중공군 3개 사단의 파상적인 공격을 격퇴하느라 수천 명의 사상자가 발생하는 상황에서 1만여 명의 중공군을 격멸하고 백마고지를 지켜 냄으로써 국군의 용맹을 전 세계에 떨쳤다.

저격 능선 전투는 1952년 10월 14일부터 11월 24일까지 벌어졌다. 이 전투는 1952년 가을철로 접어들면서부터 공산군이 대대적인 전초거점을 전개한 것에 대응해 김화 부근을 방어하던 국군 제3사단이 저격 능선을 목표로 감행한 공격작전이었다. 국군 제3사단은 저격 능선 일대에 배치된 중공군 제15군의 방어진지를 공격해 초전에 목표를 점령하고, 이후 42일 동안이나 인해전술에 의한 끈질긴 역습을 반복하는 중공군을 물리치면서 저격 능선 진지를 사수했다.

이 전투의 특징은 1951년 7월 10일 개성에서 시작된 정전협상이 시작됨에 따라 쌍방이 모두 손실을 돌보지 않고 한 치라도 땅을 더 차지하기 위해 혈전에서 혈전으로 이어진 소모전을 감행한 데 있으며, 이로 말미암아 국군 제2사단은 1개 연대 규모의 병력이 손실되었고, 중공군은 2개 연대 규모의 병력이 살상되었다. 정전협정은 1953년 7월 27일이 되어서야 일단락되었다.

헤이주거우 삼각지대

헤이주거우 삼각지대는 '죽음의 계곡'이라 불리는 중국 남쪽의 쓰촨성 러산樂山에 위치한 국립공원의 일부를 가리킨다(그림 39-9). 헤이주거우黑竹溝는 '검을 흑'에 '대나무 죽'을 쓰는 흑죽구로 검은 대나무숲이 많고 독특한 지형조건 때문에 사람의 손길이 거의 닿지 않아 숲, 계곡, 호수 등이 원시 생태계 그대로 보존되어 있는 곳이다.

헤이주거우 일대의 숲은 자욱하게 끼어 있는 안개가 신비로운 비경을 보여 준다. 그런데 이곳이 신비로운 이유는 이 때문만은 아니다. 판다를 닮아 판다꽃이라 불리는 식물을 포함해 중국 정부에서 보호하는 20여 종의 다양한 고지대 희귀식물이 서식하고 대나무를 먹는 일반 판다와 달리 이곳 판다들은 가축을 잡아먹으며 육식을 하는 것으로 알려져 있다. 그 밖에도 아시아에서는 살지 않는 흑표범이 목격되고 쉽게 볼 수 없는 산양, 희귀 원숭이, 너구리판다 등과 같은 야생동물들이 살고 있는 신비의 숲이다.

무엇보다도 헤이주거우숲은 사람들이 흔적도 없이 사라지는 미스터리한 곳으로 소문이 나 있다. 중국 내 국민당과 공산당의 내전 막바지였던 1950년도에 공산당에 쫓겨 신비의 숲으로 오게 된 국민당 후종난胡宗南 부대원 30여 명은 몸을 숨기기 위해서 헤이주거우숲 깊숙이 들어가게 되었는데, 30여 명의 부대원은 흔적 하나 없이 감쪽같이 사라졌다고 한다. 그뿐만 아니라 많은 사람들이 실종을 당하게 되었다.

1951년에는 현지 산림 담당 공무원, 1966년에는 3명의 군인, 2015년 탐사

그림 39-9. 헤이주거우 삼각지대

객 3명이 실종된 바 있다. 확인된 실종자들은 일부일 뿐이며 끊임없이 실종 사건이 발생했다고 한다. 소문에 의하면 소수민족 이족彝族은 이곳을 죽음의 계곡이라 불러 왔다고 한다. 이들은 오래전부터 이곳의 출입을 금했으며 야인의 허락 없이 들어갈 경우 큰 벌을 내렸다는 속설이 있다.

그러나 이족이 말한 야인이 산다는 속설을 무시하고 정확한 원인을 파악하기 위해 탐험대가 죽음의 계곡 헤이주거우숲으로 탐험을 하기 시작했다. 1975년 죽음의 계곡 미스터리를 파헤치기 위해 쓰촨성 산림 탐험대를 꾸려 조사한 결과 놀라운 사실을 알게 되었다. 배와 비행기가 흔적도 없이 사라진 버뮤다 삼각지대와 흡사하다는 결론을 내린 것이다. 헤이주거우 삼각지대는 버뮤다 삼각지대와 위도도 북위 30도로 같았고, 모양도 삼각형이었다.

그 후 중국의 헤이주거우숲은 중국의 버뮤다 삼각지대라 불리게 되며 세상에 알려지게 되었고 많은 사람들이 미스터리를 풀기 위함과 호기심으로 탐험을 하게 되었다. 2014년 7월 중국 쓰촨성 산림을 탐사하는 오지탐험 프로그램의 출연자들은 깊은 산속을 헤메던 중 나침반이 고장 나 길을 잃게 되고 멀쩡했던 카메라까지 망가지게 되자 겁을 먹은 제작진들은 급히 하산하고 말았다.

그리고 얼마 후 쓰촨대학교 왕쑤汪蘇 교수는 헤이주거우숲에서 실종된 사람들의 원인을 언론을 통해 발표했다. 왕쑤 교수는 쓰촨대학교와 인근 병원의 전문가들과 조사대를 꾸리고 2년간의 연구 끝에 자기장 수치가 일반 지역에 비해 수백 배 더 높고 자기장 이상지대의 길이가 족히 60킬로미터에 달하며, 그 이유는 현무암 때문이라는 사실을 밝혀냈다. 자기장이란 자석이나 전류 전기장에 의해 자기력이 작용하는 공간을 뜻한다. 지금까지 설명한 죽음의 계곡 주변에 다량의 철이 함유된 현무암 때문에 벌어진 헤이주거우 삼각지대와 지구의 자기장이 외부의 물체를 끌어당겨 실종 사건이 발생한 버뮤다 삼각지대 모두 자기장설이 유력한 원인이라고 알려졌다.

40. 카슈미르 땅은 왜 중요한가?

분쟁 지역이 된 카슈미르

캐시미르라고도 불리는 카슈미르는 남아시아의 북쪽에 위치한 히말라야산맥의 서쪽 끝 부분의 남쪽에 있는 거대한 계곡을 말한다. 6~8세기에 저술된 『니라마타 푸라나Nilamata Purana』는 카슈미르에 관한 역사·지리·종교·민속 등의 정보를 수록한 서적인데(Kumari, 1968), 이에 따르면 카슈미르란 지명이 사티-사라스Sati-saras라 불리는 호수의 발원지를 이루는 계곡에서 유래된 것이라 설명하지만 불확실하다.

이 지명은 고대 산스크리트어의 *káśmīra*에서 비롯된 것 같다. *ka*는 물을 의미하고 *shimir*는 건조를 의미한다. 따라서 카슈미르는 '물의 건조한 땅'을 의미한다. 그러므로 카슈미르는 저명한 지질학자들에 의해 뒷받침된 사실로부터 계곡의 기원을 설명하고 건조화 과정에서 파생된 땅의 지명임을 알 수 있다.

카슈미르인들은 카슈미르에서 음성학적으로 파생된 카시르Kashir라고 부르며, 고대 그리스인들은 카스페리아Kasperia를 카파피아Kaspapyros와 헤로도토스의 카스파티로스Kaspatyros와 동일시했다. 또한 카슈미르는 프톨레마이오스의 카스피리아, 캐시미어는 현재 카슈미르의 고어 철자이며 일부 국가에서는 여전히 이것을 사용하고 있다. 그 이유는 캐시미어 양의 털로 만든 섬유이기 때문이다.

영국령 인도 제국 시대에는 마하라자가 통치하는 인도 번 왕국의 하나인 잠무카슈미르 번 왕국이 통치했다. 1947년 인도의 분할 때 처음에는 힌두계인 번왕藩王은 독립국이 되기를 원했지만 군사적 위협으로 독립이 불가능해지자 인도 자치령에 편입되기로 결정했고 파키스탄이 이에 반발해 인도-파키스탄 전쟁이 벌어졌다. 중국이 영국령 인도 제국에 의해 점령당했던 자국의 영토라

그림 40-1. 카슈미르 분쟁 지역

며 악사이친Aksai Chin을 점령하는 등 현재까지 이곳은 주변 3개국이 국경을 맞대고 있는 지정학적 요충지로 종교 갈등과 영유권 문제와 함께 내전과 충돌이 빈발하고 있다.

인도와 파키스탄 간의 첫 격돌은 두 나라가 분리된 지 얼마 안 지난 1947년에 카슈미르를 놓고 벌어졌다. 이 전쟁은 이듬해 1948년 '아시아의 베를린 장벽'이라 알려진 1,300킬로미터에 달하는 통제선으로 양측이 카슈미르를 분할하면서 끝이 났다. 그러나 인도나 파키스탄 모두 여전히 이 땅에 대한 주권을 주장하고 있다. 1952년 8월부터 카슈미르 문제 해결을 위한 양국 간의 비밀협약이 제네바에서 개최되었지만 성사되지 못하자 유엔 안전보장이사회에 이 문제가 상정되었다.

통제선이 설정된 후로부터 거의 10여 년이 지났을 때, 이번에는 인도 군사력을 과소평가한 파키스탄이 행동을 개시했다. 1962년 중국과 인도 간의 전쟁에서 드러난 인도군의 형편없는 전력을 보고 파키스탄이 오판한 것이다. 중국은 막강한 전력을 과시하며 진군했다. 이를 지켜보던 파키스탄은 그 틈을 타 1965년 인도에게 전쟁을 걸었고 결국은 참패하고 말았다.

두 나라는 1984~1985년에 이어 1987년과 1995년에도 충돌이 벌어졌다. 그러는 와중에 1999년 카슈미르를 사이에 두고 다시 분쟁이 발생했다. 양측은 핵무기 보유국이었으므로 핵 전쟁의 암운이 일었고, 2001년에도 재차 전쟁 직전까지 치달은 적이 있었지만 미국이 외교적으로 개입하면서 일단락되었다. 이때부터 인도·중국 국경지대 최전방 2킬로미터 이내의 군인은 상호 간 총기나 폭발물을 휴대할 수 없도록 약속했다. 이처럼 인도와 파키스탄이 마주보는 국경, 특히 카슈미르에서는 여전히 산발적인 총성이 울리고 있다.

카슈미르를 둘러싼 충돌은 인도와 파키스탄만이 아니라 인도와 중국 간에도 벌어졌다. 2020년 5월 갈완Galwan 계곡에서 양국 간에 육탄전이 발생해 양측의 사상자가 발생했다. 인도군의 피해가 더 컸던 것 같다. 인도는 중국군과 충돌 과정에서 자국 군인이 무더기로 사망하자 총기 사용을 금지한 국경지대 교전 규칙도 완화했다. 이에 따라 인도군의 지휘관은 자체 판단에 따라 재량권을 갖고 중국군과의 충돌에 적절히 대응할 수 있게 되었다. 중국은 격투기 선수 등으로 구성된 민병대를 이 지역에 새로 배치했다. 이는 난투극 발생 시 인도군을 곧바로 제압하겠다는 의도로 해석된다.

지난 2020년 6월과 9월 중국군과 인도군의 충돌로 수십 명의 사상자가 발생한 인도 북부 갈완 계곡 주변에 실질 통제선을 따라 군사시설이 건설되고 있는 상황이 미국 위성사진 전문 회사가 공개한 사진에서 드러났다(그림 40-2). 중국은 곡사포를, 인도는 K-9 한국산 자주포를 배치했는데, 이 책이 발간될 무렵에는 어떤 일이 발생할지 아무도 장담할 수 없다.

카슈미르의 쟁점은 부분적으로는 국가의 자존심이 걸린 문제이기도 하지만

그림 40-2. 새롭게 건설된 갈완 계곡의 중국 군사시설

전략적으로도 중요한 의미를 갖는다. 카슈미르 전체를 지배할 수 있다면 인도로서는 중앙아시아와 아프가니스탄과의 접경지대로 향하는 교두보를 확보할 수 있다. 그러면 인도는 파키스탄의 중국 쪽 국경을 인정하지 않을 것이고 중국과 파키스탄 관계의 유용성 또한 감소하게 된다.

파키스탄 정부는 중국과의 우정이 "산보다 높고 바다보다 깊다."며 자랑스럽게 선전한다. 이 말이 틀린 것은 아니지만 오히려 미국을 자극할 수 있다. 이런 사정을 모를 리 없는 중국은 중국대로 파키스탄에 대한 미국의 영향력이 줄어들기를 노리고 있을 것이다. 중국은 파키스탄에 무기를 공급하고 있다.

파키스탄이 카슈미르 장악을 도모하는 배경에는 숙적인 인도의 발전 기회를 빼앗고 수자원의 안정화를 꾀할 수 있다. 히말라야산맥과 카라코람산맥에서 발원한 인더스강은 인도령 카슈미르를 지나 파키스탄으로 흘러오다가 아라비아해로 유입된다. 파키스탄 수자원의 2/3는 인더스강과 그 지류로부터 얻어지는데, 이 물이 없다면 목화산업을 비롯해 비틀거리는 이 나라의 경제를 떠받치는 다른 산업들이 연쇄적으로 타격을 입는 것은 불을 보듯 뻔하다. 그리하여 양국 간의 조약에 따라 물을 공유하는 데 동의했지만, 폭증하는 인구와 지구온난화로 인한 수량 감소가 우려된다(Marshall, 2015).

이와 같은 이유로 양국은 카슈미르를 포기할 수 없는 입장이다. 카슈미르를 놓고 양국 간의 윈윈 전략은 없어 보인다는 데 문제의 심각성이 있다. 더욱이 양국은 핵무기 보유국이다. 카슈미르로 인해 핵 전쟁의 위험이 도사리고 있는 상태에서 양국 간의 전면전은 커다란 위협이 아닐 수 없다.

복잡한 종교 분포

카슈미르 땅은 정치적으로 복잡하게 얽혀 있지만 종교 역시 간단치 않다. 인도령 카슈미르인 잠무카슈미르의 종교는 이슬람교가 74%로 지배적이지만, 수피즘과 힌두교의 영향을 받아 대단히 독특한 양상을 보이고 있다. 이슬람교는 유일신 알라를 신봉하는 것이 일반적이지만 이 지역은 다신교와 절충적인 범신론적汎神論的 세계관을 보유하고 있다. 이 세계관은 예언자를 통하지 않고 신과의 교신이 가능하다고 생각하여 독특한 신비적 의식이 다수 존재한다.

힌두교도와 이슬람교도가 대립하는 카슈미르 문제에는 간과되기 쉽지만 티베트권에 속하는, 그림 40-3의 불교가 90% 이상을 차지하는 지방에서는 티베트불교가 가장 중요한 종교이며, 이 지방은 오늘날 티베트불교의 전통이 가장 잘 보존된 중요한 신앙거점 중 하나라는 점도 포함된다.

그림 40-3에서 잠무카슈미르의 종교 분포를 보면 스리나가르를 중심으로는 이슬람교가 중심신앙인데 비해, 남서부의 잠무 일대는 힌두교도가 다수 분포하고 있다. 또한 동쪽의 레 일대와 카르길 남쪽에는 티베트불교가 중심신앙을 이룬다.

카슈미르에서 사용되는 언어는 인도어족에 속하는 카슈미르어가 주로 사용되며, 라다크 지방에서는 티베트어족에 속하는 라다크어가 주로 사용된다. 인도의 다른 모든 주는 인도 헌법을 따르지만 잠무카슈미르주는 인도공화국 내에서도 1956년에 채택된 독자적인 헌법을 갖추고 있다.

카슈미르로 간 예수

성경에는 예수가 12살 때에는 사원에 있었다고 기술되어 있고, 30살 무렵에는 요르단 강가에 있었다고 전해진다. 그러나 그 사이 17년 동안의 행적에 대해서는 전혀 언급이 되어 있지 않다. 흔히 예수의 '잃어버린 생애'라고 불리는 이 17년 동안 예수는 지혜와 정신적 능력을 키워 왔다고 「누가복음」에 기록되어 있을 뿐이다. 그 당시 이스라엘 풍습에 의하면 남자 나이 13세면 결혼하는 나이라고 하는데 예수는 그 동안 어디서 무엇을 하고 있었는지 기록이 남아 있지 않다.

헤롯왕이 유아 살해를 명하자 요셉은 마리아와 함께 아기 예수를 거느리고

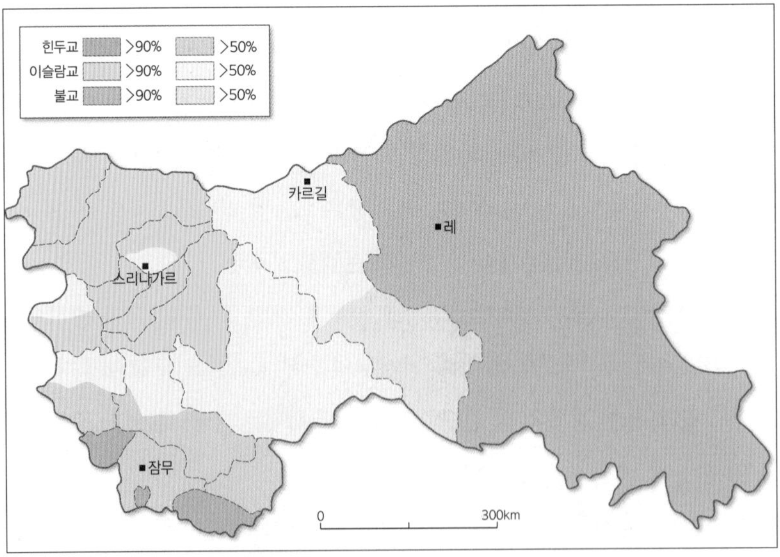

그림 40-3. 잠무카슈미르의 종교 분포

이집트로 피신했다. 당시 이집트에는 100만 명의 유대인이 살고 있었으며, 알렉산드리아에만 약 20만 명에 달했다. 이 도시에는 불교학교가 있었던 것으로 전해지는데, 만약 예수 일가가 알렉산드리아로 피신했다면 불교학자로부터 동양철학을 배웠을 가능성을 배제할 수 없다. 전통적으로 이집트는 유대인 회당과 학교가 있어 유대인들에게는 고향과 같은 곳이었다. 이와는 달리 갈릴리의 외진 곳에 은거했다는 설도 있긴 하다.

아무튼 예수 일가는 헤롯이 죽을 때까지 고향에 돌아갈 수 없었지만 「마태복음」 제2장 19~20절에 보는 것처럼 천사가 요셉의 꿈에 나타나 이스라엘의 나사렛 땅으로 돌아갈 것을 일러 주었다. 그리하여 예수는 '베들레헴 예수'가 아니라 '나사렛 예수'라 불리게 되었다.

예수가 인도에서 구도생활을 했으며 불교의 고승이 되었다는 놀라운 사실이 1887년 러시아의 역사가이며 고전학자인 니콜라이 노토비치가 인도 카슈미르에 있는 어느 사원에서 라마승이 전해 준 인도에서의 예수의 생애를 기록한 『예수의 알려지지 않은 생애』를 통해 알려지게 되었다(Notovitch, 1858). 이 책의 원본은 2세기 이전의 소승불교 경전에 쓰인 종교언어인 팔리어Pali로 기록되어 라싸 근처의 한 사원에 보존되어 있다. 그는 여러 차례 동방을 여행하던 중 카슈미르의 스리나가르로부터 라다크 일대를 탐험했다. 그의 연구 결과는 다음과 같다.

불교도였던 예수의 불교식 이름은 이사Issa였다. 그는 13세 때 유대법에 따라 가장권家長權을 갖고 결혼해야 할 입장에 처했다. 당시 소년들 가운데 유난히 준수한 이사를 사위로 삼고 싶어 하는 어느 부호의 끈질긴 요구가 있자 그는 비밀리에 인도 상인을 따라 인도로 떠났다. 이사는 14세 때 아리아인들 속에 정착해 힌두교 거장들로부터 베다, 우파니샤드 등의 경전을 공부했으나, 카스트제도를 주장하는 브라만교에 실망을 느끼고 만인의 해탈 가능성과 평등사상을 부르짖는 불교에 매료되어 불교도 틈에 들어가 부다가야, 녹야원,

바라나시 등지에서 6년간 불교의 교리를 배우며 수도생활을 하게 되었다는 것이다.

1973년 독일의 주요 주간지에 예수의 무덤을 발견했다고 주장하는 기사가 실린 적이 있다. 이에 자극받은 독일의 신학대학을 졸업한 케르스텐은 호기심에 예수의 생애를 탐사한 결과를 『인도에서의 예수의 생애』라는 단행본으로 출간했다(Kersten, 1986). 예수에 대한 기록물들을 바탕으로 1973년에 케르스텐이 직접 터키, 이란, 아프가니스탄, 이스라엘, 인도, 티베트 등을 여행하며 몸소 체험하고 밝혀낸 기록을 적은 생생한 보고서를 작성한 것이다.

그의 저서에서는 예수의 무덤이 인도에 생기게 된 발자취는 물론, 많은 이들이 궁금해 하는 예수의 기적과 힌두교의 상관관계, 석가모니와 크리슈나의 비교 등을 통해 예수라는 인물의 실체를 매우 입체적으로 독자들에게 밝히고 있다.

카슈미르에는 예수의 무덤 말고도 모세의 무덤이 있다. 예수보다 훨씬 전에 존재했던 모세의 무덤에 대해 성경은 모압 광야, 느보산, 비스가 봉우리, 벳브올, 헤스본의 다섯 군데로 기록되어 있지만 고고학적으로 확인된 바 없다. 케르스텐은 잠무카슈미르의 북쪽에 주목했다. 젤룸강이라고도 불리던 푼치강은 울라호로 흘러들면서 넓은 평원을 이룬다. 울라호의 북쪽에 밴디포라 혹은 반디푸르Bandipur라 불리는 작은 도시가 있는데, 전에는 베핫-푸르Behat-pur라 불렸다. 이 도시는 카슈미르의 수도 스리나가르 북쪽으로 약 80킬로미터 떨어진 곳이다.

그림 40-4의 밴디포라 북동쪽으로 약 18킬로미터 떨어진 곳에 하즈발이란 작은 마을이 있다. 케르스텐은 이곳을 성경에 나오는 헤스본으로 비정하고 있다. 밴디포라 북쪽의 피스가는 피스나그Pishnag로 지명이 바뀌었지만, 이곳의 절벽 뒤에 상처를 아물게 하는 것으로 유명한 샘물이 있다. 피스가 남쪽의 아함 샤리프로부터 동쪽으로 부트 마을까지는 도로가 없어 걸어서 가야 하는데

그곳에 초라한 무슬림 성인의 영묘가 있다. 바로 그 옆에 1미터 정도 솟아나온 기둥 형태의 돌이 풀로 덮여 있는데, 이것이 바로 모세의 무덤으로 추정되는 것이다.

카슈미르의 다른 지역과 마찬가지로 이 일대에는 성경 속의 지명이 많이 분포하는데, 그들 가운데 어떤 것은 무쿠암-이-무사Muquam-i-Musa라 불렸다. 이는 '모세의 자리'란 뜻이다. 그림 40-4에는 나타나지 않았지만, 파키스탄의 이슬라마바드 근처의 성모 마리아를 지칭하는 마리아Murree, 스리나가르 남쪽의 모세의 목욕장을 뜻하는 상-이-무사Sang-i-Musa라는 지명도 있다.

케르스텐은 12세기에 산스크리트 운문으로 기록된 고대 인도의 역사 연대기 『라자타랑기니Rajatarangini』가 예수가 카슈미르에 머물렀다는 증거를 제시해 준다고 주장했다. 이 책에는 예수가 행한 기적과 유사한 기적을 행했던

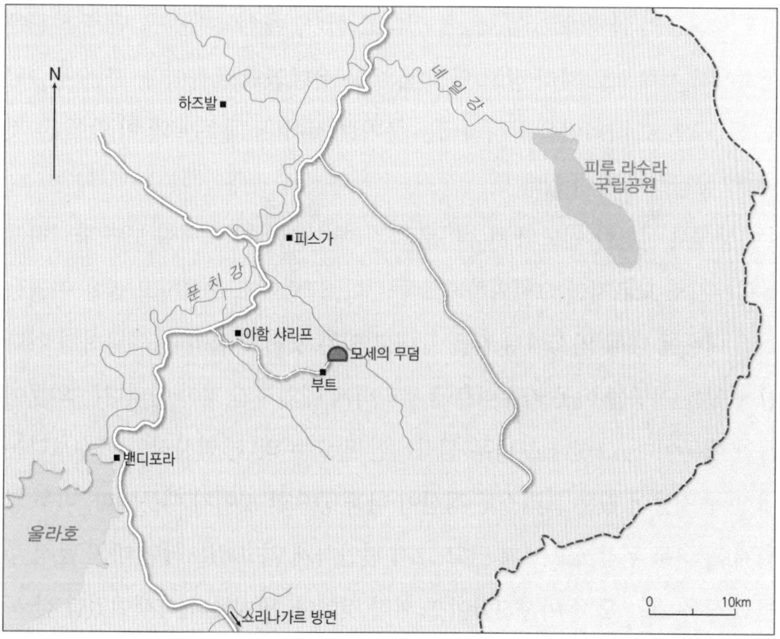

그림 40-4. 모세의 무덤으로 추정되는 지점

성인에 대해 언급하고 있다. 그 성인의 이름은 이사나Isana였는데, 그는 영향력 있는 정치가 바지르Vazir를 십자가형에서 구했다. 이 지역에는 당시 십자가형이 없었는데도 말이다. 그 후 바지르는 인도의 통치자가 되어 47년간 인도를 다스렸다. 이 연대기에서는 이사나가 카슈미르의 마지막 개혁가였으며 1세기에 큰 영향력을 끼친 인물로 기록되어 있다. 이사나 성인은 다름 아닌 이사, 즉 예수였다는 주장이다. 예수가 카슈미르에 생존했을 때 이 땅은 종교적·학문적·정치적 열광의 도가니였고, 카슈미르 왕국은 거대한 제국의 중심이었다.

이란의 동양학자 알-샤이크 알-사디크al-Shaykh al-Saduq의 유명한 『이크말-우드-딘Ikmal-ud-din』에도 인도로 간 예수 이야기와 유즈 아사프Yuz Asaf로서 카슈미르에서 죽은 예수에 대해 언급되어 있다. 이 책에 따르면 예언자 유즈 아사프의 묘지는 오늘날 카슈미르 계곡이 있는 스리나가르의 구도시 칸자르Khanjar의 안지마르Anzimar에 있다고 한다. 예수의 유골을 담은 석관은 동쪽에서 서쪽으로 자리 잡고 있는데, 이는 유대인의 풍습이다. 그는 무슬림도 힌두교도도 아니었음을 나타내는 증거란 것이다. 예수는 왜 이 땅에 온 것일까? 궁금하기 짝이 없다.

이상에서 설명한 인도의 카슈미르로 간 예수 이야기는 어찌 보면 황당하게 들릴는지도 모르지만 그럴싸하게도 들린다. 그럼에도 불구하고 많은 이들은 이런 내용에 대해 의혹의 눈길을 보내고 있는 것이 사실이다. 왜냐하면 가나안에 있는 지명을 이곳 카슈미르에 무리하게 대입시킨 것이 아니냐는 의문이 들기 때문이다. 그렇다고 너무 심각해질 필요는 없다. 역사적인 예수보다는 내 안에 깃들어 있는 그리스도 정신이 더욱 중요한 것이기 때문이다. 너무 가볍게도, 너무 무겁게도 보지 말고 그저 편안하게 읽고 있노라면 마치 탐정 추리 소설을 보는 듯 흥미진진함이 느껴질 것이다. 평범한 신학생이었던 한 독일인이 어떻게 예수의 숨겨진 생애에 관심을 가지게 되었으며, 어떤 고생을 하며 밝혀 나가는지 성스러운 이 여행에 동참해 보는 것도 각자의 구도 여정에 있어 나름대로 의미 있는 일이 될 수도 있을 것 같다.

참고문헌

국방부 군사편찬연구소, 2005, 6·25 전쟁사 2: 북한의 전면남침과 초기 방어전투, 국방부 군사편찬연구소.

김부성·남영우, 2018, "Klaproth의 삼국통람도설 프랑스 번역본의 출간 경위," 한국지도학회지, 18(1), pp.15-28.

김성규, 2009, "중세국어 음운론의 쟁점," 국어사학회, 9(9), pp.41-68.

김정민, 2018, 단군의 나라, 카자흐스탄, 글로벌콘텐츠.

남동우, 2015, 소양강, 다트앤.

남영우, 1992, "일제 참모본부 간첩대에 의한 병요조선지지 및 한국근대지도의 작성과정," 문화역사지리, 4(4), pp.77-96.

남영우, 1997a, "두모계 고지명의 기원," 대한지리학회지, 68(4), pp.479-490.

남영우, 1997b, 구한말 한반도 지형도 제1권~제4권, 성지문화사.

남영우, 1998, "도심재개발을 위한 연계정책 연구," 대한국토계획학회지, 98(6), pp.49-65.

남영우 외, 2009, "조선말 일제 참모본부 장교의 한반도 정찰과 지도제작," 대한지리학회지, 44(6), pp.761-778.

남영우, 2011a, 일제의 한반도 측량침략사: 조선말~일제강점기, 법문사.

남영우, 2011b, 지리학자가 쓴 도시의 역사, 푸른길.

남영우, 2012a, 한국인의 두모사상: 한국인의 사상적 정체성 탐구, 푸른길.

남영우, 2012b, "Ibn Khaldun의 역사서설에 나타난 도시문명의 성쇠," 한국도시지리학회지, 15(1), pp.163-175.

남영우, 2012c, "세계의 성곽경관과 한국성곽의 유형비교," 2012 남한산성 국제학술심포지엄 - 한국과 국제성곽건축 비교연구, pp.207-235.

남영우, 2014, 고대신문(10.14.), 문화재 약탈과 민초의 외로운 항거.

남영우, 2016, "하야시 시헤이의 생애와 업적: 삼국통람도설과 부도의 독도를 중심으로," 영토해양연구, 11, pp.118-155.

남영우, 2018a, 땅의 문명, 문학사상.

남영우, 2018b, "역사는 왜 지리의 포로인가," 문학사상, 553, pp.124-132.
남영우, 2019, "클라프로트(Klaproth)의 프랑스 번역본 삼국접양지도 간행에 기여한 신조(신장)의 역할," 영토해양연구, 17, pp.6-27.
남영우, 2020, "지리적 관점에서 본 톈산산맥의 유목국가 키르기스스탄의 정체성," 2020년 한국 키르기스스탄 유라시아문화포럼 동계 국제문학인대회, pp.32-47.
남영우, 2021, 문명의 요람 퍼타일 크레슨트: 메소포타미아, 레반트, 이집트 문명의 이해, 푸른길.
남영우·박선미·손승호·김 걸·임은진, 2019, 아주 쓸모 있는 세계 이야기, 푸른길.
노태돈, 1999, "고구려의 기원과 국내성 천도," 한반도와 중국 동북 3성의 역사문화, 서울대학교출판부.
동북아역사재단, 2009, 고구려를 찾아서, 동북아역사재단.
박순용 외, 2011, 6·25 전쟁 참전 수기Ⅲ, 대한민국 6·25참전 유공자회.
송창원, 2021, 나는 6·25의 학도병, 그리고 과학자 송창원입니다, 율리시즈.
윤경철, 2011, 대단한 지구여행: 교양으로 읽는 지구 이야기, 푸른길.
이기동, 1982, 비극의 군인들: 일본육사출신의 역사, 일조각.
이남덕, 1998,『한국어 어원연구』, 1~4, 이화여자대학교출판부.
이븐 할둔, 김호동 역, 2003, 역사서설: 아랍, 이슬람, 문명, 까치.
이성춘, 2015, "6·25 전쟁 초기 춘천지구 전투의 재분석과 평가," 융합보안 논문지, 15(4), pp.127-139.
장 자크 루소, 김중현 역, 2007, 학문과 예술에 대하여 외, 한길사.
전국지리교사연합회, 2011,『살아있는 지리 교과서』, 1~2. 휴머니스트.
정수일, 2013, "마흐무드 카슈가리," 실크로드 사전, 창비.
정의향, 2012, "'ㅅ'계 합용병서의 음가에 대한 연구,"『중국조선어문』, 1, pp.30-36.
최창조, 1984, 한국의 풍수사상, 민음사.
파주시 편, 2013, 冊 이제 서문을 이야기하다: 책의 도시 파주와 함께하는 책 산책, 파주시.
谷屋鄕子, 2004, 朝鮮半島外邦圖作成過程, 大阪大學, 大阪.
犬養道子, 1966, 私のアメリカ, 新潮社, 東京.
南榮佑, 2006, "韓國における外邦圖(軍用秘圖)の意義と學術的價値," 外邦圖研究, 4, pp.27-31.
藤森衣子 外, 2002, アメリカ議会図書館蔵' 手描き旅順要塞砲台図および5千分の1地形図, 23-43.
鈴木秀夫, 1988, 超越者と風土, 大明堂, 東京.
鈴木秀夫, 1990, 風土の構造, 講談社, 東京.

若山滋, 1990, ローマと長安: 古代世界の都, 講談社, 東京.
別技篤彦, 1989, 世界の風土と民族文化, 帝國書院, 東京.
小林茂, 2009, 近代日本の地圖作製とアジア太平洋地域: 外邦圖へのアプローチ, 大阪大學出版會, 大阪.
佐藤侊, 1988, "創世記の陸軍參謀局: 陸地測量部沿革誌を檢證する," 日本地圖資料協會 編, 古地圖研究, 日本地圖資料協會, 東京, pp.355−370.
連雲山, 1992, 誰先到達美洲, 中国社会科学出版社, 北京.
陸軍參謀本部 編, 1888, 朝鮮地誌略1, 復刻板, 村上勝彦 解題, 1981, 龍溪書店, 東京.
李進熙, 1990, 好太王碑と任那日本府, 學生社, 東京.
田山利三郎, 1952, 南洋群島の珊瑚礁, 水路部報告, ll.
參謀本部 編, 1882, 參謀沿革誌, 歷史草案, 東京.
參謀本部 編, 1904−1907, 明治二十七八年日清戰史, 旅順港戰鬪圖.
參謀本部北支那方面司令部 編, 1979, 外邦測量沿革史草稿, ユニコンエンタプライズ, 東京.
賀次君 輯校, 1980, 括地志輯校, 中華書局, 北京.
胡阿祥·彭安玉, 2004, 中國地理大發見, 이익희 역, 2007, 중국 지리 오디세이, 일빛.
Aveni, A. S. and Hartung, H., 1982, New Observations of the Pecked Cross Petroglyph, in F. Tichy(ed.), *Space and Time in the Cosmovision of Mesoamerica*, 43rd International Congress of Americanists, Vancouver, pp.25-42.
Bandaranayake, S. 2007, *Sigiriya,* Central Cultural Fund, Sri Lanka.
Berlitz, C., 1974, *The Bermuda Triangle*, Doubleday & Company, Inc., New York.
Berlitz, C., 1989, *The Dragon's Triangle,* 南山宏 訳, 1975, 謎のバミューダ海域, 徳間書店, 東京.
Blažek, V., 1989, Lexica Nostratica: Addenda et Corrigenda I, *Archiv Orientální,* 57(3), pp.201-210.
Bingham, H., 1981, *Lost City of the Incas: The Story of Machu Picchu and Its Builders,* Greenwood Press, Westport, CONN.
Bomhard, A. R., 1996, *Indo-European & the Nostratic Hypothesis*, Signum, Charleston, SC.
Broad, W. J., 2006, *The Oracle: Ancient Delphi and the Science Behind its Lost Secrets,* Penguin, New York.
Busey, J. W., and David G. M., 2005, *Regimental Strengths and Losses at Gettysburg,* Hight-

stown, NJ: Longstreet House.

Cartledge, P., 2002. *Sparta and Lakonia: A Regional History 1300 to 362 B.C.*. Routledge, Oxford.

Cyon, N., 2011, *Alkebu-Lan 1260 AH*, Poster, Making Africa: A Continent of Contemporary Design.

Dartnell, L., 2018, *Origins*, 이충호 역, 2020, 오리진, 흐름출판.

Dawkins, R., 2006, *The God delusion*, 이한음 역, 2007, 만들어진 신, 김영사.

Diamond, J., 1997, *Guns, Germs, and Steel,* 김진준 역, 1998, 총, 균, 쇠, 문학사상사.

de Blij, H., 2005, Why Geography Matters: Three Challenges Facing America, 유나영 역, 2007, 분노의 지리학, 천지인.

Edmund, B., 2007, *Historic Cities of the Islamic World*. Brill, Leiden.

Fenske, J., 2010, Ecology, trade and states in pre-colonial Africa, *MPRA*, 27203, pp.1-41.

Greenberg, J., 2005, Genetic Linguistics: Essays on Theory and Method, William, C.(ed.), Oxford University Press, Oxford.

Davis, K. C., 2001, Don't Know Much About Geography, 이희재 역, 2003, 지오그래피, 푸른숲.

Hall, B., 1818, *Account of a Voyage of Discovery to the West Coast of Corea and the Loo-Choo Island in the Japan Sea*, John Murray, London.

Herodotus, BC 440, *Historiai*, Grene, D.(trans.), 1987, The History, 박광순 역, 1996, 역사, 범우사.

Huntington, E., 1915, *Civilization and Climate*, 間崎万里 譯, 1938, 氣候と文明, 岩波書店, 東京.

Huntington, E., 1945, Mainsprings of Civilization, Yale University Press, New Haven.

Jacobs, F., 2014, *Africa, uncolonized: a detailed look at an alternate continent,* https://bigthink.com/strange-maps/africa-uncolonized

Jessup, S., 1881, *Ba'albek", Picturesque Palestine, Sinai, and Egypt, Div. II, D.,* Appleton & Co., New York, illustrated by Henry Fenn & J.D. Woodward, pp.453-476.

Jidejian, N., 1975, *Baalbek: Heliopolis: City of the Sun*, Dar el-Machreq Publishers, Beirut.

Kersten, H., 1986, *Jesus Lived in India: His Unknown Life Before and After the Crucifixion,* 장성규 역, 1987, 인도에서의 예수의 생애, 고려원.

Klaprtoth, J. H. von, 1832, 三國通覽圖說, *SAN KOKF TSOU RAN TO SETS*, London: John Murray, Allen & Co.

Kosovskab, 1972, *Vojna Enciklopedija,* Vojnoizdavacki zavod, Belgrade.

Kumari, V., 1968, *The Nīlamata purāṇa, Volume 2*, J. & K. Academy of Art, Culture and Languages; Motilal Banarsidass, Delhi.

Lambert, W. G. and Millard, 1965, A.R., *Atrahasis: The Babylonian Story of the Flood*, Oxford, London.

Lawrence, D. K., 1975, *Bermuda triangle mystery-solved*, Grand Central Pub., London.

Lee, S. and Wolpoff, M. H., 2003, The pattern of evolution in Pleistocene human brain size. *Paleobiology*, 29(2), pp.186-196.

Marshall, T., 2015, *Prisoners of Geography*, 김미선 역, 2016, 지리의 힘, 사이.

McAlpin, D. W., 1981, *Proto-Elamo-Dravidian: The Evidence and Its Implications*, pp.1-155.

McCoy, A. W. 1991. *The Politics of Heroin: CIA Complicity in the Global Drug Trade,* Lawrence Hill Books, New York.

Mendis, V. L. B., 2000. *The Rulers of Sri Lanka*. S. Godage & Brothers, New York.

Miller, G., 2011, *The Washington Post*, Retrieved May 6, (May 5, 2011). CIA spied on bin Laden from safe house.

Miller, M. E., 1985, A Re-examination of the Mesoamerican Chacmool, The Art Bulletin, *College Art Association*, 67(1), pp.7-17.

Murdock, G. P., 1959, *Africa: Its Peoples and Their Culture History*, McGraw-Hill, New York.

Nam, Y. W., 1997, Japanese Military Surveys of the Korean Peninsular in the Meiji Era, *New Direction in the Study of Meiji Japan*, Brill, Leiden, pp.335-342.

Nam, Y. W., 2013, Typological Characteristics of Korean Fortress in Comparison with Landscape of Fortification in the World, *The Namhansanseong*, 4, pp.259-292.

Notovitch, N., 1858, *The Unknown Life of Jesus Christ*, Gandhi, V.R., trns., 2008, Dover Publications, Inc., New York.

Parker, J., 2005, *The Gurkhas: The Inside Story of the World's Most Feared Soldiers*. Headline Book Publishing, New York.

Pasztory, E., 1976, *The Murals of Tepantitla, Teotiuacan*, Garland Publishing, New York.

Reader, J., 1998, *Africa: Biography of a Continent*, Knopf, New York.

Rother, L., 2002, Argentine Judge Indicts Four Iranian Officials in 1994 Bombing of Jewish Center, *New York Times*, March 10.

Sachs, J., 2005, *The End of Poverty: Economic Possibilities for Our Time,* 鈴木主税·野中

邦子 譯, 2006, 貧困の終焉, 早川書房, 東京.

Salmons, J. C. and Joseph, B. D., 1998, *Nostratic: Sifting the Evidence*, John Benjamins Publishing Company, Amsterdam.

Sanderson, Ivan T., 1970, *Invisible Resident*, 福島正実 譯, 1975, 魔の三角海域: その伝説の謎を解く, 角川書店, 東京.

Scully, V., 1968, *Modern Architecture*, 조대성 역, 1984, 현대건축론, 기문당.

Sugiyama, S., 1993, Worldview Materialized in Teotiuacan, Mexico, *Latin American Antiquity*, 4, pp.103-129.

Taaffe, E. J. *et al.*, 1963, Transport Expansion in Undeveloped Countries, *Geographical Review*, 53, pp.503-529.

Toynbee, A. J., 1957, *A Study of History*, 홍사중 역, 2007, 역사의 연구, 동서문화사.

Tozzer, M. A., 1957, *Chichén Itzá and its Cenote of Sacrifice: A Comparative Study of Contemporaneous Maya and Toltec*, Memoirs 11-12, Peabody Museum of Archeology and Ethnology, Havard University, Cambridge, MA.

United States Department of State, 2004, *Patterns of Global Terrorism*.

Van Loon, H. W., 1932, *Van's Geography: The Story of the World*, 임경민 역, 2011, 반 룬의 지리학, 아이필드.

Van Sertima, I., 1976, *They Came Before Columbus: The African Presence in Ancient America*, Random House Trade Paperbacks, New York.

Vidal de la Blache, P., 1922, *Principes de Géographie Humaine*, 飯塚浩二 譯, 1991, 人文地理學原理, 岩波文庫, 東京.

Von Richthofen, F., 1877-1912, *China, Ergebnisse eigener Reisen*(5 Bände mit Atlas), 海老原正雄 訳, 1943, 支那旅行日記, 慶応書房, 東京.

Waldseemüller, M., 1507, *Cosmographiae Introductio*, 長南実 訳, 1965, 新世界, 岩波書店, 東京.

Wegener, A. L., 1915, *Die Entstehung der Kontinente und Ozeane*, 김인수 역, 2010, 대륙과 해양의 기원, 나남.

Wilford, J. N., 2001, *The Mapmakers*, Vintage Books, New York.

Yadin, Y., 1965, *Israel Exploration Journal*, 15, excavation report Masada.

Yadin, Y., 1966, *Masada: Herod's Fortress and the Zealots' Last Stand*. Weidenfeld and Nicolson, London.

그림 출처

그림 8-1: Abaddon1337_Wikimedia Commons

그림 10-8: 문화재청

그림 10-9: 문화재청

그림 10-11: Martin St-Amant_Wikimedia Commons

그림 11-1 위쪽: chensiyuan_Wikimedia Commons

그림 23-5 아래쪽: Ziko_Wikimedia Commons

그림 23-6 오른쪽: Diliff_Wikimedia Commons

그림 24-1: Aude_Wikimedia Commons

그림 33-3: 일제의 한반도 측량침략사(법문사, 2011)

그림 34-6: 네이버 블로그(백오의 여행천하)

그림 38-3 왼쪽: tamara semina_Wikimedia Commons

그림 38-3 오른쪽: Юкатан_Wikimedia Commons

그림 38-5: Martin St-Amant_Wikimedia Commons

그림 38-9 오른쪽: Own work_Wikimedia Commons